Python3

编程 从零基础到实战

杨涵文 陈姗姗 编著

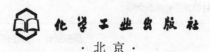

化学工业出版社

·北京·

内容简介

　　本书详细介绍了 Python3 编程从零基础到实战的相关知识，前面 7 章为基础部分，主要介绍 Python3 编程的基本知识；后面 8 章从实战应用的角度分别介绍数据可视化、交互式可视化和数据处理、UI 界面设计与计算机桌面自动化、数据库（主要是 MySQL 数据库的增删改查）、机器学习、Git 使用等内容。本书以简单、实用、易懂为原则，力求使读者在学会 Python 基础知识的同时，掌握实战与应用技能。

　　本书适合刚入门的 Python 学习人员以及利用开源工具进行开发与应用的爱好者、研究人员参考阅读。

图书在版编目（CIP）数据

　　Python3 编程从零基础到实战/杨涵文，陈姗姗编著. —北京：化学工业出版社，2023.3（2025.6重印）
　　ISBN 978-7-122-42730-4

　　Ⅰ. ①P⋯　Ⅱ. ①杨⋯ ②陈⋯　Ⅲ. ①软件工具-程序设计　Ⅳ. ①TP311.561

　　中国国家版本馆 CIP 数据核字（2023）第 006209 号

责任编辑：金林茹
文字编辑：林　丹　吴开亮
责任校对：宋　玮
装帧设计：王晓宇

出版发行：化学工业出版社
　　　　　（北京市东城区青年湖南街 13 号　邮政编码 100011）
印　　装：北京科印技术咨询服务有限公司数码印刷分部
787mm×1092mm　1/16　印张 21¾　字数 532 千字
2025 年 6 月北京第 1 版第 2 次印刷

购书咨询：010-64518888
售后服务：010-64518899
网　　址：http://www.cip.com.cn
凡购买本书，如有缺损质量问题，本社销售中心负责调换。

定　　价：99.00元

Python

  Python 是一门通用的计算机编程语言，可用于开发 Web 和网站应用程序、自动化任务，还可以用于进行数据分析和可视化等。Python 的多功能性和可用性使其成为非常流行的编程语言之一，也使其成为初学者的绝佳选择。

  Python 的不凡之处在于任何人都可以学习使用。Python 使用非常简单的语法以及英语中的元素，使其更易于被编写、阅读和学习。Python 的学习者不一定是计算机专业的学生，对于非科班学生来说也是非常容易上手的。我们可以看到财务、金融、管理、电气、电商等专业的学生在学习 Python，很多程序员也在辅修 Python，甚至中小学生都开始学习 Python，可以说越来越多的人在学习 Python，这正在成为一种趋势。

  Python 是通用的计算机编程语言，它具有很多的方向，本书是以 Python 编程基础与实战为主的。以简单、实用、易懂为原则，通过基础理论与实际案例相结合，全面深入地介绍 Python 编程从零基础到实战的知识。通过本书，读者可以掌握 Python 的入门知识，学会 pandas 数据分析和一些可视化模块的应用，同时还会学到大量 MySQL 的知识以及机器学习的内容，力求使读者从实际案例中掌握逻辑。为了方便读者学习，本书配套了同步讲解视频，读者可以扫描书中二维码获取。同时，本书配有大量的练习，以保证读者巩固和应用所学知识点。

  本书在编写过程中，得到了上海工程技术大学部分师生和 Apple 有限公司高级工程师周培源、王根发等的帮助，在此深表感谢！同时，也感谢一路以来支持我的读者！

  由于笔者水平有限，书中难免有不妥之处，诚挚期盼同行、读者给予批评和指正，欢迎与笔者沟通交流（邮箱：2835809579@qq.com，微信公众号：玩转大数据）。

编者
（笔名：川川）

扫码获取电子资源

目 录
CONTENTS

Python

第1章 Python3 环境搭建 ··· 001

1.1 Python3 安装 ·· 001
1.2 PyCharm 安装与配置 ·· 003
  1.2.1 Windows 下安装 PyCharm ·································· 003
  1.2.2 配置镜像源 ·· 008
  1.2.3 安装自动补码插件 ·· 011
  1.2.4 安装界面汉化插件 ·· 012
  1.2.5 自定义脚本开头 ·· 013
  1.2.6 创建第一个 Python 文件 ·································· 014
1.3 jupyter 安装与配置 ·· 015
  1.3.1 安装 jupyter ··· 015
  1.3.2 汉化 ·· 019
  1.3.3 运行第一个代码 ·· 020
  1.3.4 菜单栏介绍 ·· 021
  1.3.5 注释编辑 ·· 022
  1.3.6 配置镜像源 ·· 023
  1.3.7 conda 创建虚拟环境 ······································ 025

第2章 基础入门知识 ·· 027

2.1 快速入门 ··· 027
  2.1.1 打印输出 ·· 027
  2.1.2 添加注释 ·· 028
2.2 变量 ·· 030
  2.2.1 变量的基本知识 ·· 030
  2.2.2 变量的格式化字符串输出 ·································· 034
2.3 数据类型 ··· 036
2.4 数学计算 ··· 039
  2.4.1 三种数字类型 ··· 039
  2.4.2 数字类型转换 ··· 040

2.4.3 实现简单的四则运算 ································ 040

2.4.4 一些运算符的区别 ································ 041

2.5 字符串 ································ 042

2.5.1 字符串的基本使用 ································ 042

2.5.2 字符串切片 ································ 045

2.5.3 字符串变换 ································ 046

2.5.4 字符串拼接 ································ 047

2.5.5 字符串的其他操作 ································ 048

综合练习 ································ 049

第3章 数据结构类型 ································ 050

3.1 列表 ································ 050

3.1.1 列表基本知识 ································ 050

3.1.2 访问列表 ································ 051

3.1.3 列表值的修改 ································ 052

3.1.4 列表值的插入 ································ 053

3.1.5 列表值的删除 ································ 053

3.1.6 列表的排序 ································ 054

3.1.7 列表的合并 ································ 055

3.2 元组 ································ 056

3.2.1 元组的基本知识 ································ 056

3.2.2 访问元组 ································ 056

3.2.3 修改元组 ································ 058

3.2.4 解包元组 ································ 059

3.2.5 合并元组 ································ 060

3.3 集合 ································ 060

3.3.1 集合的基本知识 ································ 060

3.3.2 删除集合中的值 ································ 061

3.3.3 集合的合并 ································ 062

3.4 字典 ································ 063

3.4.1 字典的基本知识 ································ 063

3.4.2 字典的修改 ································ 065

3.4.3 字典的遍历 ································ 066

3.4.4 嵌套型字典 ································ 067

综合练习 ································ 068

第4章 控制流 ································ 070

4.1 if 语句 ································ 070

4.1.1 if 语句的基本知识 ································ 070

4.1.2 if...else 语句 ································ 071

4.1.3 elif 方法的使用 ································ 072

4.1.4　and 方法的使用 ……………………………………………… 073

4.1.5　or 方法的使用 ……………………………………………… 074

4.1.6　嵌套 if 语句 ………………………………………………… 074

4.2　for 循环 ………………………………………………………… 075

4.2.1　简单使用 …………………………………………………… 075

4.2.2　中断循环 …………………………………………………… 076

4.2.3　continue 声明 ……………………………………………… 076

4.2.4　range( )函数 ………………………………………………… 076

4.2.5　嵌套循环 …………………………………………………… 077

4.3　while 循环 ……………………………………………………… 078

4.3.1　简单使用 …………………………………………………… 078

4.3.2　中断循环 …………………………………………………… 079

4.3.3　continue 声明 ……………………………………………… 079

4.4　match 语句 ……………………………………………………… 080

综合练习 ……………………………………………………………… 081

第5章　函数 …………………………………………………………… 082

5.1　定义和调用函数 ………………………………………………… 082

5.1.1　基本使用 …………………………………………………… 082

5.1.2　简单应用 …………………………………………………… 082

5.2　需要传参的函数 ………………………………………………… 083

5.2.1　函数分类 …………………………………………………… 083

5.2.2　函数返回值 ………………………………………………… 084

5.2.3　全局关键字使用 …………………………………………… 085

5.3　函数类型 ………………………………………………………… 085

5.4　函数的递归 ……………………………………………………… 086

5.5　lamada 表达式 …………………………………………………… 087

5.6　变量的分类 ……………………………………………………… 088

5.6.1　局部变量 …………………………………………………… 088

5.6.2　全局变量 …………………………………………………… 088

5.7　异常处理 ………………………………………………………… 089

5.7.1　异常处理的基本形式 ……………………………………… 089

5.7.2　else 搭配 …………………………………………………… 089

5.7.3　finally 语句 ………………………………………………… 090

5.8　函数装饰器 ……………………………………………………… 091

5.8.1　第一类对象 ………………………………………………… 091

5.8.2　装饰器的简单实现 ………………………………………… 092

5.8.3　装饰器的使用 ……………………………………………… 092

5.8.4　链式装饰器 ………………………………………………… 094

5.8.5　记忆性装饰器 ……………………………………………… 094

综合练习 ……………………………………………………………… 095

第6章 面向对象 ··· 097

6.1 类和对象的基本理解 ··· 097
6.1.1 定义与区别 ··· 097
6.1.2 类的构成 ·· 097

6.2 类与对象的构建 ··· 097
6.2.1 创建类 ·· 097
6.2.2 创建并调用对象 ··· 098
6.2.3 对象中添加属性与获取 ·· 099

6.3 构造函数 ·· 099
6.3.1 默认构造函数 ··· 099
6.3.2 参数化构造函数 ··· 100
6.3.3 对象删除 ·· 101

6.4 单继承 ··· 101
6.4.1 创建父类 ·· 102
6.4.2 创建子类 ·· 102
6.4.3 子类初始化 ··· 102
6.4.4 super( )方法 ··· 103
6.4.5 添加属性 ·· 103
6.4.6 添加方法 ·· 104

6.5 多继承 ··· 104
综合练习 ·· 105

第7章 实例与应用 ··· 106

7.1 词云绘制 ·· 106
7.1.1 基本的词云制作 ··· 106
7.1.2 制作更加有趣的词云 ··· 107

7.2 视频剪辑 ·· 109
7.2.1 环境配置 ·· 109
7.2.2 视频转 gif ·· 111
7.2.3 视频截取 ·· 112

7.3 二维码制作 ·· 113
7.3.1 制作彩色的二维码 ·· 113
7.3.2 制作动态二维码 ··· 113

7.4 批量数据爬取 ··· 114
7.4.1 必应爬虫 ·· 114
7.4.2 图片筛选 ·· 114

7.5 石头、剪刀、布游戏 ··· 115

第8章 matplotlib 数据可视化 ··· 118

8.1 模块简介 ·· 118

8.2 常见图形绘制 ·· 118
 8.2.1 折线图绘制 ·· 118
 8.2.2 散点图绘制 ·· 124
 8.2.3 柱形图绘制 ·· 125
 8.2.4 直方图绘制 ·· 126
 8.2.5 扇形图绘制 ·· 127
 8.2.6 堆叠的条形图绘制 ···································· 129
 8.2.7 箱形图绘制 ·· 129
 8.2.8 标签和坐标轴绘制 ···································· 129

第9章 pyecharts 交互式可视化 ································· 131
 9.1 pyecharts 基础引导 ······································· 131
  9.1.1 模块概述 ··· 131
  9.1.2 图表基础 ··· 131
 9.2 常见的各种图表绘制 ····································· 133
  9.2.1 直方图绘制 ·· 133
  9.2.2 箱形图绘制 ·· 136
  9.2.3 散点图绘制 ·· 137
  9.2.4 折线图绘制 ·· 138
  9.2.5 K 线图绘制 ·· 139
  9.2.6 饼图绘制 ·· 140
  9.2.7 水球图绘制 ·· 141
 9.3 图形简单组合布局 ······································· 141
  9.3.1 优美的主题图 ·· 143
  9.3.2 图表数据突出 ·· 144
 9.4 词云制作 ·· 145
 综合练习 ·· 147

第10章 pandas 数据处理基础 ································· 149
 10.1 概述 ·· 149
 10.2 简单快速的入门 ··· 149
  10.2.1 创建 DataFrame ···································· 149
  10.2.2 设置索引 ·· 150
  10.2.3 索引值 ·· 151
  10.2.4 读取和写入文件 ···································· 151
  10.2.5 查看数据信息 ······································ 152
 10.3 索引选择和排序分组 ···································· 153
  10.3.1 按列索引 ·· 153
  10.3.2 按行索引 ·· 154
  10.3.3 按区域筛选数据 ···································· 155
  10.3.4 条件筛选 ·· 155

10.3.5 排序 ·· 156

10.3.6 数据分组 ·· 156

10.4 数据的增删 ·· 157

10.4.1 行数据的增加 ·· 158

10.4.2 新增一列数据 ·· 158

10.4.3 删除一列数据 ·· 158

10.5 数据表拼接 ·· 159

10.5.1 横向拼接 ·· 159

10.5.2 纵向拼接 ·· 160

10.6 统计计算 ·· 161

10.6.1 数据相关性计算 ·· 161

10.6.2 变化率计算 ·· 161

10.6.3 协方差计算 ·· 162

10.7 数据清洗 ·· 162

10.7.1 检查过滤缺失数据 ·· 162

10.7.2 修改缺失数据 ·· 163

10.7.3 填充缺失数据 ·· 163

10.7.4 剔除重复标签数据 ·· 164

10.7.5 简单数据分析 ·· 165

10.8 One-hot 编码 ·· 168

10.9 pandas 数据可视化 ·· 170

10.9.1 折线图 ·· 170

10.9.2 柱形图 ·· 171

10.9.3 直方图 ·· 171

10.9.4 箱形图 ·· 172

10.9.5 面积图 ·· 172

10.9.6 散点图 ·· 173

10.9.7 扇形图 ·· 173

10.9.8 表格 ·· 174

10.10 实战：汽车数据分析 ·· 176

10.11 实战：股票数据分析 ·· 179

第11章 UI 界面设计 ·· 183

11.1 UI 框架介绍 ·· 183

11.2 Tkinter 基础 ··· 183

11.2.1 搭建第一个 UI 界面 ·· 183

11.2.2 添加一个按钮 ·· 183

11.2.3 设置窗口大小和标题 ·· 185

11.2.4 设置复选框 ·· 186

11.2.5 设置输入框 ·· 186

11.2.6 使用 Frame 框架 ·· 189

11.2.7　文本显示 ·· 190

11.2.8　添加菜单栏 ·· 190

11.3　剪刀、石头、布 UI 设计 ··· 192

11.4　计算器 UI 设计 ·· 197

第12章　计算机桌面自动化 ··· 205

12.1　鼠标的自动控制 ··· 205

12.1.1　桌面大小获取与鼠标指针定位 ················· 205

12.1.2　鼠标的移动与单击控制 ························· 206

12.1.3　鼠标的相对移动与右击控制 ················· 207

12.1.4　鼠标滚动 ··· 207

12.1.5　窗口拖动控制 ··· 208

12.2　键盘自动化控制 ··· 208

12.2.1　键盘写入 ··· 208

12.2.2　键盘快捷键 ··· 209

12.3　消息框提示 ··· 211

12.4　截图功能 ··· 212

12.4.1　基本截图 ··· 212

12.4.2　图像定位 ··· 212

12.5　案例实现 ··· 213

12.5.1　selenium 环境搭建与简单使用 ················· 213

12.5.2　结合 selenium 模拟滑动 ························· 215

12.5.3　模拟微信发送消息 ······························· 215

12.5.4　模拟表单填写 ··· 216

第13章　MySQL 数据库 ·· 219

13.1　为什么要学习数据库 ··· 219

13.2　MySQL 下载与安装 ··· 219

13.3　cmd 界面的基本操作 ··· 222

13.3.1　基本连接与断开 ··· 222

13.3.2　基本的输入查询 ··· 223

13.3.3　数据库简单使用 ··· 224

13.3.4　表的创建与删除 ··· 224

13.3.5　数据类型 ··· 225

13.3.6　数据插入表中 ··· 225

13.3.7　表的更改 ··· 226

13.3.8　表的查询 ··· 227

13.3.9　数据库的备份与恢复 ································· 228

13.3.10　小结 ··· 230

13.4　单表查询 ··· 230

13.4.1　navicat 的连接 ··· 231

13.4.2　创建数据表 ································· 231

13.4.3　select 选择语句 ······················ 234

13.4.4　select distinct 语句 ················ 235

13.4.5　where 查询子句 ······················· 235

13.4.6　and、or、not 使用 ················· 238

13.4.7　order by 子句使用 ················· 239

13.4.8　insert into 插入语句 ·············· 240

13.4.9　NULL 空值 ······························ 241

13.4.10　update 更新语句 ················· 242

13.4.11　delete 删除语句 ················· 243

13.4.12　limit 限制语句 ····················· 243

13.4.13　max、min 最值查询 ········· 243

13.4.14　count、avg、sum 计数查询 ·· 244

13.4.15　like 模糊查询 ····················· 245

13.4.16　in 符号 ······························· 247

13.4.17　as 取别名 ·························· 248

13.4.18　group by 分组查询 ··········· 249

13.4.19　having 条件 ···················· 249

13.4.20　union 联合查询 ················ 250

13.5　多表查询 ·································· 252

13.5.1　内连接 ································· 253

13.5.2　左连接 ································· 253

13.5.3　右连接 ································· 254

13.5.4　交叉连接 ····························· 254

13.5.5　自然连接 ····························· 254

13.6　Python 对接 MySQL ············· 255

13.6.1　连接数据库 ·························· 255

13.6.2　数据库创建与检查 ··············· 256

13.6.3　表的创建与插入 ·················· 257

13.6.4　数据选择 ····························· 258

13.6.5　where 筛选 ························ 259

13.6.6　表的更新 ····························· 260

13.7　实战 ······································· 261

13.7.1　表的设计 ····························· 261

13.7.2　案例实践（一）···················· 262

13.7.3　案例实践（二）···················· 263

第 14 章　机器学习 ································· 265

14.1　机器学习基础 ·························· 265

14.1.1　什么是机器学习 ·················· 265

14.1.2　机器学习的分类 ················· 265

14.1.3 机器学习的搭建步骤 ··· 266
14.1.4 常用术语 ··· 266
14.1.5 常用性能指标 ·· 267
14.2 线性回归 ·· 268
14.2.1 简单线性回归基本思想 ··· 268
14.2.2 案例：学习时间与分数预测 ·· 269
14.2.3 多项式回归基本思想 ·· 271
14.2.4 案例：职位薪金预测 ·· 271
14.2.5 多元线性回归基本思想 ··· 273
14.2.6 案例：波士顿房价预测 ··· 273
14.3 逻辑回归 ·· 278
14.3.1 逻辑回归基本思想 ··· 278
14.3.2 案例：糖尿病预测 ··· 279
14.4 朴素贝叶斯分类 ·· 284
14.4.1 朴素贝叶斯基本思想 ·· 284
14.4.2 朴素贝叶斯分类与假设 ··· 284
14.4.3 案例：鸢尾花分类 ··· 285
14.4.4 案例：文本分类 ·· 286
14.4.5 朴素贝叶斯的优缺点 ·· 287
14.5 支持向量机 ··· 288
14.5.1 支持向量机介绍 ·· 288
14.5.2 最佳超平面 ··· 288
14.5.3 案例：乳腺癌预测分类 ··· 288
14.5.4 支持向量机优缺点 ··· 292
14.6 决策树 ·· 293
14.6.1 决策树的基本思想 ··· 293
14.6.2 特征选择 ·· 294
14.6.3 信息增益 ·· 294
14.6.4 信息增益比 ··· 295
14.6.5 基尼指数 ·· 295
14.6.6 决策树参数 ··· 295
14.6.7 案例：鸢尾花分类 ··· 296
14.6.8 决策树的优缺点 ·· 300
14.7 主成分分析 ··· 300
14.7.1 主成分分析简介 ·· 300
14.7.2 案例：葡萄酒分类 ··· 301
14.7.3 主成分分析的优缺点 ·· 305
14.8 K-Means 聚类 ··· 306
14.8.1 K-Means 聚类基本思想 ··· 306
14.8.2 案例：商场消费分析 ·· 306
14.8.3 K-Means 聚类的优缺点 ··· 309

14.9　集成学习 ··· 309
　　14.9.1　理解集成学习 ·· 309
　　14.9.2　bagging（袋装）基本思想 ································· 309
　　14.9.3　案例：糖尿病人数预测 ····································· 310
　　14.9.4　boosting 基本思想 ··· 313
　　14.9.5　Adaboost（自适应增强）案例 ·························· 313
　　14.9.6　XGBoost 基本思想 ·· 314
　　14.9.7　案例：波士顿房价预测 ····································· 315
14.10　模型的保存与加载 ·· 319
　　14.10.1　模型的保存 ··· 320
　　14.10.2　模型的加载 ··· 320

第15章　Git 项目管理 ·· 321

15.1　Git 环境搭建 ·· 321
15.2　Git 的配置 ·· 323
15.3　仓库基本管理 ·· 325
　　15.3.1　创建仓库 ··· 325
　　15.3.2　添加密钥 ··· 326
　　15.3.3　远程上传文件 ·· 328
　　15.3.4　远程下载 ··· 330
15.4　提交历史 ··· 331
　　15.4.1　常见命令 ··· 331
　　15.4.2　过滤提交 ··· 332

扫码获取电子资源

Python3 环境搭建

1.1 Python3 安装

Python 是一门通用的计算机编程脚本语言，可用于数据统计、分析、建模和可视化，具有高度可扩展性。Python 同时支持 Linux、Windows 和 Mac 操作系统。Python 开源免费，吸引了世界范围内各行业的代码爱好者。

本节主要介绍 Python3 的环境搭建步骤，环境搭建的成功与否关系到后续的 Python 训练与学习。Python 软件可以从官网下载，选择适合用户操作系统的二进制发行版本后，按本节的步骤一步一步进行安装。

通过浏览器访问 Python 官网，然后单击"Downloads"选项卡，如图 1-1 所示。接着可以直接选择"Download for Windows"选项下载新版 Python（以 Python 3.10.2 为例），如图 1-2 所示。

图 1-1　官网页面

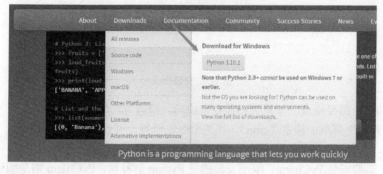

图 1-2　下载界面

下载后双击软件，勾选"Add Python 3.10 to PATH"复选框，并单击"Install Now"按钮，如图1-3所示。弹出提示框，选择"是"按钮，如图1-4所示。此时 Python 安装成功，单击"Close"按钮关闭，如图1-5所示。

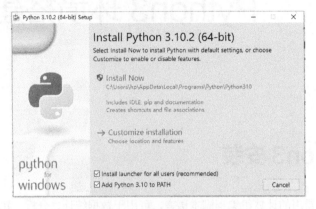

图1-3 安装 Python 3.10.2

图1-4 安装选择

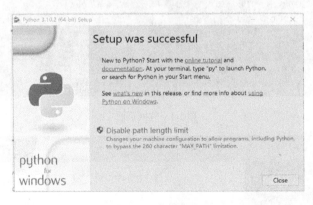

图1-5 安装完成

安装成功后，需要检查一下是否已经安装成功，检验方法如下：

① 在"开始"菜单中搜索"cmd"，找到命令提示符，并以管理员身份运行。

② 输入"python"，回车。测试安装成功，弹出如图1-6所示的界面。

接下来，需要安装 PyCharm，刚刚安装的是 Python 解释器，PyCharm 则是编译器，编译器的优势是便于管理，界面更加美观，还有一些插件支撑。初学 Python 时有一个好的编译器，更有助于学习。

图 1-6　测试安装成功

1.2　PyCharm 安装与配置

本节介绍在 Windows10 环境下安装 PyCharm，并在 PyCharm 软件上搭载 Python 解释器，以及一些软件的基本配置与使用。

1.2.1　Windows 下安装 PyCharm

访问 PyCharm 官网，选择右边的 Community（社区版），单击"Download"按钮开始下载，如图 1-7 所示。下载好后双击软件，出现提示框，选择"是"按钮，接着在弹出的对话框中单击"Next"按钮，如图 1-8、图 1-9 所示。

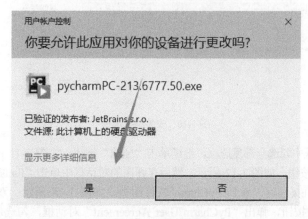

图 1-7　社区版 PyCharm 下载

图 1-8　安装选择

图 1-9　安装选择

继续单击"Next"按钮，当然也可以单击"Browse"按钮选择路径，此处建议安装在 D 盘，如图 1-10 所示。

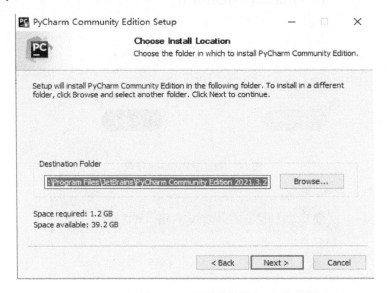

图 1-10　安装路径选择

在弹出的对话框中勾选全部复选框，继续单击"Next"按钮，如图 1-11 所示；在弹出的对话框中单击"Install"按钮，如图 1-12 所示；然后在弹出的对话框中单击"Finish"按钮，如图 1-13 所示，此时在计算机桌面可以看到 PyCharm 软件图标，如图 1-14 所示；双击图标打开软件，单击"Don't Send"按钮，弹出"PyCharm User Agreement"对话框，勾选后单击"Continue"按钮，如图 1-15 所示；继续单击"Don't Send"按钮，如图 1-16 所示。

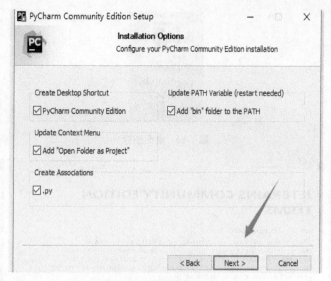

图 1-11 安装选择（1）

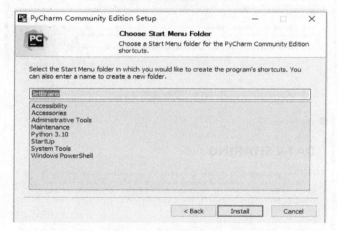

图 1-12 安装选择（2）

图 1-13 安装完成

图 1-14　桌面图标

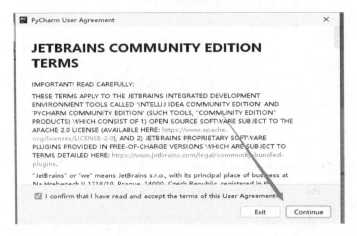

图 1-15　安装选择（3）

图 1-16　安装选择（4）

弹出"Welcome to PyCharm"对话框，单击"New Project"按钮创建一个项目，如图 1-17 所示；进入"New Project"对话框，给项目命名，此处命名为"python 学习"，此时可以看到 PyCharm 自动检测到 Python 3.10 版本，单击"Create"按钮，如图 1-18 所示，进入"Tip of the Day"对话框，单击"Close"按钮关闭，由于 PyCharm 还在加载 Python 解释器，所以需要等几分钟才能关闭对话框，如图 1-19 所示。

直接运行自动生成的 main.py，使用鼠标右键单击，在弹出的快捷菜单中选择"Run 'main'"选项，如图 1-20 所示；当底部出现"Hi, PyCharm"信息时，配置成功；如图 1-21 所示。

图 1-17　创建项目

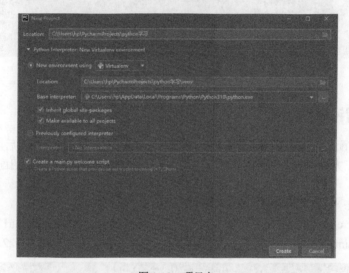

图 1-18　项目名

图 1-19　关闭提示面

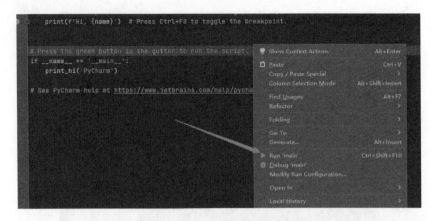

图 1-20　运行程序

图 1-21　成功界面

1.2.2　配置镜像源

搭建好基本配置后，需要配置镜像源。为什么要配置镜像源呢？因为在后期的学习过程中会遇到下载第三方模块的情况，配置镜像源后可加快下载速度。下面介绍配置镜像源的两种方法。

第一种方法：永久配置镜像源（必须配置）。

首先，打开 cmd 以管理员身份运行，输入"pip config set global.index-url https://pypi.tuna.tsinghua.edu.cn/simple"命令，回车（此处添加的是清华镜像源），如图 1-22 所示。

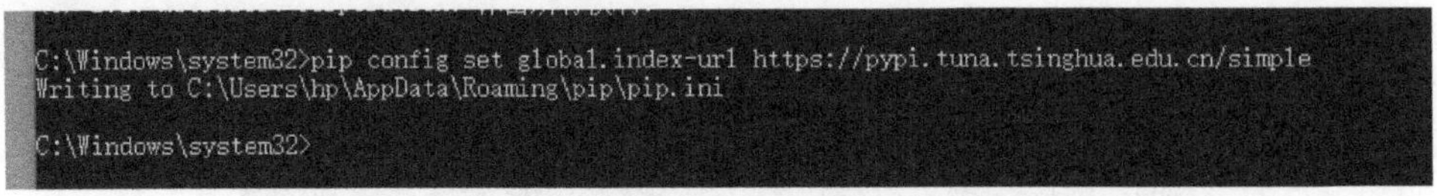

图 1-22　永久镜像配置

回车后将出现"Writing to C:\Users\hp\AppData\Roaming\pip\pip.ini"信息，这里需要把 C:\Users\hp\AppData\Roaming\pip\pip.ini 添加到环境变量。不同的计算机这个路径可能不同，只需把这个路径看成一个整体即可。下面介绍添加环境变量的方法，任何软件的安装都适用（有些软件会默认添加，不用我们手动添加）。单击左下角"开始"按钮，搜索"编辑系统环境变量"，如图 1-23 所示。单击"环境变量"按钮，如图 1-24 所示；双击"系统变量"下的"Path"选项，如图 1-25 所示。单击"新建"按钮，复制粘贴 cmd 返回的"C:\Users\hp\AppData\Roaming\pip\pip.ini"，单击"确定"按钮，如图 1-26 所示，返回如图 1-27 所界面，单击"确定"按钮即可。此时，测试一下配置是否成功，返回到 PyCharm 软件，单点击下方的"Terminal"

按钮，如图 1-28 所示。

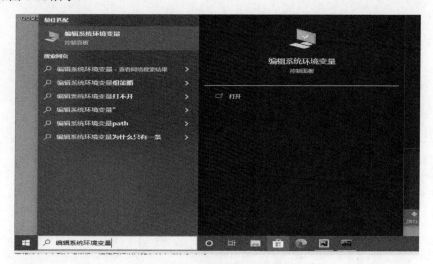

图 1-23 搜索"编辑系统环境变量"

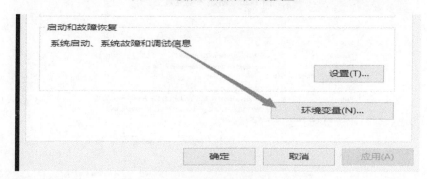

图 1-24 打开环境变量

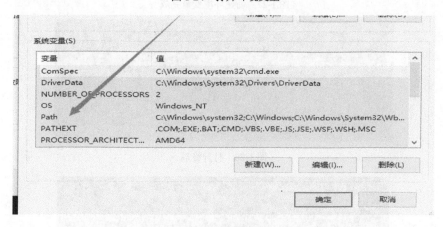

图 1-25 选择变量

例如，要安装 numpy 模块，输入"pip install numpy"后回车，可以看到下载模块速度为 3.2MB/s，如图 1-29 所示，仅需很短时间即可完成模块的下载。如果没有配置该镜像源，下载该模块可能会用几个小时。

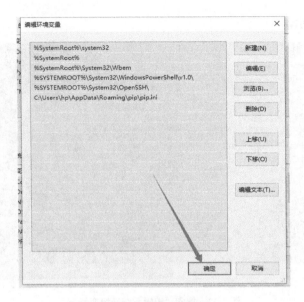

图 1-26　新建环境变量

图 1-27　新建环境变量完成

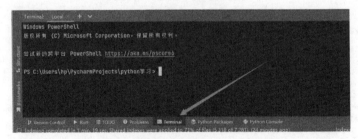

图 1-28　打开终端

图 1-29　测试配置成功

注意

在后续学习 Python 软件的过程中，需要安装模块时，一般都到"Terminal"下安装，不建议在 cmd 中安装。

第二种方法：临时使用镜像源（知道怎么使用即可，该方法不用配置）。

利用第一种方法，我们已经永久配置好了镜像源。前面配置的是清华镜像源，如果想使用别的镜像源，应该如何做呢？因为在后续的深入学习过程中，大家有可能会用到其他镜像源，所以下面介绍几个镜像源。

阿里云：http://mirrors.aliyun.com/pypi/simple/

中国科学技术大学：https://pypi.mirrors.ustc.edu.cn/simple/

豆瓣：http://pypi.douban.com/simple/

使用方法为"pip install 下载的模块名 -i 镜像源"。比如，我们想使用阿里云的镜像源下载 numpy 这个模块，可以输入以下命令：

pip install numpy -i http://mirrors.aliyun.com/pypi/simple/

1.2.3　安装自动补码插件

安装自动补码插件的好处在于：我们写代码时可能记不住函数的全名，它会提示下一步可能用到的函数，使写代码更快、更方便。在"PyCharm"软件界面，单击左上角的"File"菜单中的"Settings"选项，如图 1-30 所示，再单击"Plugins"选项并搜索"TabNine"，回车，然后单击"Install"按钮，如图 1-31 所示，如果弹出提示框，单击"Accept"按钮，如图 1-32 所示，再单击"Restart IDE"按钮即可，如图 1-33 所示。

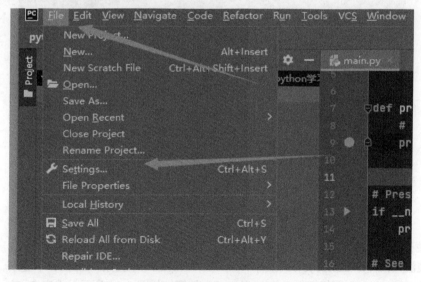

图 1-30　打开设置

图 1-31　插件搜索

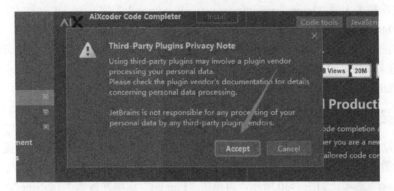

图 1-32　提示

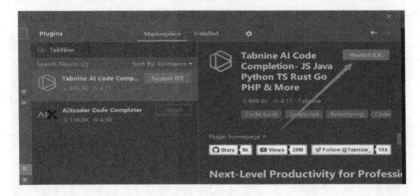

图 1-33　重启

1.2.4　安装界面汉化插件

如果不习惯英文界面，可以安装汉化插件。不过建议读者使用英文界面。

安装汉化插件方法跟安装补码插件一样，在"Plugins"里搜索"Chinese"，选择"Chinese（Simplified）Lang…"图标插件，单击"Install"按钮，如图 1-34 所示，重启 PyCharm，可以看到界面已经汉化。

图 1-34　汉化插件安装

1.2.5　自定义脚本开头

本配置是非必要的，但是作为程序爱好者，写代码前一般要写上一些开头，注明这个脚本是自己写的、写代码的时间等信息。配置方法是在"PyCham"软件左上角单击"File"菜单中的"Settings"选项，如图 1-35 所示，再单击"Editor"选项，然后单击"File and Code Templates"选项，最后单击右侧的"Python Script"选项即可，如图 1-36 所示。

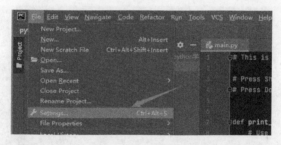

图 1-35　打开设置

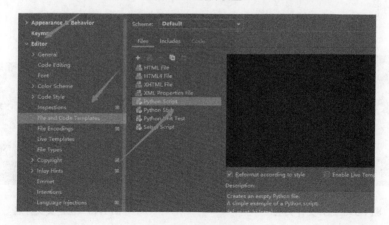

图 1-36　自定义脚本

在空白处可以写姓名、时间等信息，然后单击"OK"按钮，后续再创建文件时，它就会在头部自动加上作者和时间，如图1-37所示。

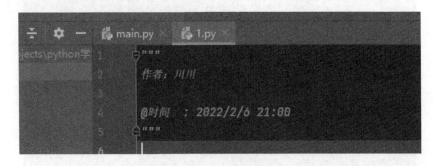

图1-37　测试自定义脚本

1.2.6　创建第一个 Python 文件

前述配置基本搭建好后，可以开始写代码了。首先，需要创建一个 Python 文件，首先单击左上角"File"菜单中的"New"选项，如图1-38所示，然后单击"Python File"选项，如图1-39所示，最后就是命名，可以用中文、数字、英文命名，此处为便于记录命名为"1"，回车，如图1-40所示。

图1-38　创建文件

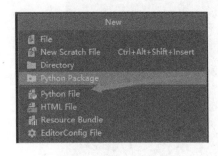

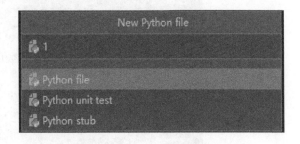

图1-39　选择文件类型　　　　　　　　图1-40　自定义文件名

写代码的界面（可以看到前面加的自定义脚本开头已经生效）如图1-41所示。

图 1-41　代码界面

至此，安装与配置 PyCharm 已经介绍完毕，大家按照前述步骤操作就能搭建良好的 Python 环境。

1.3　jupyter 安装与配置

在进行数据处理时，使用 jupyter 更加方便。第 8 章开始，我们主要使用 jupyter 进行学习，少部分章节是在 PyCharm 中进行学习。

1.3.1　安装 jupyter

首先到清华镜像源官网下载，进去后选择计算机对应的版本。此处由于计算机为 Windows10，64 位，选择下载 Anaconda3-2021.05-Windows-x86_64.exe，单击即可下载，如图 1-42 所示；下载好后双击开始安装，如图 1-43～图 1-45 所示。

图 1-42　下载

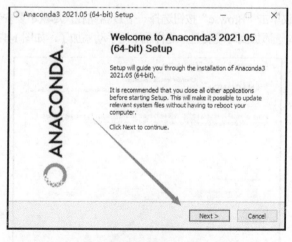

图 1-43　选择"Next"（1）

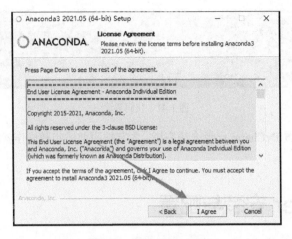

图 1-44　选择 "I Agree"

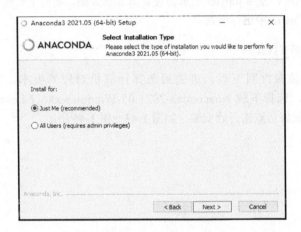

图 1-45　勾选 "Just Me（recommended）" 并单击 "Next"

安装过程中，建议单击 "Browse" 按钮选择一个 D 盘路径，尽量不要安装在 C 盘，以免爆盘，如图 1-46 所示，然后勾选添加到环境变量，这样就不用手动添加了，如图 1-47 所示；单击 "Install"

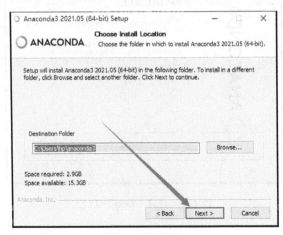

图 1-46　路径选择

按钮后安装，几分钟后出现如图 1-48 所示对话框，单击"Next"按钮即可，然后弹出如图 1-49 所示界面，再单击"Next"按钮。

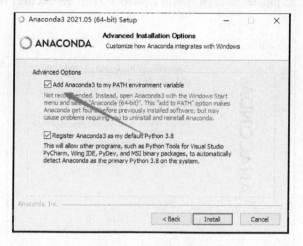

图 1-47　添加环境变量

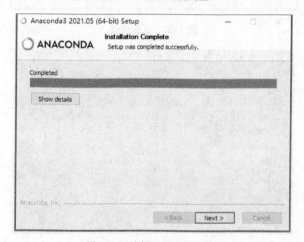

图 1-48　选择"Next"（2）

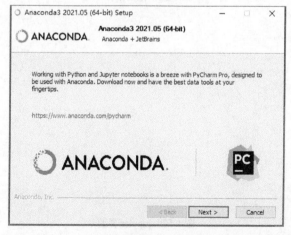

图 1-49　选择"Next"（3）

安装完成后，单击"Finish"按钮，此时可能会打开官网，直接关掉即可，如图 1-50 所示。单击"开始"按钮，把 jupyter 图标拖到桌面，如图 1-51 所示，双击打开，会看到网页版界面，如图 1-52 所示。

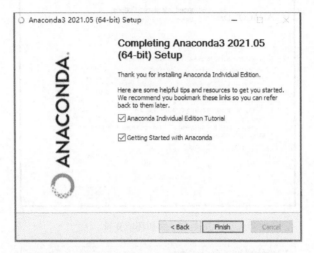

图 1-50　安装完成

图 1-51　拖动图标

图 1-52　jupyter 界面

1.3.2　汉化

在界面左下角搜索，打开编辑系统环境变量，如图 1-53、图 1-54 所示，在"环境变量"对话框中设置"hp 的用户变量"，单击"新建"按钮，如图 1-55 所示。

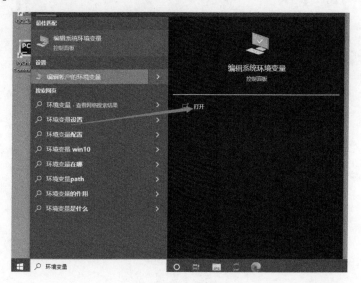

图 1-53　环境变量

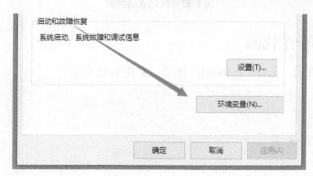

图 1-54　选择

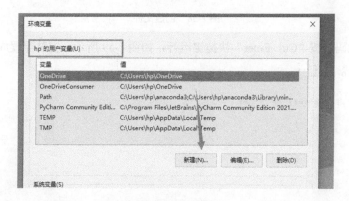

图 1-55　用户变量

在"新建用户变量"对话框中填写"变量名"为"LANG",变量值为"zh_CN.UTF8",如图 1-56 所示,然后单击"确定"按钮,此时需要关闭 jupyter(将网页和 jupyter 应用都关闭),再重新双击打开,如图 1-57 所示。

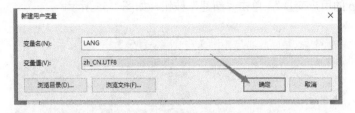

图 1-56　填写界面

图 1-57　汉化成功界面

1.3.3　运行第一个代码

单击"新建"按钮,选择"Python3"选项,如图 1-58 所示。

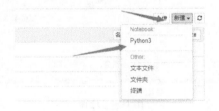

图 1-58　创建文件

输入以下代码,按"Ctrl+Enter"快捷键运行,如图 1-59 所示,安装配置成功。

```
print('hello world')
```

图 1-59　运行成功界面

1.3.4　菜单栏介绍

（1）文件命名

默认文件名是"未命名"，为了便于区分，一般要改名。单击"未命名"，如图 1-60 所示，修改后单击"重命名"按钮，可以用中文命名，如果能用英文命名更好，如图 1-61 所示。

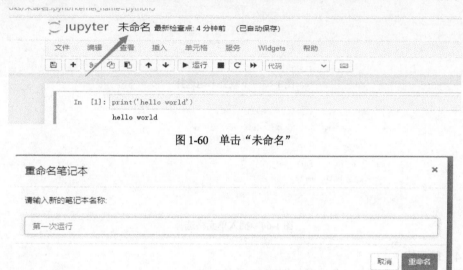

图 1-60　单击"未命名"

图 1-61　重命名

（2）文件功能

单击"文件"菜单，如图 1-62 所示。

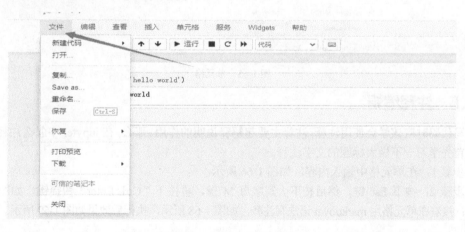

图 1-62　单击"文件"菜单

"文件"菜单中第一个命令是"新建代码"，用于新建一个 Python3 网页，也可以在这里进行"重命名"；代码写好后如需保存，可以单击"保存"，当然我们一般使用"Ctrl+S"快捷键；它还提供"下载"功能，具体根据需求选择，如图 1-63 所示。

（3）插入功能

单击"插入"菜单，可以在单元格上面和下面插入内容，如图 1-64 所示。如果单击"插入单元格下面"选项，则会在下面多出一个单元格。当然，你也可以把所有代码写到一个单元格里，但是这样会显得比较拥挤。

图 1-63 下载到本地选择

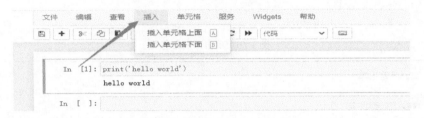

图 1-64 插入单元格选择

（4）单元格

单击"单元格"菜单，各选项如图 1-65 所示。

图 1-65 单元格

1.3.5 注释编辑

写代码时应该学会使用注释，注释主要起解释说明的作用。那么，在 jupyter 中怎么注释呢？首先学习一下做大标题的文字注释。

步骤 1：在单元格中输入内容，如图 1-66 所示。

步骤 2：按下 Esc 键，然后按下大写字母 M 键，再按下"Ctrl+Enter"快捷键，如图 1-67所示；接着在单元格用 markdown 语法写注释，如图 1-68 所示，执行后效果如图 1-69 所示。

图 1-66 注释内容

图 1-67　执行注释功能

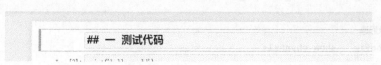

图 1-68　标题

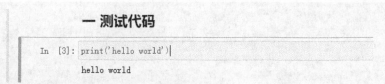

图 1-69　效果

1.3.6　配置镜像源

jupyter 和 PyCharm 一样，也需要配置镜像源，否则下载模块会很慢。首先在左下角输入"cmd"打开命令提示符，如图 1-70 所示，输入"conda --version"查看版本，如图 1-71 所示。

图 1-70　打开 cmd

图 1-71　版本查看

添加清华源，依次执行以下命令：

```
conda config --add channels https://mirrors.tuna.tsinghua.edu.cn/anaconda/pkgs/main
conda config --add channels https://mirrors.tuna.tsinghua.edu.cn/anaconda/pkgs/free
```

```
conda config --add channels https://mirrors.tuna.tsinghua.edu.cn/anaconda/pkgs/r
conda config --add channels https://mirrors.tuna.tsinghua.edu.cn/anaconda/pkgs/pro
conda config --add channels https://mirrors.tuna.tsinghua.edu.cn/anaconda/pkgs/msys2

#显示检索路径
conda config --set show_channel_urls yes

#显示镜像通道
conda config --show channels
```

演示界面如图 1-72 所示。

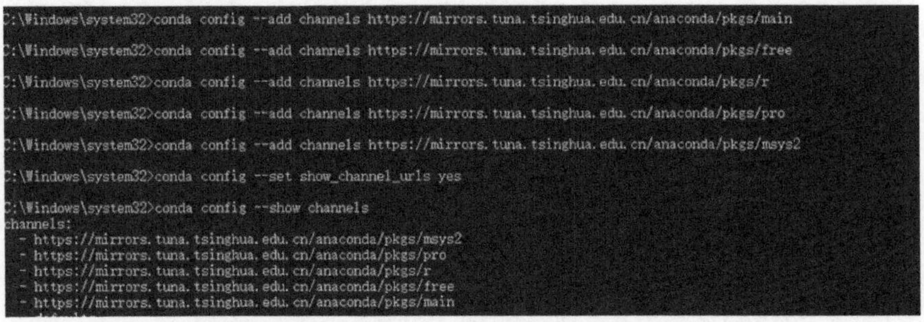

图 1-72　演示界面

安装一个模块测试运行速度：

```
!pip install pandas
```

注意

　　上述代码中，前面是英文的感叹号，表示在 jupyter 的单元格安装，如图 1-73 所示。也可以直接在 cmd 中安装，使用清华源下载也很快，如图 1-74 所示。在 cmd 中输入 "conda list" 可以查看自己有哪些模块，如图 1-75 所示。

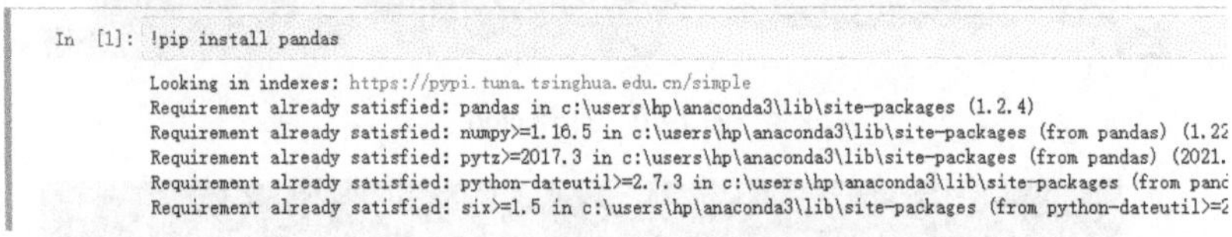

图 1-73　在 jupyter 的单元格安装

图 1-74　在 cmd 中安装

```
C:\Users\hp>conda list
# packages in environment at C:\Users\hp\anaconda3:
#
# Name                    Version                   Build  Channel
_ipyw_jlab_nb_ext_conf    0.1.0                     py38_0   defaults
alabaster                 0.7.12                    pyhd3eb1b0_0   defaults
anaconda                  2021.05                   py38_0   defaults
anaconda-client           1.7.2                     py38_0   defaults
anaconda-navigator        2.0.3                     py38_0   defaults
```

图 1-75　查看模块

1.3.7　conda 创建虚拟环境

虚拟环境可以搭建独立的 Python 运行环境，使单个项目的运行环境与其他项目互不影响。conda 配置虚拟环境方法为：在 cmd 中输入"conda create -n xuni python=3.6"即可创建一个名为"xuni"的虚拟环境，环境为"Python 3.6"（具体可以根据实际情况设置版本、名称），如图 1-76 所示。创建好虚拟环境后，如果需要使用它，输入"conda activate xuni"激活即可，如图 1-77 所示，这样就进入了一个全新的 Python 3.6 环境。

```
C:\Users\hp>conda create -n  xuni  python=3.6
Collecting package metadata (current_repodata.json): done
Solving environment: done

==> WARNING: A newer version of conda exists. <==
  current version: 4.10.1
  latest version: 4.11.0

Please update conda by running

    $ conda update -n base -c defaults conda
```

图 1-76　创建虚拟环境

```
终止批处理操作吗(Y/N)? y

C:\Users\hp>conda activate  xuni

(xuni) C:\Users\hp>
```

图 1-77　激活

另外，输入"conda deactivate"可以退出虚拟环境（可以在最后不需要使用这个环境的时候执行），输入"conda env list"可以查看 conda 有哪些虚拟环境，如图 1-78 所示，执行后可以看到两个环境：一个是"base"默认环境，另一个是刚刚创建的名为"xuni"的环境。要想把这个虚拟环境放到 jupyter 上面，需执行"conda install ipykernel"命令安装一个模块，如图 1-79 所示。

```
(xuni) C:\Users\hp>conda env list
# conda environments:
#
base                     C:\Users\hp\anaconda3
xuni                 *   C:\Users\hp\anaconda3\envs\xuni
```

图 1-78　查看虚拟环境

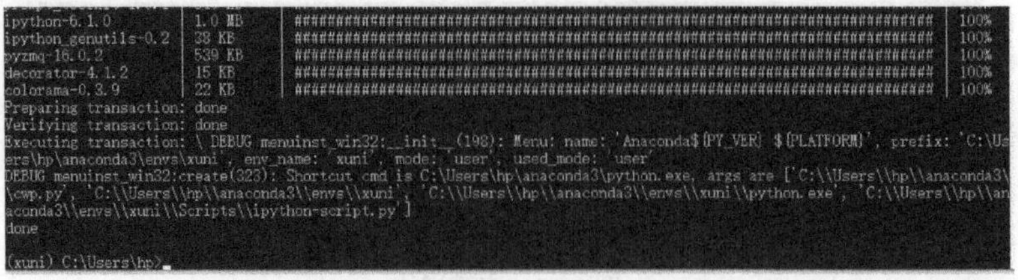

图 1-79　模块安装

把 conda 的 xuni 这个环境注入 jupyter 中，输入 "python -m ipykernel install --user --name xuni --display-name 'xuni'"，注入成功，如图 1-80 所示。

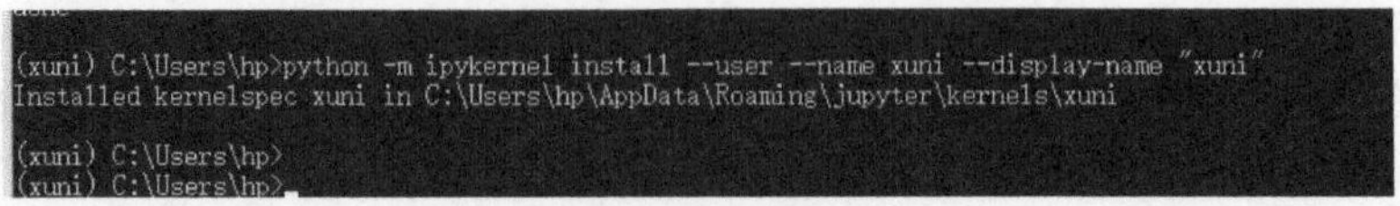

图 1-80　执行注入

刷新页面，再次创建一个 Python，此时可以看到 xuni 这个虚拟环境，可以直接单击它进入，如图 1-81 所示，Python3 默认的是 base 环境，xuni 是刚刚创建的 Python 3.6 环境。这样可以在 jupyter 中选择自己需要的环境进行操作。

图 1-81　jupyter 进入虚拟环境

之所以花这么大篇幅介绍安装低版本的虚拟环境，是因为很多人在后续学习中，可能喜欢先运行别人的代码，可是发现别人能运行正确，自己运行却有问题，很可能是版本不一样，此时需更改版本再次测试。

扫码获取电子资源

## 第 2 章

基础入门知识

2.1 快速入门

本章我们将开始学习代码，下面快速写上一段简单的代码，尝试输出第一个程序。

2.1.1 打印输出

（1）单行打印输出

首先创建一个 Python 文件并命名，写下一行代码"print('hello world')"，表示打印"hello world"这个字符串，运行演示结果如图 2-1 所示。

图 2-1 打印

注意

> 无论是现在学习 Python，还是以后学习更多的编程语言，都要使用英文字符。例如，"print（'hello world'）"中需要用英文的引号和括号。

（2）多行打印输出

单行打印输出是最基础的代码，用于打印自定义的内容，可是这个 Python 文件只能写一行代码吗？当然不是的，如果想要执行下一个功能（一次打印也算一个功能），需要换行再写，而不是接着这一行写。例如，下面这样写是错误的：

```
print('你好')  print('我爱python')
```

正确的写法是要换行对齐：

```
print('你好')
```

```
print('我爱python')
```

运行后输出如下：

你好
我爱python

2.1.2　添加注释

在写代码的过程中，添加注释记录代码的含义及目的，能够增强代码的可阅读性。下面介绍如何添加注释。

（1）单行注释

注释一般以"#"开头，"#"右边的所有内容都被当作说明文字，而不是真正要执行的程序，只起辅助说明作用。首先创建一个新的文件，然后编写代码"print（'川川'）"，运行后如图2-2所示。可以看到，"川川"这个名字打印出来了。现在想要给这段代码加一个注释，说明这一行代码的目的是打印名字。此处使用"#"，在"#"后面跟上想解释的内容。例如：

```
print('川川')  # 这一行代码是用来打印名字的
```

运行后如图2-3所示。

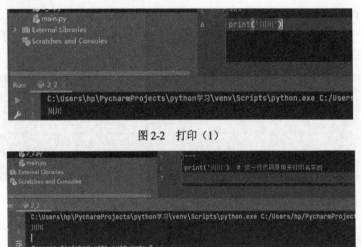

图2-2　打印（1）

图2-3　打印（2）

注释可以写在代码上一行，也可以写在代码的右边，依照个人习惯即可。例如：

```
# 这一行代码我是用来打印的
print('川川')  # 这一行代码是用来打印名字的
```

运行后如图2-4所示。

图2-4　打印（3）

（2）多行注释

多行注释有几种方法，都是比较常用的。

方法一：使用多个#。

```
# 这一行代码我是用来打印的
# 这是代码
# 我学 python 的第一个程序
print('川川')  # 这一行代码是用来打印名字的
```

注释是没有长短限制的，但是为了注释的美观，一行写不下时，可以写在下一行，但是下一行也需要用#。

方法二：使用快捷键进行注释。

在这里补充一下，注释不仅可以注释说明，也可以注释掉代码。例如：

```
# print('川川')  # 这一行代码是用来打印名字的
print('我爱学 python')
print('今天是个好日子')
```

第一行代码前面也加了"#"，此时输出：

```
我爱学 python
今天是个好日子
```

具体代码呈现如图 2-5 所示。

图 2-5　打印（1）

上面介绍的三行打印代码，如果想要把它们全部注释掉，可以使用"Ctrl+/"快捷键，操作方法是用鼠标左键选中这三行代码，按快捷键"Ctrl+/"，即会被全部注释掉。取消注释则采用同样的方式，选中这几行代码，按快捷键"Ctrl+/"。

```
# print('川川')  # 这一行代码是用来打印名字的
# print('我爱学 python')
# print('今天是个好日子')
```

方法三：使用三引号（注意要用英文输入法下的引号），把要注释的说明写在 3 个引号里面。例如：

```
'''
这是第 2 章
基础注释讲解
'''
Print ('hello')
Print ('你好,python')
```

运行后输出如下：

Hello
你好,python

代码呈现如图 2-6 所示。

图 2-6　打印（2）

2.2 变量

2.2.1 变量的基本知识

（1）变量的含义

在 Python 中，首次为变量赋值时，会自动创建一个变量并指定类型。Python 不像 C 语言那样需要声明变量。例如：

```
a = 1
b = 'python'
print(a)
print(b)
```

运行结果：

```
1
python
```

代码呈现如图 2-7 所示。

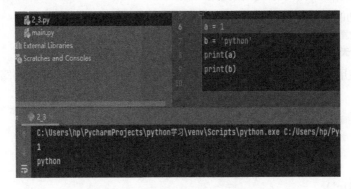

图 2-7　打印

以上代码的含义是：给变量 a 赋值数字 1，给变量 b 赋值字符串"python"，然后利用 print( )

函数依次打印变量 a 和 b，可以看到变量 a 和变量 b 的值分别通过 print( ) 函数输出了。注意：也可以用其他变量来赋值相同的内容，不一定是 a 和 b，它的值不会变，例如：

```
x = 1
y = 'python'
print(x)
print(y)
```

运行结果如下：

```
1
python
```

（2）变量命名规则

变量可以用简短的名称（如 x 和 y）命名，也可以用更具描述性的名称（如 age、name、sex）命名，Python 命名变量命名具体规则如下。

① 变量名必须以字母或下划线字符开头。

② 变量名不能以数字开头。

③ 变量名可以由字母、数字、下划线组成。

④ 变量名区分大小写（如 age、Age 和 AGE 是 3 个不同的变量）。

下面举几个合法的变量名对上述规则进行说明。

```
var = "我爱python"
my_var = "我爱python"
_var = "我爱python"
myVar = "我爱python"
VAR = "我爱python"
var2 = "我爱python"
```

为使变量名更加规范好看，变量的命名还有一些具体的约定。

① 小驼峰命名法：除第一个单词外，每个单词都以大写字母开头。

```
myAgeIs = 22
```

② 大驼峰命名法：每个单词都以大写字母开头。

```
MyAgeIs = 22
```

③ 下划线连接法：各个单词之间由下划线字符连接。

```
My_Age_Is = 22
```

（3）创建单个变量

上面介绍的内容都是使用单个变量赋值，下面继续展开介绍。例如为 3 个变量分别赋值数字 22，并分别打印输出。

```
myAgeIs = 22
MyAgeIs = 22
My_Age_Is = 22
print(myAgeIs)
print(MyAgeIs)
print(My_Age_Is)
```

运行后输出如下：

```
22
22
22
```

（4）变量分配多个值

上面介绍的是一个一个地给变量赋值，下面介绍多个变量在一行里赋值。例如：

```
x,y,z = "小明","小红","小强"
print(x)
print(y)
print(z)
```

此代码中，第一行对 x,y,z 依次赋值，再通过三个 print( ) 语句依次打印，当然也可以将变量用逗号分隔用一个 print( ) 语句打印（更常用）：

```
print(x,y,z)
```

运行结果如下：

```
小明
小红
小强
小明 小红 小强
```

运行结果如图 2-8 所示。

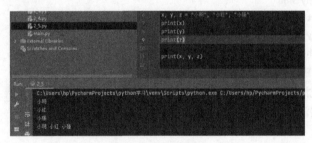

图 2-8　打印演示

注意

应确保变量的数量与值的数量相匹配，否则会出现错误提示。

当然，也可以给多个变量同时赋值相同的内容：

```
x = y = z = "我爱 python"
print(x)
print(y)
print(z)
```

其等效于：

```
x = "我爱 python"
y = "我爱 python"
z = "我爱 python"
```

```
print(x)
print(y)
print(z)
```

（5）输出变量

给变量赋值后，要想在界面显示变量，需要用 print( )函数打印输出变量。print( )函数的完整语法如下：

```
print(value(s),sep= ' ',end = '\n',file=file,flush=flush)
```

此外，大多数仅使用第一个参数，各参数含义如下。

value(s) ：字符串或者某个变量。

sep='' ：（可选）指定如何分隔对象，默认分隔为一个空格。

end = '\n'：（可选）指定最后要打印的内容，默认'\n'，即换行。

file ：（可选）具有 write( )方法的对象，默认 sys.stdout，很少使用。

flush ：（可选）是一个布尔值，指定输出 True 还是 False，很少使用。

输出变量可以是文本与变量的组合，例如：

```
x = "张三"
print("我是" + x)
```

输出如下：

我是张三

运行后如图 2-9 所示。

图 2-9　打印结果

还可以用加号将两个字符类型变量相加，再把它赋值给另一个变量：

```
x = "我爱"
y = "python"
z = x + y
print(z)
```

用 print ( )函数输出变量 z 的值，结果如下：

我爱 python

运行结果如图 2-10 所示。

当然还有其他输出变量的方法，具体参见以下示例。

例如：使用逗号来隔开输出。

```
a = 20
print('我今年: ',a)
```

输出如下：

我今年: 20

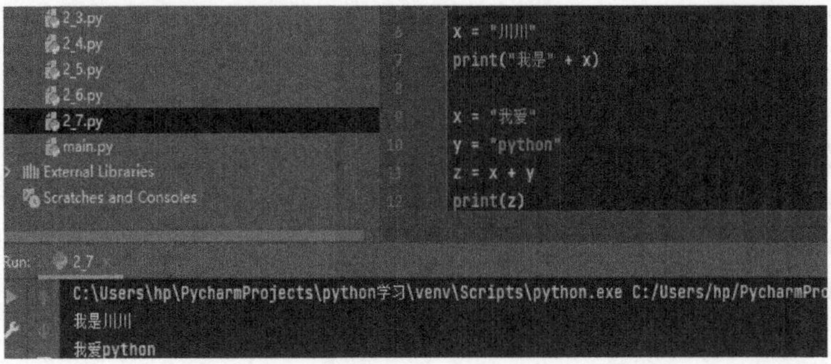

图 2-10 打印

例如：将字符串 "hello world" 从中间换行输出（使用\n）。

```
print('hello\nworld')
```

输出如下：

```
hello
world
```

例如：将字符串 "hello python" 末尾用星号输出而不换行（使用 end 关键字）。

```
print('hello world',end='**')
print('python')
```

输出如下：

```
hello world**python
```

2.2.2 变量的格式化字符串输出

（1）%操作符用法

在 Python 语言中，只要看见 "%" 操作符，就是格式化输出。常用的格式化符号见表 2-1。

表 2-1 常用的格式化符号

格式化符号	转换	格式化符号	转换
%d	有符号的十进制整数	%c	字符
%s	通过字符串格式化	%f	浮点实数

例如：打印输出年龄。

```
print('我今年 20 岁')
print('我今年 21 岁')
print('我今年 22 岁')
print('我今年 23 岁')
print('----------')
```

运行结果如下：

```
我今年 20 岁
我今年 21 岁
我今年 22 岁
```

我今年 23 岁

而使用格式化操作符实现年龄介绍则如下。

```
age = 20
print('我今年%d 岁' % age)
age = age + 1
print('我今年%d 岁' % age)
age = age + 1
print('我今年%d 岁' % age)
age = age + 1
print('我今年%d 岁' % age)
```

运行输出如下：

我今年 20 岁
我今年 21 岁
我今年 22 岁
我今年 23 岁

可以看到上述两种方式输出的结果相同。但是，使用格式化操作符便于传递变量值。例如：print（'我今年%d 岁'% age），可以理解成把 age 变量值传递到打印的地方，这个 age 可以在多个地方调用。

对于一些输出，如果想要设置精度，例如 pi 等于 3.1415926，若只想打印为 3.14，可以使用格式化输出来控制，基本格式为%.nf。

例如：

```
pi = 3.1415926
print(pi)
print("%.2f" % pi)
```

输出如下：

3.1415926
3.14

（2）用户输入再输出

前面介绍了变量的定义、命名及不同方式的输出，现在学习变量的输入。我们自定义输入，而不是固定一个变量值。

在 Python3 中，input( )函数用于输入，例如从键盘输入名字：

```
name = input('请输入你的名字: ')
print(name)
```

运行后直接输入名字，回车，就会在下一行看到名字，如图 2-11 所示。

图 2-11　用户输入

下面是 input( )函数的基本说明。

① input 后面的圆括号内是提示用户输入的信息。

② 为了操作方便，将用户输入的信息赋给左边的变量存储。

③ 计算机将 input( )函数返回的任何结果都当作字符串处理，即使输入的是数字，依然是字符类型。

以上是从用户界面获取单个变量输入，如果想要一次性获取多个变量，可以使用 split( )函数分隔，split( )函数如果不传入参数，代表以空格进行分隔，所以，此时输入必须用空格分开。

例如：从用户界面分别输入姓和名。

```
f_name,l_name = input('请分别输入姓和名字(空格分开):').split( )
print('姓为:',f_name)
print('名为:',l_name)
```

用户输入"张三"，则输出为：

```
请分别输入姓和名字:张 三
姓为: 张
名为: 三
```

2.3 数据类型

变量可以存储不同类型的数据，数据之间有一定的区别。Python 的内置数据类型如下。

文本类型：str。

数字类型：int、float、complex。

序列类型：list、tuple、range。

映射类型：dict。

集合类型：set、frozenset。

布尔类型：bool。

二进制类型：bytes、bytearray、memoryview。

（1）查看数据类型

当很难判断数据的类型，或者无法完全确定数据的类型时，可以使用 **type( )**函数。

例如：判断 x 的类型。

```
x = 5
print(type(x))
```

输出如下：

```
<class 'int'>
```

"class"是"类"的意思，int 是整数、整型的意思。

例如：判断 y 的类型。

```
y= 'python'
print(type(y))
```

输出如下：

```
<class 'str'>
```

str 为文本类型，一般称为字符类型，文本是由多个字符组成的。运行演示结果如图 2-12 所示。

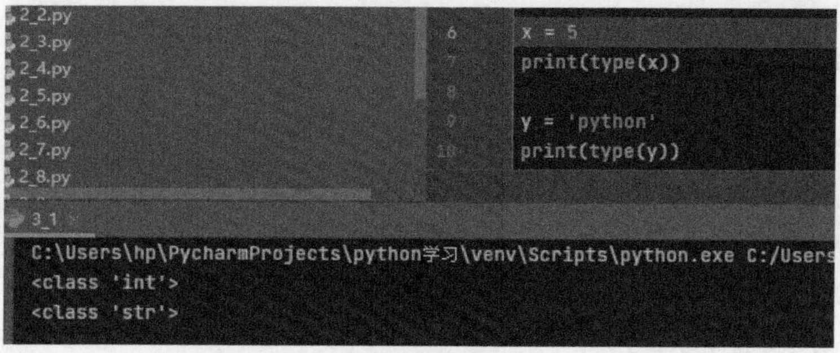

图 2-12　类型打印

根据上面两个例子，可以知道如何判断某个变量的类型，即在 type( ) 函数里面加上变量，打印出结果即可。

（2）常见的数据类型举例

在 Python 中，数据类型在为变量赋值时就设定好了，下面举例介绍数据类型判断。

① 文本字符串类型 str：

```
x = "Hello World"
print(x)
print(type(x))
```

输出如下：

```
Hello World
<class 'str'>
```

② 数字整型 int：

```
x1 = 5
print(type(x1))
```

输出如下：

```
<class 'int'>
```

③ 带小数点的数字浮点型 float：

```
x2 = 5.5
print(type(x2))
```

输出如下：

```
<class 'float'>
```

④ 复数类型 complex：

```
x3 = 2j
print(x3)
print(type(x3))
```

输出如下：

```
2j
<class 'complex'>
```

⑤ 列表类型 list：

```
x4 = ["小明","小强","小军"]
print(x4)
print(type(x4))
```

输出如下：

```
['小明','小强','小军']
<class 'list'>
```

⑥ 元组类型 tuple：

```
x5 = ("小明","小强","小军")
print(x5)
print(type(x5))
```

输出如下：

```
('小明','小强','小军')
<class 'tuple'>
```

⑦ 字典类型 dict：

```
x6 = {"name": "川川","age": 22}
print(x6)
print(type(x6))
```

输出如下：

```
{'name': '川川','age': 22}
<class 'dict'>
```

（3）强调数据类型

我们已经知道数据有哪些类型，也知道如何查看数据类型，如果想要强调某个数据类型，只需要调用对应的函数即可。下面举例介绍强调数据类型。

① 强调 x= "python" 这个数据为文本字符类型。

```
x= str("python")
print(x)
print(type(x))
```

输出如下：

```
python
<class 'str'>
```

② 强调 x 为数字整型。

```
x = int(22)
```

③ 强调 x 为浮点型。

```
x = float(22.5)
```

④ 强调 x 为复数类型。

```
x = complex(1j)
```

⑤ 强调 x 为列表类型。

```
x = list(("apple","banana","cherry"))
```

⑥ 强调 x 为元组类型。

```
x = tuple(("apple","banana","cherry"))
```

⑦ 强调 x 为字典类型。

```
x = dict(name="川川",age=22)
```

2.4　数学计算

前面介绍了各种数据类型，Python 常用的三种数字类型为：int、float、complex。这三种数字类型举例如下：

```
x = 1    # int,就是整型
y = 5.8  # float,就是浮点型
z = 2j   # complex,就是复数类型
```

2.4.1　三种数字类型

① int，也就是整型，它是一个整数，正负都可以，长度不限。例如：

```
x = 1
y = 35622548876633
z = -3552263634
print(type(x))
print(type(y))
print(type(z))
```

输出如下：

```
<class 'int'>
<class 'int'>
<class 'int'>
```

② float，也就是浮点型，正数或负数都可以，包含小数。例如：

```
x = 3.10
y = 3.0
z = -35.45
print(type(x))
print(type(y))
print(type(z))
```

输出如下：

```
<class 'float'>
<class 'float'>
<class 'float'>
```

③ complex，也就是复数类型，复数有"j"作为虚部。例如：

```
x = 1 + 5j
y = 5j
z = -5j
```

```
print(type(x))
print(type(y))
print(type(z))
```

输出如下：

```
<class 'complex'>
<class 'complex'>
<class 'complex'>
```

2.4.2 数字类型转换

数字类型转换与前面介绍的强调数据类型类似，通过一些例子进行说明。假设有以下三个数字类型：

```
x = 1    # int
y = 2.8  # float
z = 1j   # complex
```

如果把 x 强制转换为浮点型，则：

```
x1=float(x)
print(x1)
```

输出如下：

```
1.0
```

如果把 y 强制转换为整型，则

```
y1=int(y)
print(y1)
```

输出如下：

```
2
```

注意

这里的结果为什么是 2？说明浮点型转为整型会向上取整。

如果把 z 转为复数类型，则：

```
z1 = complex(z)
print(z1)
```

输出如下：

```
1j
```

2.4.3 实现简单的四则运算

通过前面的学习，我们对数字有了一定的了解，接下来介绍一些简单的计算。常用的数学运算符有+、-、*、/，分别对应加、减、乘、除，括号( )用来分组，例如：

① 实现加法。

```
a = 4 + 5 + 6
print(a)
```

输出如下：

```
15
```

② 实现减法与乘法的混合。

```
b = 60 - 5 * 5
print(b)
```

输出如下：

```
35
```

③ 实现混合运算。

```
c = (50 - 5 * 5) / 5
print(c)
```

输出如下：

```
5.0
```

2.4.4　一些运算符的区别

乘方运算使用两个*号，例如：
① 计算 3 的三次方。

```
a = 3 ** 3
print(a)
```

② 计算 4 的二次方。

```
b = 4 ** 2
print(b)
```

注意

除法运算（/）返回浮点数；用"//"运算符返回整数（忽略小数，理解为真实值去掉了小数部分，就是取整的意思）；计算余数用"%"。

例如：

```
x1 = 16 / 3
x2 = 16 // 3
x3 = 16 % 3
print(x1,x2,x3)
```

结果如下：

```
5.333333333333333 5 1
```

2.5 字符串

字符串是 Python 语言中最常用的一种数据类型。

2.5.1 字符串的基本使用

字符串可以理解为放在单引号或者双引号里面的数字、字母、特殊字符。例如，'hello'与"hello"相同，代码如下：

```
print("Hello")
print('Hello')
```

根据上面的定义字符串可以由任何字符组成。例如：

```
name = '123456'
name2 = "abcdef"
name3 = "@#82*"
name4 = '32r1gb#$%&*'
```

注意

> 字符串里面的值不可直接修改。

（1）字符串赋值给变量

从上面的格式中可以看到，等号右边是字符串，等号左边是变量，此时实现了字符串的赋值，例如：

```
a = "小明"
print(a)
```

这就是简单的赋值与输出，也可以用多行字符串进行赋值，此时只需要使用三引号（三单引号、双引号均可）。例如：

```
a = """从前有座山，
山里有座庙，
庙里有个小和尚"""
print(a)
```

运行结果如下：

```
从前有座山，
山里有座庙，
庙里有个小和尚
```

三单引号和三双引号效果是相同的，使用三单引号如下：

```
a = '''从前有座山，
山里有座庙，
庙里有个小和尚'''
```

```
print(a)
```

（2）字符串的格式化输出

字符串普遍的输出方式就是直接打印，例如：

```
print(789)
print('今天我要学 python',end=" ")
print('又学会了一点')
s = 111
print(s)
```

其中第二行代码采用 print（变量名，end =""）形式，其中 end 给出以什么结尾，如果没有 end，默认以换行结尾，此处 end 用空格代表取消换行，所以结果如下：

```
789
今天我要学 python 又学会了一点
111
```

end 后甚至可以以某个字符串结尾，例如：

```
print('今天我要学 python',end=",我")
print('又学会了一点')
```

输出如下：

```
今天我要学 python,我又学会了一点
```

下面说明字符串格式化输出和 format( ) 函数应用的区别。

格式化输出：

```
# 格式化输出
name = '小明'
age = 20
price = 2022.5
print('我的姓名是:%s,我的年龄是:%d,我有%f 人民币' % (name,age,price))
```

输出如下：

```
我的姓名是:小明,我的年龄是:20,我有 2022.500000 人民币
```

format( ) 函数应用：

format( )方法接受无限数量的参数，并放置在各自的占位符{}中。例如：

```
a = 22
b = 4000
c = 4
d = "小明今年 {}岁,买了华为手机,花费了{}元,他一共攒了 {} 个月"
print(d.format(a,b,c))
```

每一对花括号都是一个占位符，通过 format( )函数把值传进去，输出如下：

```
小明今年 22 岁,买了华为手机,花费了 4000 元,他一共攒了 4 个月
```

上面的{}中并没有写任何参数，因此 a、b、c 与{}是从左到右按顺序传入 d，如果想给{} 传入参数，使其按照规定的顺序传值进去，可以按照如下方式：

```
c = 22
b = 4000
```

```
a = 4
d = "小明今年 {2}岁,买了华为手机,花费了{1}元,他一共攒了 {0} 个月"
print(d.format(a,b,c))
```

注意

> 索引值需要从第一个数 0 开始,3 个值依次是 0、1、2。同理传入 4 个值,则是 0、1、2、3。

(3) 字符串是数组

Python 没有字符数据类型,单个字符只是一个长度为 1 的字符串。方括号可用于访问字符串的元素。

注意

> 第一个访问的索引号应该是从 0 开始的。

例如:获取字符串中的字母"p",则是 a[0]。

```
a = "python"
print(a[0])
```

输出如下:

```
p
```

下面构造一组字符串数组,具体理解一下索引,见表 2-2。

表 2-2 字符串数组结构

字符	P	y	t	h	o	n
正索引	0	1	2	3	4	5
负索引	-6	-5	-4	-3	-2	-1

根据以上数组结构,如果只想获取字符串中的 h 字母,则可直接通过[ ]符号索引 3 号位置。

```
a = "python"
print(a[3])
```

(4) 检查字符是否存在

检查字符串中是否存在某个字符或字符串,可以使用关键字 in。

例如:检查"小明"是否在 txt 这个变量的字符串中。

```
txt = "小明准备今年学习 python"
print("小明" in txt)
```

返回如下:

```
True
```

返回的是布尔类型，True 是正确的意思，False 是错误的意思。此时，打印 print（"小明" in txt），就可以理解成：打印 "小明" 在 txt 里面。如果在 txt 里，程序返回 True；如果不在 txt 里，就返回 False，还可以尝试换别的值进行检测。

例如：检查 "小明" 是否在 txt 中。

```
txt = "小明准备今年学习 python"
if "小明" in txt:
    print('小明在字符串中')
```

if 的中文是如果，即如果 "小明" 在 txt 里面，就打印 "小明在字符串中"。

注意

> if 语句要缩进，如果按照第 1 章的内容安装好了 PyCharm，就会看到写完 if 这一行代码后回车，计算机会自动缩进，像 if、while、for 后面的语句都是需要缩进的。

2.5.2　字符串切片

字符串可以当作数组，一系列的字符组成字符串，每一个字符都有自己对应的具体位置，所以可以很容易地进行访问和索引。字符串切片用于更快速地提取字符串。

（1）切片

切片语法：指定开始索引和结束索引，以冒号分隔，包左不包右。例如[1:5]的意思是取第一个到第四个的值，而取不到第五个。

例如：获取字符串 "Hello, World!" 中的 "llo" 部分。

```
b = "Hello,World!"
print(b[2:5])
```

运行结果如图 2-13 所示。

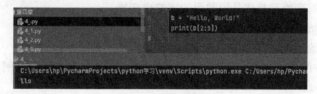

图 2-13　运行结果

切片索引见表 2-3。

表 2-3　切片索引

字符	H	e	l	l	o	,		W	o	r	l	d	!
正索引	0	1	2	3	4	5	6	7	8	9	10	11	12
负索引	−13	−12	−11	−10	−9	−8	−7	−6	−5	−4	−3	−2	−1

注意给定的字符串里 6 号索引对应的这个位置是一个空格，空格也是需要占一个位置的，因此不能忽略它。

（2）正索引的切片

正索引的切片就是从左到右进行切片，上面小节部分使用的就是正索引的切片，如果省略开始索引，则表示从 0 位置开始索引；如果省略结束索引，则表示索引范围到字符串的末尾。例如：

```
b = "Hello,World!"
print(b[:5])
```

输出如下：Hello

```
b = "Hello,World!"
print(b[3:])
```

输出如下：

```
lo,World!
```

（3）负索引的切片

如果反向进行索引，可使用负索引从字符串末尾开始切片，就是从右往左。例如：

```
b = "Hello,World!"
print(b[-6:-4])
```

输出如下：

```
or
```

注意

负索引的切片则是包右不包左，索引[-6: -4]只取-4、-5 两个位置的值，最右边的位置为-1。

2.5.3 字符串变换

字符串的大小写变换和替代是很常用的字符串变换。

（1）大小写变换

字符串不能修改，但是可以做一些简单的变换。

① 把字符串中的小写字母全部转换为大写字母，使用 upper( )函数。例如：

```
a = "Hello,World!"
print(a.upper( ))
```

输出如下：

```
HELLO,WORLD!
```

② 把字符串中的大写字母全部转换成小写字母，可以使用 lower( )函数。例如：

```
a = "Hello,World!"
print(a.lower( ))
```

输出如下：

```
hello,world!
```

（2）替代字符串中的值

如果需要修改字符串中的内容，可以使用替代的方式，使用 replace( )函数。例如，将上面字符串中的"W"转换成字母"h"。

```
a = "Hello,World!"
print(a.replace("W","h"))
```

输出如下：

```
Hello,horld!
```

值得注意的是，replace( )函数中的两个参数左边是被替换的值，右边是替换的值。同样的道理，可以把字符串中的逗号","替换成一个空格。

```
a = "Hello,World!"
print(a.replace(","," "))
```

输出如下：

```
Hello World!
```

2.5.4　字符串拼接

将两个或者多个字符串拼接起来，可以使用加号（+）运算符。例如：将变量 a 与变量 b 合并到变量 c 中。

```
a = "Hello"
b = "World"
c = a + " " + b
print(c)
```

输出如下：

```
Hello World
```

在这里强调很多初学者都会犯的错误——把字符串与数字直接进行拼接。例如：

```
#会报错
age = 22
txt ="张三今年" + age
print(txt)
```

这样拼接运行就会报错：

```
TypeError: can only concatenate str (not "int") to str
```

报错内容为：类型错误，只能将字符串（而不是整型）与字符串进行拼接。解决方法是把这个整型变成字符串，利用前面介绍的数字类型转换方法，可把数字转换成字符串，然后再拼接。

```
age = 22
txt = "川川今年" + str(age)
print(txt)
```

这样就能正确地输出：

```
川川今年 22
```

2.5.5 字符串的其他操作

（1）find（）

定义：检测 str 是否包含在 myStr 中，如果是，则返回开始元素的索引值；否则，返回-1。

格式：`myStr.find(str,start,end)`

（2）index（）

定义：index（）跟 find（）一样，但是，如果 str 不在 myStr 中，则直接报错。

格式：`myStr.index(str,start,end)`

（3）count（）

定义：返回 str 在 start 和 end 之间的 myStr 中出现的次数。

格式：`myStr.count(str,start,end)`

（4）split（）

定义：分隔，以 str 为分隔符切片 myStr，返回的是列表。

格式：`myStr.split("str",maxsplit)`

（5）startswith（）

定义：检查字符串是否以 obj 开头，如果是，返回 True；反之则返回 False。

格式：`myStr.startswith(obj)`

（6）endswith（）

定义：检查字符串是否以 obj 结尾，如果是，返回 True；反之则返回 Flase。

格式：`myStr.endswith(obj)`

（7）len（）

定义：返回字符串的长度（字符个数）。

格式：`len(str)`

 拓展补充　　　　　　　　　　代码标准化

代码规范是最容易被忽视的，代码规范后界面看起来会更加美观舒适，下面介绍一个让代码排版自动规范的方法：每次写完代码后，单击 PyCharm 中的"Code"菜单，选择"Reformat Code"选项即可，如图 2-14 所示。

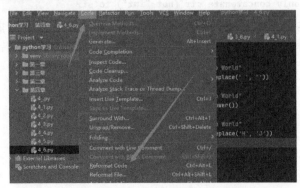

图 2-14　代码格式化

综合练习

第一题：创建一个变量 name，并为其赋值"小明"。

第二题：创建一个变量 x，并为其赋值数字 60。

第三题：创建两个变量 a 和 b，分别赋值 5 和 6，将 a 和 b 变量之和赋值给变量 z，打印输出变量 z 的值。

第四题：使用取消换行和格式化操作符编写代码，完成下面内容的展示。

姓名:小明

QQ:123456789

手机号: 123456789

地址: 上海市

第五题：使用 input( ) 函数输入自己的性别，并通过 print( ) 函数打印输出。

第六题：判断以下数据是什么类型。

（1）
```
x = 5
print(type(x))
```

（2）
```
x1 = "Hello World"
print(type(x1))
```

（3）
```
x2 = 22.5
print(type(x2))
```

（4）
```
x3 = ["小明", "小强", "小军"]
print(type(x3))
```

（5）
```
x4 = ("小明", "小强", "小军")
print(type(x4))
```

（6）
```
x5 = {"name" : "川川", "age" : 22}
print(type(x5))
```

第七题：请自行举例进行加、减、乘、除四则运算的编程。

第八题：请举例说明"/""//""%"的不同。

（参考说明："//"是取结果的整数，"%"是取余数，"/"是取结果的完整值。）

第九题：已知 txt="Hello World"

（1）使用 len 方法打印字符串 txt 的长度。

（2）获取字符串 txt 的第二个字符。

（3）使用切片获取字符串 txt 的第二个到第五个字符。

（4）去掉 txt 字符串中的空格。

（5）将 txt 的值全部转换为小写。

（6）在 txt 字符串中，用 J 替换字符 H。

第十题：从用户界面输入一段英文字符串，并分别以大写和小写形式输出。

第十一题：编写一段程序，使得 x=3.1415926 保留两位小数。

第十二题：编写一段程序，通过用户输入半径，求圆的面积。

数据结构类型

扫码获取电子资源

本章主要介绍 Python 内置的四大数据结构类型，分别为列表、元组、集合、字典。

3.1 列表

Python 支持多种复合数据类型，可将不同值组合在一起，最常用的是列表，是用方括号标注、逗号分隔的一组值。列表可以包含不同类型的元素，但一般情况下，各元素的类型相同。列表是可变类型的，这意味着可以在创建元素后对其进行修改。

3.1.1 列表基本知识

列表的基本形式是：使用方括号，中间用逗号隔开。例如：

```
mylist = ["小明","小红","小军"]
print(mylist)
```

输出如下：

```
['小明','小红','小军']
```

list( )函数也可以用于创建列表。例如：

```
mylist = list(("小强","小明","小红","小军"))
print(mylist)
```

输出如下：

```
['小强','小明','小红','小军']
```

注意

创建列表，列表的值是允许重复的。例如：

```
mylist = ["张三","小李","张三","小明"]
print(mylist)
```

输出如下：

```
['张三','小李','张三','小明']
```

3.1.2　访问列表

列表是有序的、可变的，并允许有重复值。索引列表项：第一项的索引是 0，第二项的索引是 1，依此类推。列表也是数组形式，可以像字符串一样进行索引。

（1）列表的正索引

例如，访问如下列表中的"小李"。

```
mylist = ["张三","小李","张三","小明"]
print(mylist[1])
```

列表中有四个值，它们分别对应序号如图 3-1 所示。

在 Python 中，索引的第一个值是 0 而不是 1。若想把列表的内容全部打印出来，而不是一个个去索引，可以通过 for 循环进行遍历（后面章节会介绍 for 循环的具体语法，暂时可以这么理解：对于在 mylist 列表中的每一个 i，依次打印）。

张三	小李	张三	小明
0	1	2	3

图 3-1　列表值的正向索引序号

```
for i in mylist:
    print(i)
```

输出如下：

张三
小李
张三
小明

若想知道列表的长度，也可以使用 len( )函数。例如：

```
mylist = ["张三","小李","张三","小明"]
print(len(mylist))
```

输出如下：

4

（2）列表的负索引

例如：访问如下列表的"小明"。

```
mylist = ["张三","小李","张三","小明"]
print(mylist[-1])
```

负索引是从右向左，第一个索引值是-1，如图 3-2 所示。

例如：访问"小李"。

张三	小李	张三	小明
-4	-3	-2	-1

图 3-2　列表的反向索引序号

```
mylist = ["张三","小李","张三","小明"]
print(mylist[-3])
```

输出如下：

小李

（3）列表的范围索引

上面介绍了列表的正、负索引，同时知道了正索引的第一个为 0，负索引的第一个是-1。如果想要同时索引多个值，怎么办呢？例如：访问如下列表的第二个和第三个值。

```
mylist = ["张三","小李","张三","小明"]
print(mylist[1:3])
```

输出如下：

['小李','张三']

为什么打印的时候，用的是 mylist[1:3]而不是 mylist[1:2]，因为正索引是**包左不包右**，最右边的值是取不到的，跟前面字符串的范围索引是一样的。现在来介绍负索引的规律。例如取索引-1~-3 的值。

```
mylist = ["张三","小李","张三","小明"]
print(mylist[-3:-1])
```

结果如下：

['小李','张三']

负索引的规律依然是包左不包右。如果想要获取末尾的"小明"，可以把右边的值省略，代表直接到末尾的值。代码如下：

```
mylist = ["张三","小李","张三","小明"]
print(mylist[-3:])
```

输出如下：

['小李','张三','小明']

同样地，正索引也可以省略左边的值，代表从头开始，例如：

```
mylist = ["张三","小李","张三","小明"]
print(mylist[:3])
```

输出如下：

['张三','小李','张三']

3.1.3 列表值的修改

列表的值是可以更改的，对于一个已知的列表，要修改里面的一个或者少部分值，常常希望去替换。下面介绍如何修改列表的值。

（1）单个值的修改

修改单个值时，可以通过索引对需要修改的值覆盖新的值。例如，把列表中的第二个"张三"替换为"小红"。

```
mylist = ["张三","小李","张三","小明"]
mylist[2] = '小红'
print(mylist)
```

输出如下：

['张三','小李','小红','小明']

（2）多个值的修改

在前面小节中，介绍了列表的范围索引和单个列表值的修改，如果需要修改多个值，可以通过范围索引进行覆盖。例如，将"张三""小明"修改为"小红""小强"。

```
mylist = ["张三","小李","张三","小明"]
```

```
mylist[2:4] = '小红','小强'
print(mylist)
```

输出如下：

```
['张三','小李','小红','小强']
```

3.1.4 列表值的插入

对于一个已知的列表，可能并不满足于已有的值，往往需要在列表中添加一些值。本节将介绍如何进行列表值的插入。

（1）末尾插入

在列表的末尾插入值可以使用列表的 append( )函数，该函数的作用就是把值添加到列表的最后一个位置。例如，在 mylist 列表的末尾添加"小红"：

```
mylist = ["张三","小李","小明"]
mylist.append('小红')
print(mylist)
```

输出如下：

```
['张三','小李','小明','小红']
```

这里可以重复对末尾进行添加。例如：

```
mylist = ["张三","小李","小明"]
mylist.append('小红')
mylist.append('小川')
print(mylist)
```

输出如下：

```
['张三','小李','小明','小红','小川']
```

（2）指定位置插入

在列表的指定位置插入值可以使用 insert( )函数。例如，在列表 mylist 的第"1"位添加"香蕉"。

```
mylist = ['苹果','梨子','哈密瓜']
mylist.insert(1,'香蕉')
print(mylist)
```

输出如下：

```
['苹果','香蕉','梨子','哈密瓜']
```

原来列表的第"1"位应该是"梨子"，当在指定位置插入值时，它包括后面的值将会右移，从而留出一个空缺，以保证新的值进入。

3.1.5 列表值的删除

在一个列表中，如果有某个或者一部分值是多余的，则可以删除它。下面对不同的情况进行介绍。

（1）删除指定的值

remove( )函数可用来删除指定的值。例如，删除 mylist 列表中的"梨子"。

```
mylist = ['苹果','梨子','哈密瓜']
mylist.remove('梨子')
print(mylist)
```

输出如下：

```
['苹果','哈密瓜']
```

同样地，如果要删除"苹果"，则代码如下。

```
mylist = ['苹果','梨子','哈密瓜']
mylist.remove('苹果')
print(mylist)
```

输出如下：

```
['梨子','哈密瓜']
```

（2）通过索引删除值

pop()函数通过索引对某个值进行删除。例如，删除 mylist 列表中的"哈密瓜"。

```
mylist = ['苹果','梨子','哈密瓜']
mylist.pop(2)
print(mylist)
```

输出如下：

```
['苹果','梨子']
```

> **注意**
>
> pop()函数如果不指定删除的位置，它会默认删除最后一个值。例如：
>
> ```
> mylist = ["张三","小李","张三","小明"]
> mylist.pop()
> print(mylist)
> ```
>
> 输出如下：
>
> ```
> ['张三','小李','张三']
> ```

3.1.6 列表的排序

列表是有序的，可以对它进行排序。下面通过举例具体介绍列表的排序方法。

（1）顺序排序

sort()方法用于按顺序排序。默认情况下，sort()方法区分大小写，使所有大写字母都排在小写字母之前，其他则以首字母进行排序。例如：

```
a = ["banana","Orange","apple","cherry"]
a.sort()
print(a)
```

输出如下：

```
['Orange','apple','banana','cherry']
```

如果不想区分大小写，可以使用 lower 转化为小写后进行排序。

```
b = ["banana","Orange","apple","cherry"]
b.sort(key=str.lower)
print(b)
```

输出如下：

```
['apple','banana','cherry','Orange']
```

sort( )方法不仅可以对字母进行排序，还可以对数字进行排序。例如，对一个散乱的列表 c
按顺序排序。

```
c = [1,5,6,8,4,2]
c.sort( )
print(c)
```

输出如下：

```
[1,2,4,5,6,8]
```

（2）逆序排序

逆序排序与顺序排序的区别就是：逆序排序需要在顺序排序后使用 reverse( )方法倒序。
reverse( )方法的作用仅是将内容倒过来。例如：

```
d = [1,5,6,8,4,2]
d.reverse( )
print(d)
```

输出如下：

```
[2,4,8,6,5,1]
```

如果想要对其按从大到小进行排序，则需要先顺序排序，然后再倒序，这样就实现了从大
到小排序。

```
e = [1,5,6,8,4,2]
e.sort( )
e.reverse( )
print(e)
```

输出如下：

```
[8,6,5,4,2,1]
```

3.1.7　列表的合并

很多时候，为便于对数据进行处理，需要将多个列表进行合并，下面介绍如何合并列表。
其实列表与字符串一样，可以通过加号直接进行拼接。例如：

```
a = ['a','b','c','d','e','f']
b = ['z','x','c']
c = a + b
print(c)
```

输出如下：

```
['a','b','c','d','e','f','z','x','c']
```

也可以使用 extend( ) 方法，其目的是将元素从一个列表添加到另一个列表。

```
a = ['a','b','c','d','e','f']
b = ['z','x','c']
a.extend(b)
print(a)
```

输出结果与加号拼接效果一样：

```
['a','b','c','d','e','f','z','x','c']
```

3.2　元组

元组（tuple）是 Python 中用于存储数据集合的 4 种内置数据类型之一，其他 3 种是列表（list）、集合（set）和字典（dictionary），它们具有不同的性质和用法。

元组是有序且不可变的对象的集合；元组是序列，就像列表一样；元组不能更改；元组使用圆括号。元组的基本形式如下：

```
mytuple = ("张三","李四","王二")
```

3.2.1　元组的基本知识

（1）创建元组

我们可以直接创建一个元组并打印它，即直接在括号中创建并用逗号分隔值。例如：

```
a = ("张三","李四","王二")
print(a)
```

输出如下：

```
('张三','李四','王二')
```

也可以用 tuple( )函数创建元组：

```
tuple5 = tuple(("小红","小军","小强",'小明'))
print(tuple5)
```

输出如下：

```
('小红','小军','小强','小明')
```

（2）获取元组长度

元组与列表、字符串一样，可以使用 len( )函数获取长度。例如：

```
b = ('a','b','c','d','e','f','g')
print(len(b))
```

返回为元组的具体长度：

```
7
```

3.2.2　访问元组

因为元组也是有序的，所以可以像字符串、列表一样去索引访问。

（1）正索引

元组可以像列表一样被索引，第一个索引值为 0，第二个索引值为 1，以此类推。例如，获取以下 a 元组的 "world"。

```
a = ('hello','world','python')
print(a[1])
```

输出如下：

```
world
```

同理，如果是获取 "hello"，则代码如下：

```
print(a[0])
```

（2）负索引

元组的负索引与列表的负索引一样。例如，获取以下 b 元组的 "python"。

```
b = ('hello','world','python')
print(b[-1])
```

同理可以获取'hello'，代码如下：

```
print(b[-3])
```

（3）范围索引

元组的范围索引也与列表的范围索引一样，例如，获取元组中索引为 2～4 的值。

```
b = ('a','b','c','d','e','f','g')
 print(b[2:5])
```

输出如下：

```
('c','d','e')
```

一般习惯进行正向的范围索引，如果想要反向索引元组 b，则代码如下：

```
b = ('a','b','c','d','e','f','g')
print(b[-5:-1])
```

输出如下：

```
('c','d','e','f')
```

同样可以省略起始值或者终点值。例如，获取元组 b 中的前五个值。

```
b = ('a','b','c','d','e','f','g')
print(b[:5])
```

输出如下：

```
('a','b','c','d','e')
```

（4）遍历元组

for 循环用于遍历元组：

```
b = ('hello','world','python')
for i in b:
    print(i)
```

while 循环也用于遍历元组：

```
b = ('hello','world','python')
m = 0
while m < len(b):
    print(b[m])
    m = m + 1
```

利用 for 循环或 while 循环的输出结果相同，为：

```
hello
world
python
```

3.2.3 修改元组

元组是不可以直接进行修改的，但是，可以先把元组转为列表，修改好后再转为元组，从而达到修改元组的目的。

（1）修改单个值

例如，将元组 a 中的"张三"修改为"小川"：

```
a = ('小红','小军','张三')
b = list(a)
b[2] = '小川'
c=tuple(b)
print(c)
```

第一行为创建的一个元组；第二行是把元组转换为列表，此时可以对其进行修改；第三行是对索引值为 2 的"张三"进行覆盖替换；第四行是将修改好后的列表转换为元组；第五行是打印修改后的元组。

输出如下：

```
('小红','小军','小川')
```

（2）修改多个值

修改多个值与修改单个值的方法一样，例如，将元组 a 中的"张三""李四"替换为"小川""小强"。

```
a = ('小红','小军','张三','李四')
b = list(a)
b[2:4] = '小川','小强'
c = tuple(b)
print(c)
```

修改多个值与修改单个值唯一的区别就是第三行，通过列表范围索引进行修改。

（3）插入值

在元组中插入值之前，也要先把它转换为列表，对列表进行插入值操作，再转回元组。转换为列表后，可以使用 append( )在末尾插入，还可以使用 insert( )在指定位置插入值。例如，在元组 a 中添加"hello"。

```
a = ("python","how","are",'you')
y = list(a)
y.append("hello")
b = tuple(y)
```

```
print(b)
```

输出如下：

```
('python','how','are','you','hello')
```

（4）删除元组中的值

删除元组中的值时也要先把其转换为列表，再使用 remove( )函数、pop( )函数等进行删除，然后再转换成元组。例如，删除元组 a 中的"are"。

```
a = ("python","how","are",'you')
y = list(a)
y.remove('are')
b=tuple(y)
print(b)
```

输出如下：

```
('python','how','you')
```

3.2.4　解包元组

前面我们创建了一个元组并赋值给一个变量，这个过程叫作打包元组。例如：

```
a = ("苹果","香蕉","梨子")
print(a)
```

把元组 a 中的每一个值提取出来，分别为其分配一个变量，这个过程叫作解包。例如：

```
a = ("苹果","香蕉","梨子")
# print(a)
(b,c,d) = a
print(b)
print(c)
print(d)
```

输出如下：

苹果

香蕉

梨子

如果元组中的值过多，可使用*来代替。例如：

```
c = ('a','b','c','d','e','f','g')
(e,f,*g) = c
print(e)
print(f)
print(g)
```

输出如下：

a

b

['c','d','e','f','g']

可以看到带*的变量返回一个列表类型。

3.2.5 合并元组

元组也可以像列表一样进行合并，最简单的方式是使用加号直接合并。例如：

```
tuple1 = ("小强","小红","小明")
tuple2 = (1,2,3)
tuple3 = tuple1 + tuple2
print(tuple3)
```

输出如下：

```
('小强','小红','小明',1,2,3)
```

又如：合并 a 和 b 两个元组。

```
a = ('hello','world')
b = ('my','book')
c = a + b
print(c)
```

输出如下：

```
('hello','world','my','book')
```

3.3 集合

集合(set)是由确定的不重复元素组成的无序容器，其主要特点是无序。集合可用花括号（{}）直接创建或用 set( )函数创建，如使用花括号直接创建，值之间用逗号隔开。

注意

> 创建空集合只能用 set( )函数，不能用花括号，花括号创建的是空字典。

set( )函数格式如下：

```
a = set('hello')
```

结果如下：

```
{'h','l','e','o'}
```

3.3.1 集合的基本知识

（1）创建集合

例如，创建一个集合并赋值给变量 a，打印输出。

```
a= {"小明","小军","小强"}
print(a)
```

输出如下：

```
{'小明','小强','小军'}
```

（2）访问集合

由于集合是无序的，无法通过索引获取集合中的值，但是可以利用 for 循环遍历的方式间接输出。例如：

```
a = {"小明","小军","小强"}
for i in a:
    print(i)
```

输出如下：

```
小强
小军
小明
```

（3）检查是否存在

in 方法用来检查数据是否在集合中，返回布尔类型：True 表示存在；False 表示不存在。

例如：检查"小明"是否在集合 a 中，使用 in 方法。

```
a = {"小明","小军","小强"}
print('小明' in a)
```

输出如下：

```
True
```

表示存在。

例如：检查"小红"是否在集合 a 中。

```
print('小红' in a)
```

返回：

```
False
```

表示不存在。

3.3.2 删除集合中的值

如要删除集合中的项目，可以使用 remove( )或 discard( )函数。

（1）remove( )函数

例如，删除集合 a 中的"小明"。

```
a = {"小明","小军","小强"}
a.remove('小明')
print(a)
```

输出如下：

```
{'小军','小强'}
```

同理，也可以尝试删除其他的值。

注意

如果要删除的值不存在，使用 remove( )函数将引发报错。

（2）discard( )函数

例如：删除集合 b 中的"小军"。

```
b= {"小明","小军","小强"}
b.discard('小军')
print(b)
```

输出如下：

```
{'小明','小强'}
```

注意

> 如果要删除的值不存在，使用 discard( )函数不会引发报错。

（3）pop( )方法

由于集合是无序的，所以无法通过 pop( )索引来删除，只能默认删除集合的最后一个值。例如：

```
c={'hello','python','love'}
c.pop( )
print(c)
```

输出如下：

```
{'python','hello'}
```

3.3.3　集合的合并

有时候会遇到多个集合的数据，可以把它们合并。合并方法有两种：一种是直接合并；另一种是仅保留重复项的合并。

（1）直接合并

union( )函数用于返回包含两个集合中所有项的新集合。例如：

```
set1 = {"a","b","c"}
set2 = {1,2,3}
set3 = set1.union(set2)
print(set3)
```

输出如下：

```
{1,2,3,'c','b','a'}
```

update( )方法用于将一个集合中的所有项插入另一个集合中。例如，将 set2 中的项插入 set1 中。

```
set1 = {"a","b","c"}
set2 = {1,2,3}
set1.update(set2)
print(set1)
```

输出结果与上面例子一样：

```
{1,2,3,'c','b','a'}
```

（2）合并仅保留重复项

intersection_update( )函数用于保留两个集合中都存在的值。例如，输出集合 set1 和 set2 的重复值：

```
set1 = {"川川一号","川川二号","川川三号",'川川菜鸟'}
set2 = {"川川一号","川川五号","川川三号",'川川菜鸟'}
set1.intersection_update(set2)
print(set1)
```

结果如下：

```
{'川川一号','川川菜鸟','川川三号'}
```

intersection( )函数也用于返回一个新集合，该集合仅包含两个集合中的重复值。

```
set3 = {"川川一号","川川二号","川川三号",'川川菜鸟'}
set4 = {"川川一号","川川五号","川川三号",'川川菜鸟'}
z=set3.intersection(set4)
print(z)
```

返回如下：

```
{'川川一号','川川菜鸟','川川三号'}
```

3.4　字典

字典（dictionary）以键值对格式存储数据，它可以模拟现实生活中的数据排列，其中某些特定键存在特定值。字典的数据结构是可变的。

3.4.1　字典的基本知识

列表、元组、集合、字典各自的特点如下。

① 列表是有序的、可变的，列表中允许值重复。

② 元组是有序的，但是是不可变的，元组中允许值重复。

③ 集合是无序的，是不能索引访问的，集合中不允许值重复。

④ 字典是有序的、可变的，字典中不允许值重复。

其中，可变、不可变的意思是可以更改、不可以更改。

（1）创建字典

字典的格式如下：

```
a = {
    "name": "张三",
    "age": 20,
    "sex": '男'
}
```

在字典中定义一个人的名字、年龄、性别，分别用冒号表示对应的值，然后以逗号分隔。数值是以键值对的形式存在的，左边是键，右边是值。例如，"name"是键，"张三"是值，键与值是一一对应的关系。type( )函数可用来查看数据类型，例如：

```
print(type(a))
```

输出如下：

```
<class 'dict'>
```

（2）访问字典中单个值

若只希望得到一个字典中的值，可以通过访问键来获取。例如：

```
me = {
    "name": "川川",
    "address": "上海",
    "year": 2000
}
```

这个字典定义了名字、地址、年份，如果需要获取地址，则可以通过方括号来访问：

```
x = me["address"]
print(x)
```

输出如下：

上海

同理，如果想要获取年份，则代码如下：

```
y = me['year']
print(y)
```

输出如下：

2000

还可以使用 get( ) 方法获取字典中的值：

```
z=me.get('name')
print(z)
```

输出如下：

川川

（3）访问字典中的所有值和键

可以使用 keys( ) 函数获取字典的键列表。

```
me = {
    "name": "川川",
    "address": "上海",
    "year": 2000
}
print(me.keys( ))
```

输出如下：

```
dict_keys(['name','address','year'])
```

如果是获取字典中的所有值的列表，则使用 values( ) 函数。

```
print(me.values( ))
```

输出如下：

```
dict_values(['川川','上海',2000])
```

要把字典中的键值对单独取出来，可以使用 items( )函数，将返回字典中的每个键值对，作为列表中的元组。

```
print(me.items( ))
```

输出如下：

```
dict_items([('name','川川'),('address','上海'),('year',2000)])
```

3.4.2 字典的修改

有时候获取的字典，其中有些值并不是想要的，如果要更改它，就要对它进行更新；我们在实际做项目过程中还可能遇到在原有字典中添加一些新的键值对的情况。

（1）字典中值的修改

例如，将字典"me"中的名字修改为"张三"，可以采用索引覆盖的方法。

```
me = {
    "name": "川川",
    "address": "上海",
    "year": 2000
}
me['name'] = '张三'
print(me)
```

输出如下：

```
{'name': '张三','address': '上海','year': 2000}
```

还有一种方法用于修改值，即使用 update( )函数。例如，把名字修改为"小王"。

```
me.update({'name':'小王'})
print(me)
```

输出如下：

```
{'name': '小王','address': '上海','year': 2000}
```

（2）添加新的键值对

如果不满足于字典中只有名字、地址、年份，还想添加年龄、电话等，那么需要在字典中添加新的键值对。例如，添加年龄为 20，只需要与上面的修改值一样，创建一个新的键并对其覆盖即可。

```
me = {
    "name": "川川",
    "address": "上海",
    "year": 2000
}
me['age']=20
print(me)
```

输出如下：

```
{'name': '川川','address': '上海','year': 2000,'age': 20}
```

同理，也可以继续添加其他键值对。当然，也可以使用 update( )函数进行添加。

注意

如果值为数字，不需要加引号，表示 int 类型。如果值为字符，如"上海"，表示字符串类型，需要使用引号。这是很多新手容易犯错的地方。

（3）字典中键值的删除

如果字典中某个键值对是多余的，可以将它删除，删除的方法不止一种，常用的方法是：使用 pop( )函数指定一个键，对这个键值对进行删除。例如，删除字典 me 中的名字。

```
me = {
    "name": "川川",
    "address": "上海",
    "year": 2000
}
me.pop('name')
print(me)
```

输出如下：

```
{'address': '上海','year': 2000}
```

3.4.3 字典的遍历

（1）遍历值

这里使用 for 循环，j 代表字典中的键，me[j]就是对应的值，对于在 me 中的 j，依次打印访问值。

```
me = {
    "name": "川川",
    "address": "上海",
    "year": 2000
}
for j in me:
    print(me[j])
```

输出如下：

川川

上海

2000

更多时候我们使用 values( )函数，由于 values( ) 函数返回的是一个列表，因此，可以使用 for 循环遍历。

```
for i in me.values( ):
    print(i)
```

（2）遍历键

keys( )函数用于返回字典的键，由于 keys( )函数返回的是列表，所以也可以对它进行遍历。

```
for m in me.keys( ):
    print(m)
```

输出如下：

```
name
address
year
```

若在原来的字典中添加电话号码等信息，则代码如下：

```
me['tel'] = 123456789
print(me)
```

可以看到输出新的字典：

```
{'name': '川川','address': '上海','year': 2000,'tel': 123456789}
```

（3）同时遍历键和值

同时遍历键和值，使用 **items( )** 函数即可：

```
for x,y in me.items( ):
    print(x,y)
```

输出如下：

```
name 川川
address 上海
year 2000
tel 123456789
```

3.4.4　嵌套型字典

由于一个字典只能存储一个人的信息，如果需要在字典中存储多个人的信息，就不能将它们放在一个字典中，否则容易造成混淆。此时，使用嵌套的字典来存储值会更加友好。

（1）创建嵌套字典

例如，创建一个字典，存储 3 个人的信息，包括姓名、出生年份。

```
info = {
    "user1": {
        "name": "张三",
        "year": 2004
    },
    "user2": {
        "name": "小王",
        "year": 2007
    },
    "user3": {
        "name": "小强",
        "year": 2011
    }
}
print(info)
```

输出如下：

```
{'user1': {'name': '张三','year': 2004},'user2': {'name': '小王','year': 2007},'user3': {'name': '小强','year': 2011}}
```

首先，创建一个字典 info，里面再分别创建 user1、user2、user3 三个字典，分别用逗号隔开，这样就实现了字典中嵌套字典。同理，如果有需要，还可以在 user1 中添加新的字典，多次嵌套，但是这样多次嵌套的需求一般比较少。

（2）嵌套字典的访问

继续上面的例子，如果想要访问 user1 中的 name，首先访问 user1，再访问 user1 中的 name，一行代码即可实现输出"张三"。代码如下：

```
print(info['user1']['name'])
```

同理，如果要访问 user2 中的 year，则代码如下：

```
print(info['user2']['year'])
```

输出如下：

```
2007
```

综合练习

第一题：索引打印列表 a 中的字母"c"。

```
a = ['a','b','c','d','e','f ' ]
```

第二题：把列表 a 中的字母"b"修改为字母"m"。

```
a = ['a','b','c','d','e','f ' ]
```

第三题：使用 append( )方法将字母"b"添加到列表 b 末尾。

```
b = ['z','x','c']
```

第四题：使用 insert( )方法，把字母"q"添加到列表 b 的第二个位置。

```
b = ['z','x','c']
```

第五题：删除列表 b 中字母"x"。

```
b = ['z','x','c']
```

第六题：使用负索引，获取列表 c 中的"张三"。

```
c = ["小李","张三","小明"]
```

第七题：使用范围索引，获取列表 d 中第二到第五个值。

```
d = ['a','b','c','d','e','f ' ]
```

第八题：对列表 e 中的值按从大到小排序。

```
e = [5,6,2,8,9]
```

第九题：将列表 a 和列表 b 合并为一个列表。

```
a = ['小红','小明']
b = ['小强','小张','小军']
```

第十题：索引元组 a 中的"小明"。

a = ('小川','小明','小红')

第十一题：打印元组 b 的长度。

b = (1,2,3,5,6,9,8)

第十二题：使用负索引获取元组 c 中的"飞机"。

c = ('汽车','轮船','飞机')

第十三题：把元组 d 中的"飞机"修改为"坦克"。

d = ('汽车','轮船','飞机')

第十四题：合并元组 m 和元组 n。

m = (1,8,9,6)
n = (4,5,6)

第十五题：对下面元组 x 反转输出。

x =('python')

第十六题：编写一个程序，计算 x、y 元组内索引值相同的数字之和并输出为一个元组。

x = (5,2,6,4)
y = (4,2,5,7)

第十七题：检查"小强"是否存在于 set1 集合中。

set1 = {"张三","小王","小强"}

第十八题：删除集合 set2 中的"小强"。

set2 = {"张三","小王","小强"}

第十九题：输出 set3 和 set4 集合的重复值。

set3 = {'hello','python','my'}
set4 = {'hello','set'}

第二十题：请自定义一个数字集合，求出该集合的最大值和最小值。

第二十一题：请自定义一个集合，并判断任意一个字符是否在该集合中。

第二十二题：编写程序，在 sn1 集合中删去 sn1 与 sn2 的交集。

sn1 = {1,2,3,4,5}
sn2 = {4,5,6,7,8}

第二十三题：请创建一个字典 stu，stu 中保存的信息内容有学号（id）、姓名（name）、性别（sex）。只需要保存一个人的信息即可，具体学号、姓名、性别可以自定义。

（1）访问并输出字典中的名字。

（2）修改字典中的名字为"小明"。

（3）使用 items( )方法同时遍历出键和值。

第二十四题：如果需要在 stu 字典中存储两个人的信息，请参考 3.4.4 节，写出一个嵌套字典。

第二十五题：访问输出第二十四题字典中任意一个人的学号。

扫码获取电子资源

第 4 章	**控制流**

4.1 if 语句

决策是所有编程语言中重要的内容之一，特定的决策允许运行特定的代码块。决策是根据特定条件的有效性做出的，条件检查是决策的支柱。Python 中常见的决策执行语句如表 4-1 所示。

表 4-1　决策执行语句

语句	描述
if 语句	if 语句用于测试特定条件，如果条件为真，将执行该段代码
If…else 语句	if…else 语句类似于 if 语句，该语句还提供了用于检查条件是否错误的代码块。如果 if 语句中提供的条件为 False，则执行 else 语句
if…elif…else 语句	if…elif…else 语句类似于 if…else 语句，该语句提供了多次条件判断，if 语句如果为 False，则执行 elif，并且 elif 可以有多个，如果都为 False，再执行 else 语句
嵌套 if 语句	嵌套的 if 语句用于多层的条件判断

4.1.1 if 语句的基本知识

在判断语句中，最常用的是 if 语句。可以这样定义 if 语句：若条件满足，可以执行（这个代码）；反之，不允许执行。

（1）创建逻辑条件

Python 支持数学中常见的逻辑条件：

① 等于：a == b。

② 不等于：a != b。

③ 小于：a < b。

④ 小于或等于：a <= b。

⑤ 大于：a > b。

⑥ 大于或等于：a >= b。

if 语句格式如下。

if 要判断的条件：

　　　　条件成立，执行要做的事情

例如：判断 a=100 和 b=200 的大小。

```
a = 100
b = 200
if b > a:
    print('a 小于 b')
if b < a:
    print('a 大于 b')
```

理解：第一、二行代码分别对 a 和 b 赋值，第三行代码是判断，如果 b 大于 a，第四行打印；第五、六行同理。

（2）缩进

控制流中的语句，一般都是需要换行缩进的，如 if 语句，正确写法如下。

```
if b > a:
    print('a 小于 b')
```

而不是：

```
if b > a:print('a 小于 b')
```

注意

初学者写 if 语句总是不习惯缩进。Python 依靠缩进来定义代码的范围，其他编程语言通常使用大括号。如果按照第 1 章安装配置好，使用 PyCharm 会自动缩进。另外，if 后面的冒号是英文状态下的冒号，不是中文状态下的冒号。

4.1.2　if…else 语句

基于 if 语句，还可以添加 else，在 if 语句不满足条件的时候，可以执行 else 语句。else 就是否则的意思，基本格式如下。

```
if 条件：
    满足条件，做事情 1
    满足条件，做事情 2
    ……
else：
    不满足条件，做事情 1
    不满足条件，做事情 2
    ……
```

我们依然以上面比对两个数大小的例子进行说明：

```
a = 200
b = 100
if b > a:
    print("b 大于 a")
else:
    print("a 大于 b")
```

理解：a 定义为 200，b 定义为 100，如果 b 大于 a，则打印"b 大于 a"；否则，打印"a 大于 b"。

例如：输入年龄，判断是否大于或等于 18，如果条件成立，输出"你成年了"；反之，输出"你还未成年"（提示：使用 input( )函数）。

```python
age = input('请输入你的年龄:')
age = int(age)
if age >= 18:
    print('你成年了')
else:
    print('你还未成年')
```

演示如图 4-1 所示。

图 4-1　演示

 注意

input( )函数获取的类型为字符串，我们要让获取的结果与数字比大小，需要把字符串转换为数字，由于年龄一般是整数，所以把它转换为整型。数字能与数字比大小，字符串是不能与数字比大小的。

例如：进飞机场检票，如果有票可以进站，否则，不允许进站。

```python
code = 0  # 1 表示有票 0 表示无票
if code == 1:  # 有票　条件为真
    print('可以进站了')
else:  # 条件为假
    print('你没有机票,无法进站')
    print('完了,手机也没钱了')
    print('只能先回家买机票了')
```

4.1.3　elif 方法的使用

在实际生活中，往往遇到一种条件不能满足，还可以有多个选择，而不是只有一个选择。例如，今天出门没带钱包，可以选择微信支付，也可以选择支付宝支付；否则，只能不买东西了。这样的场景是很常见的。因此，我们需要使用 elif 语句。

使用 elif 的格式如下。

```python
if 条件 1:
    执行事情 1
elif 条件 2:
    执行事情 2
elif  条件 3:
    执行事情 3
else:
    只能做事情 4
```

理解：当条件 1 满足时，执行事情 1，然后整个 if 语句结束；当条件 1 不满足，那么需要判断条件 2，如果条件 2 满足，执行事情 2，然后整个 if 语句结束；当条件 1 和条件 2 都不满足，如果条件 3 满足，执行事情 3，然后整个 if 语句结束；如果以上条件都不满足，最终执行 else 的结果。

把上面的场景融合进来：

```
q = 0  # 1表示带了钱包,0表示没带钱包
if q == 1:
    print('掏钱包买')
elif q == 0:
    print('用微信支付宝也可以买')
else:
    print('钱包没带,手机没钱,不买了')
```

输出如下：

用微信支付宝也可以买

在此，我们可以调整一下让用户输入是 0 还是 1。

```
q = int(input('请输入0或者1: '))
if q == 1:
    print('掏钱包买')
elif q == 0:
    print('用微信支付宝也可以买')
else:
    print('钱包没带,手机没钱,不买了')
```

演示如图 4-2 所示。

图 4-2　演示

4.1.4　and 方法的使用

在生活中，登录网站或软件时，经常需要使用账号和密码，在账号和密码都正确的情况下才能使用，此时可使用 "and" 方法。

假如你的用户名为 "川川"，密码为 "123456"，现在需要输入账号和密码，可以通过 input( ) 函数从键盘获取账号和密码，然后再来判断是否正确。

```
u = '川川'
q = 123456

user = input('请输入用户名: ')
password = int(input('请输入密码:'))

if user == '川川' and password == 123456:
    print('恭喜,可以进入')
else:
    print('你的用户名或者密码错误')
```

代码的前两行分别定义了用户名和密码，第三行和第四行分别从键盘获取用户名和密码，这个是需要用户自行输入的，第五行是判断用户名为 "川川"、密码为 123456 是否都成立，用到 and 的方法，如果不满足，就执行 else 语句。

4.1.5　or 方法的使用

在实际生活中，我们可能遇到这样的情况：在买零食付钱的时候，可以输入支付密码，也可以使用指纹，只要二者之一正确，就能付款成功，并不需要两种情况都满足，这时就用到 or，or 就是"或者"的意思。

下面把这种场景转化为代码，假设密码为 123456，指纹为 1 表示正确，指纹为 0 表示不正确：

```python
password = 123456
finger = 1  # 假设1代表指纹正确,0代表指纹不正确

p = int(input('请输入支付密码: '))
f = int(input('请输入指纹（0/1）: '))

if p == 123456 or f == 1:
    print('支付成功')
else:
    print('支付失败')
```

（1）情况满足时

请输入支付密码：123456　　　请输入支付密码：44456　　　请输入支付密码：123456
请输入指纹（0/1）：0　　　　　请输入指纹（0/1）：1　　　　请输入指纹（0/1）：1
支付成功　　　　　　　　　　　支付成功　　　　　　　　　　　支付成功

（2）情况都不满足时
请输入支付密码：44456
请输入指纹（0/1）：0
支付失败

4.1.6　嵌套 if 语句

在实际使用的过程中，如果情况较复杂，可以把上述语句结合起来组成嵌套 if 语句。嵌套 if 语句的基本格式如下。
if 条件 1:#条件 1 为真
　　满足条件 1，则进入内部的判断
　　……
　　if 条件 2：#条件 2 为真
　　　　满足条件 2，做事情 1
　　　　满足条件 2，做事情 2
　　else:#如果条件 2 为假
　　　　执行条件 2 为假的结果
else：#如果条件 1 为假
　　执行条件 1 为假的结果
理解：如果条件 1 为真，则进入条件 2 的判断；否则，不能进入条件 2 中进行判断。
例如：火车安检，先验票，再检查有没有携带违禁品。

```
ticket = 1  # 1有票 0无票
knife = 5  # 单位 cm
if ticket == 1:
    print('有票可以进站了')
    if knife <= 8:
        print('可以上车')
    else:
        print('不允许上车')
else:  # 无票
    print('请先买票再进站')
```

运行输出如下：

有票可以进站了可以上车

如果在判断某个条件为真的情况下，不知道到底要执行什么，可以使用 pass。
例如：

```
a = 100
b = 200
if b > a:
  pass
```

这种情况下，即使情况为真，也不会执行输出。

例如：通过用户输入判断是否为 10 的倍数，是则输出，不是则忽略。

```
a = int(input('请输入数字: '))
if a % 10 == 0:
    print('是 10 的整数倍')
else:
    pass
```

4.2 for 循环

for 循环用于顺序遍历，即用于迭代字符串、元组、列表等可迭代对象。下面具体介绍如何使用 for…in 循环进行顺序遍历。

4.2.1 简单使用

for 循环的基本格式如下。

for 临时变量 in 序列：
　　执行满足循环的代码
else：
　　执行不满足循环条件的代码

for 循环可以执行一组语句，对列表、元组、集合中的每个值执行一次。例如：

```
name = ["python","hello","word"]
for x in name:
    print(x)
```

这样便可把列表中的值全部遍历输出：

```
python
hello
word
```

同理，也可以遍历字符串：

```
for x in "python":
    print(x)
```

输出如下：

```
p
y
t
h
o
n
```

4.2.2 中断循环

break 可以使正在执行的循环立刻停止。例如遍历下面的列表，遇到"hello"就停止遍历。

```
name = ["python","hello","word"]
for i in name:
    if i == 'hello':
        break
    print(i)
```

此时只输出：

```
python
```

4.2.3 continue 声明

continue 语句用于停止循环中的当前循环，继续执行下一个循环。例如，当遇到"hello"时，就执行下一个循环。

```
name = ["python","hello","word"]
for i in name:
    if i == 'hello':
        continue
    print(i)
```

此时，我们可以看到输出中并没有"hello"：

```
python
word
```

4.2.4 range( )函数

range( )函数用于产生递增的数字，它的语法形式为"range(start, end, step)"，规则是包左不包右。

① start 为开始的数字，默认 0。

② end 为结束的数字。

③ step 为步长，默认 1。

例如：输出数字 0～4。

```python
for i in range(5):
    print(i)
```

输出如下：

```
0
1
2
3
4
```

例如：输出数字 2～10，步长为 2。

```python
for j in range(2,10,2):
    print(j)
```

输出如下：

```
2
4
6
8
```

例如：循环字符串"我爱 python"里的每一个字符：

```python
m = '我爱 python'
for i in m:
    print(i)
```

例如：遍历输出数字 2～9。

```python
for j in range(2,10):
    print(j)
```

4.2.5 嵌套循环

嵌套循环就是循环内还有循环。"内循环"将在"外循环"的每次循环中执行一次，如遍历两个列表。

```python
name = ["小王",'小强','小明']
year = [2000,2001,2002]

for x in name:
    for y in year:
        print(x,y)
```

输出如下：

```
小王 2000
小王 2001
```

小王 **2002**

小强 **2000**

小强 **2001**

小强 **2002**

小明 **2000**

小明 **2001**

小明 **2002**

例如：打印九九乘法表。

```
for i in range(1,10):
    for j in range(1,i + 1):
        t = i * j
        print("{0}*{1}={2}".format(i,j,t),end=' ')
    print(" ")
```

运行如图 4-3 所示。

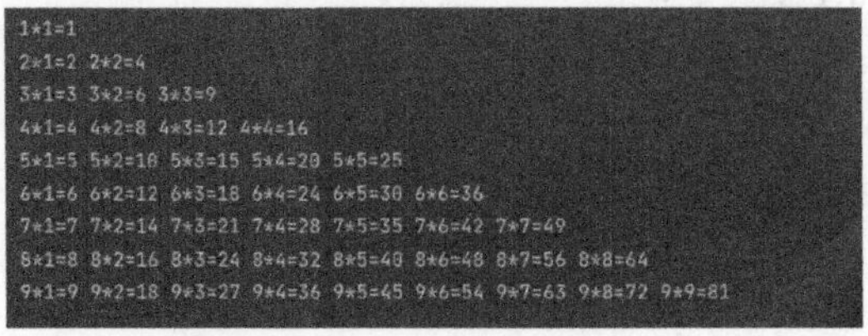

图 4-3   九九乘法表

4.3   while 循环

while 循环和 for 循环一样，也能执行数据的循环。使用 while 循环，只要条件为真，就可以执行一组语句。

4.3.1   简单使用

while 的基本格式如下。

while（循环的条件）：如果满足循环条件

做事情 1，

做事情 2，

做事情 3

例如：循环输出数字 1～10。

```
i = 1  # 定义了一个变量 i，赋初始值为 1
while (i <= 10):
    print(i)
    i += 1  # 等价于 i = i + 1
```

理解：只要 i 小于或等于 10，条件一直都为真，所以就会一直执行，每一次循环，i 都会加 1。

4.3.2　中断循环

while 循环跟 for 循环一样，使用 break 中断正在执行的循环。例如，当 i 为 4 时退出循环。

```
i = 1
while (i < 6):
    print(i)
    i = i + 1
    if i == 4:
        break
```

输出如下：

```
1
2
3
```

4.3.3　continue 声明

Continue 语句用法与 for 循环中一样，可以跳过当前循环，执行下一次循环。例如，循环打印 0～6 时，当遇到 i=3 就不打印。

```
i = 0
while i < 6:
    i += 1
    if i == 3:
        continue
    print(i)
```

输出如下：

```
1
2
4
5
6
```

例如：计算整数 1～100 的和（包含 1 和 100）。

```
j = 1 # 定义初始值
sum = 0 # 定义初始和
while j < 101:
    sum += j
    j += 1
print(sum)
```

第一行定义开始的值为 1；第二行定义累加时的初值为 0；第三行使用 while 循环判断 j 小于 101 是否为真；第四行使用 sum 开始累加 j；第五行计算 j+1，从 1 变成 2、3、4……

输出结果如下：

```
5050
```

4.4 match 语句

如果你学过 C 语言，肯定知道 match 语句。但是，match 方法是在 Python 3.10 版本中更新的，如果你使用的 Python 版本低于 3.10，那么是无法使用该方法的。因此请确保你的版本不低于 3.10，如图 4-4 所示。

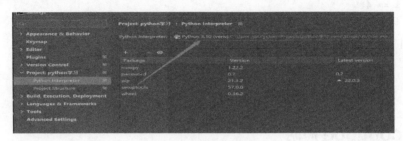

图 4-4　Python 版本检查

match 表达式将其值与作为一个或多个 case 块给出的连续模式进行比较，类似于 C、Java 中的 switch 语句。match 语句主要使用两个关键字：match 和 case。

例如：假如字符串 m 为 "hello"，使用 match…case 方法来匹配 m。

```
m = 'hello'
match m:
    case "hello":
        print("是 hello")
    case "python":
        print("是 python")
    case "love":
        print("是 love")
    case _:
        print("找不到")
```

理解：如果 m 满足第一个 case 情况，就执行 print（"是 hello"），那么它的执行结果是怎样的呢？下面通过图 4-5 所示流程图具体进行理解。

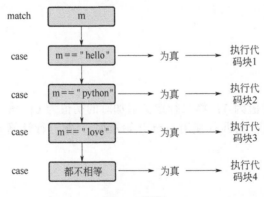

图 4-5　流程

if…elif…else 语句一样可以实现这样的逻辑：

```
if m == 'hello':
    print("是hello")
elif m == 'python':
    print('是python')
elif m == 'love':
    print('是love')
else:
    print('找不到')
```

输出如下：

```
是hello
```

从整体对比来看，Python 3.10 新出的这个语法使代码更加简洁，看起来比较舒服。

综合练习

第一题：请完成一个剪刀、石头、布游戏，计算机随机生成一个 0～2 的正整数，其中，剪刀（0）、石头（1）、布（2）（提示：随机生成使用 random 模块）。

第二题：输入一个数字，判断这个数字是否为偶数；否则，为奇数。

第三题：输入一个数字，判断该数字为正数、负数、零。

第四题：输入一个数字，判断该数字为一位数、两位数、三位数、更高位数。

第五题：输入年份，判断该年是否为闰年。

（说明：普通年份能被 4 整除且不能被 100 整除的，是闰年；世纪年份能被 400 整除的是闰年。）

第六题：输入 a、b、c 三个值，判断能否组成一个三角形。如果能，判断是否为等腰三角形。

第七题：计算 1～100 中所有偶数的和（包含 1 和 100）。

第八题：打印杨辉三角。

```
    *
   * *
  * * *
 * * * *
* * * * *
```

第九题：输入一定数量的数字，求出这些数字的平均值。

第十题：输入一定数量的数字，求出这些数字的乘积。

第十一题：使用 while 循环求 10 个数字的平均值。

第十二题：使用 for 循环打印整数 0～9。

第十三题：使用 for 循环，计算给定字符串 "mfmefmrrom" 中 "m" 的个数。

函数

5.1 定义和调用函数

函数可以提高代码的复用性，让代码更简洁，即函数能帮助我们避免重复地写代码。函数既可以是计算机内置的，也可以是由用户定义的。它有助于程序简洁、不重复和有条理。如一个需要多次执行某些操作/任务的场景，可以使用函数定义该操作任务，并在需要执行相同操作/任务时调用该函数。

5.1.1 基本使用

Python 中函数的基本规则如下。

① 使用 def 关键字定义，后跟功能名称、括号与冒号。

② 必须缩进。

定义函数的基本格式如下。

def 函数名( ):
　　　　执行代码

举个最简单的函数例子：

```
def first( ):
    print("hello world")
```

上面我们定义了一个名为 first 的函数，它的功能就是打印 "hello world"，同样地，也可以定义类似的函数，用于打印。

定义了函数，如果我们不调用它，是不会执行函数内容的，要想执行函数内容必须调用它，最简单的方式就是把 def 后面的功能名称、括号写出来，例如：

```
first( )
```

这样执行就会输出：

```
hello world
```

5.1.2 简单应用

例如：定义一个函数，用于输出姓名和年龄。

```
def xinxi( ):
    name = input('请输入姓名:')
```

```
    age = int(input('请输入年龄:'))
    print('我的姓名是:%s,我今年%d 岁' % (name,age))
# 调用函数
xinxi( )
```

例如：定义一个函数，判断用户密码输入是否正确。

```
def Suan( ):
    user = int(input('请输入正确密码: '))
    if user == 123456:
        print('密码正确')
    else:
        pass
Suan( )
```

5.2　需要传参的函数

含有参数的函数基本格式如下。
def 函数名（参数 1，参数 2……）:
　　　执行代码
调用格式为:
函数名（参数 1，参数 2……）

5.2.1　函数分类

（1）单个参数的函数

信息可以作为参数传递给函数，参数在函数名后的括号内指定即可。例如，使用打印功能
创建参数。

```
def second(name):
    print(name + " 菜鸟")
second('python')
```

执行方式为：调用函数 second( )，并传入参数 "python"，则会打印 "python 菜鸟"。name
的作用就是占位，这个名称是自定义的。使用 return 也能得到相同结果，它能起到返回值
的效果。

```
def third(name):
    return name + '菜鸟'
print(third('python'))
```

这种调用函数的方式依然是向括号里传入一个值。如果希望该函数的结果显示在终端界
面，需要使用 print( )函数打印。否则，没有显示。

例如：定义一个传参函数，输出名字。

```
def name(na):
    print('我的名字叫做: ',na)
name('小明')
```

输出:

我的名字叫做：小明

当我们想要多次打印"我的名字叫做："时，如果不使用函数，就需要写多个"我的名字叫做："。定义了函数后，只需要每次传入一个值即可。定义函数使代码变得更加简洁，避免了重复。

如果这个值需要用户输入，而不是已经定义好的一个名字，使用 input( )函数即可。

```python
def name( ):
    na = input('请输入姓名:')
    print('我的名字叫做:',na)
name( )
```

这样调整为无参的形式，每次可以通过用户输入后打印出结果，演示如下。

请输入姓名：张三
我的名字叫做：张三

（2）多个参数的函数

利用函数不仅能打印名字还能打印年龄、性别等，此时需要传入多个参数：名字、年龄、性别。

```python
def info(name,age,sex):
    print('我的名字叫做: %s,我的年龄为: %d,我的性别为: %s'%(name,age,sex))
info('川川',23,'男')
```

输出结果：

我的名字叫做：川川,我的年龄为:23,我的性别为：男

因此，如果想要多次输出一个人的名字、性别、年龄，只需要每次调用一个函数即可，并不需要每次都去写很长的打印函数。

（3）任意个参数的函数

前面介绍的情况都是已知需要传入多少个参数而指定的一个函数，如果不知道需要传入多少个参数怎么传值呢？可以在传入参数的名称前面加上星号（*）。

例如：

```python
def info(*name):
    print("你好 " + name[2])
info('张三','小王','川川','小明')
```

此时在函数中传入了 4 个参数，只需要通过索引方式，确定需要获取第几个值即可。

输出如下：

你好 川川

5.2.2 函数返回值

return，表示返回值，就是程序中函数运行完后将结果返回调用者。

例如：定义一个函数，求两个数的和。

```python
def add(m,n):
    return m + n
result = add(5,6)
print(result)
```

这个函数的功能是计算 5 与 6 的和。如果想要自定义求两个数的和，还要做以下调整。

```
def add(m,n):
    return m + n
a = int(input('请输入一个数:'))
b = int(input('请输入一个数:'))
result = add(a,b)
print(result)
```

运行演示：

请输入一个数: 6

请输入一个数: 7

13

input( ) 函数是用户输入，input 获取的类型为字符串类型。如果要将两个数相加，先要把它转换为数字类型，int 是转换为整型。如果不转换，直接让两个字符串相加，不会报错，但是结果不对，如计算字符串 5+6，结果会是 56，因为字符串相加只是拼接在一起，并不是数学逻辑上的相加。

如果暂时不需要设计一个函数的功能，可以使用 pass，待设计好执行功能后，再补充进去。

```
def na( ):
    pass
```

5.2.3　全局关键字使用

通常情况下，在函数内部创建变量，该变量是局部变量，并且只能在该函数内部使用。要在函数中创建全局变量，可以使用 global 关键字。

例如：

```
def test( ):
    # 让 x 成为全局变量
    global x
    x = "我是字符串"
test( )
print("x=" + x)
```

输出如下：

x=我是字符串

5.3　函数类型

为对函数有更加清晰的认识，我们根据有没有参数、有没有返回值，将函数分为 4 种类型：无参数，无返回值；无参数，有返回值；有参数，无返回值；有参数，有返回值。下面分别对每种类型函数进行介绍。

（1）无参数，无返回值

此类函数，不能接收参数，也没有返回值。一般情况下，打印、提示等类似的功能使用该类函数。

```
def pr( ):
    print('人生苦短,我爱python')
# 调用函数
pr( )
```

输出如下：

人生苦短,我爱python

（2）无参数，有返回值

此类函数，不能接收参数，但是可以返回某个数据。一般情况下，数据采集的返回使用该类函数。

```
def data( ):
    return 22
# 调用函数
print(data( ))
```

输出如下：

22

（3）有参数，无返回值

此类函数可以接收参数，但是不返回数据。一般情况下，适用于变量设置数据而不需要结果。例如：求两个数的和。

```
def add(a,b):
    print(a + b)
add(11,11)
```

输出如下：

22

（4）有参数，有返回值

此类函数，不仅接收参数，而且可以返回某个数据。例如求前 10 项之和。

```
def total(num):
    i = 1
    sum = 0  # 设置初始值为 0
    while i < num:
        sum += i
        i += 1
    return sum
# 调用函数
print(total(11))
```

返回：

55

5.4 函数的递归

递归函数的定义：在函数中不调用其他函数，而是调用自己。凡是循环能做的事，递归都能做。

例如：计算 n 的阶乘。

阶乘的基本形式：$n! = 1*2*3*4*\cdots*n$。

用循环的形式来求 5 的阶乘如下：用递归求 5 的阶乘如下：

```
def jie(n):
    result = 1
    for i in range(1,n + 1):
        result *= i
    return result


print(jie(5))
```

```
def jie(n):
    if n > 1:
        result = n * jie(n - 1)
    else:
        result = 1
    return result


print(jie(5))
```

如果用递归呢？实现如下：

递归能让代码更加简洁，让计算机以计算机的方式去运行思考。在这里我们仅作简单介绍，如果正在学习算法或者正打算学习算法，可进一步深入了解递归方法。

5.5　lamada 表达式

lamada 表达式也叫匿名函数，但是我们一般习惯叫 lamada 表达式，它的定义如下。

① 不使用 def 这样的语句来定义函数。

② 使用 lambda 来创建一个匿名函数。

用 lambda 关键字能够创建小型匿名函数，可以省略用 def 声明函数的标准步骤，一个 lambda 函数可以接收任意数量的参数，但只能有一个表达式。

lambda 的基本格式为 lambda arguments : expression，如 lambda a, b: a+b，函数返回两个参数的和，":" 左边是参数，右边是表达式。

例如：用 lambda 表达式求 11 与 11 的和。

```
x = lambda a,b: a + b
print(x(11,11))
```

输出如下：

```
22
```

例如：用 lambda 表达式求两个数相乘的积。

```
y = lambda a,b: a * b
print(y(5,6))
```

输出如下：

```
30
```

下面把 lambda 放到一个函数中使用。例如：创建一个函数，使用 lambda 让一个固定的数变为原来的 n 倍，如让 3 变为原来的 10 倍。

```
def ch(n):
    return lambda a: a * n
```

```
m = ch(3)
print(m(10))
```

输出如下：

```
30
```

5.6　变量的分类

前面介绍了变量的定义、赋值，下面介绍变量的分类，变量分为局部变量和全局变量。

5.6.1　局部变量

局部变量是指在函数内部定义的变量。

例如：下面程序中，变量 a 叫作局部变量，因为它就是在函数内部。

```
def p( ):
    a = 2022
    print(a)
#调用函数
p( )
```

输出结果：

```
2022
```

局部变量只能用于当前这个函数，在其他函数里面不能使用，在多个函数中，可以声明同名的局部变量，彼此之间不受影响，如在上面的代码下继续写一个函数。

```
def p2( ):
    a = 30
    print(a)
p2( )
```

结果为 30，而不是 2022。说明函数之间的局部变量是互相不受影响的，是隔开的。

5.6.2　全局变量

全局变量是在函数外面声明的变量，能够在所有函数中使用。全局变量必须在所有使用函数的最上方。

例如，下面程序中，函数 p1 和函数 p2 都可以调用变量 a，因为它是全局变量。

```
a = 2022
def p1( ):
    print(a)


def p2( ):
    print(a)
# 调用函数
p1( )
p2( )
```

输出如下:

```
2022
2022
```

5.7　异常处理

为什么要做异常处理?在写代码过程中,难免会出现 bug,为了检测 bug,避免报错,要做好异常处理。异常处理的基本形式为 try…except,至少有一个 except、else 和 finally 可选。try 块可以测试代码块的错误;except 块可以处理错误;finally,无论 try 和 except 块的结果如何,该块都允许执行代码。

5.7.1　异常处理的基本形式

结构:try…except。

例如:x 没有定义,用 try 来捕获这个异常。

```
try:
    print(x)
except:
    print("一个错误发生")
```

输出如下:

一个错误发生

该程序中,由于 try 块引发错误,将执行 except 代码块。如果 try 块是正确的,那么 except 块不会被执行。例如:

```
try:
    x=3
    print(x)
except:
    print("一个错误发生")
```

输出:

3

5.7.2　else 搭配

如果代码发生错误,将会执行 except 代码块。如果没有发生报错,则会执行 else 代码块。

例如:没有定义变量 x。

```
try:
    print(x)
except:
    print("发生错误了! ")
else:
```

```
        print("代码没有错")
```

输出如下：

发生错误了!

下面纠正代码：

```
try:
    x=2022
    print(x)
except:
    print("发生错误了！")
else:
    print("代码没有错")
```

输出如下：

2022
代码没有错

5.7.3 finally 语句

无论 try 块是否引发错误，都将执行 finally 代码块。
例如：未定义变量 x 进行异常捕获。

```
try:
    print(x)
except:
    print("发生错误")
finally:
    print("代码测试完成")
```

输出如下：

发生错误
代码测试完成

下面是修改后的代码：

```
try:
    x = 2022
    print(x)
except:
    print("发生错误")
finally:
    print("代码测试完成")
```

输出如下：

2022
代码测试完成

两者对比，明确 finally 的使用方法和用途。

5.8 函数装饰器

装饰器是 Python 中一个非常强大和有用的工具，它允许我们修改函数或类。装饰器本质上就是一个 Python 函数，可以让其他函数在不需要做任何代码变动的前提下，增加额外的功能，装饰器的返回值也是一个函数对象。

5.8.1 第一类对象

在 Python 中，函数是第一类对象，这意味着 Python 中的函数可以作为参数使用或传递。

第一类对象的性质：

① 函数是 object 类型的实例；

② 可以将函数存储在变量中；

③ 可以将函数作为参数传递给另一个函数；

④ 可以从函数返回函数；

⑤ 可以将它们存储在数据结构中，如哈希表、列表等。

例如：将函数视为对象。

```python
def hello(text):
    return text.upper( )
print(hello('Python'))
up = hello
print(up('Python'))
```

输出如下：

```
PYTHON
PYTHON
```

该例子中，将 hello( )函数分配给 up 变量，这样不会调用函数，而只是把 hello 的函数对象赋值给一个新的名称变量，最后可以用 up 变量来执行函数功能。

例如：将函数作为参数传递。

```python
def hello(text):
    return text.upper( )
def not_hello(text):
    return text.lower( )
def greet(func):
    greeting = func("""hello world""")
    print(greeting)
greet(hello)
greet(not_hello)
```

输出如下：

```
HELLO WORLD
hello world
```

该例子中，greet( )函数分别把 hello( )函数与 not_hello( )函数作为参数进行传递，在 greet( )

函数中调用。

例如：从另一个函数返回函数。该例子为在一个函数中创建了另一个函数，然后返回在其中创建的函数值，为两数和。

```python
def add(x):
    def adder(y):
        return x + y
    return adder
add_sum = add(10)
print(add_sum(10))
```

输出如下：

```
20
```

5.8.2　装饰器的简单实现

上面介绍的是装饰器的一些性质，但还不是真正的装饰函数，而是被装饰的函数，下面进一步介绍装饰器。它的语法形式如下：

@函数名 语法糖

例如：使用语法糖的形式增加一个新的功能。

```python
# 装饰器函数
def start(fn):
    print("开始..")
    def inner( ):
        print("一个功能....")
        fn( )
    return inner
# 语法糖
@start
def end( ):
    print("新增加功能")
end( )
```

输出如下：

```
开始..
一个功能....
新增加功能
```

5.8.3　装饰器的使用

例如：原来只有打印 1～4 的功能，添加一个打印 1～10 功能，并统计函数执行时间。

```python
import time

# 装饰器函数
def calculate_time(func):
    print('装饰器开始执行..')
    def inner(*args,**kwargs):
```

```
        begin = time.time( )
        for j in range(5):
            print(j)
        func(*args,**kwargs)
        end = time.time( )
        print("时间一共为: ",func.__name__,end - begin)
    return inner
@calculate_time
def jue(num):
    time.sleep(2)
    for i in range(num):
        print(i)
jue(10)
```

这里很清楚地表示了装饰器的作用，即在不改变已有函数源代码及调用方式的前提下，对已有函数进行功能的扩展。它可以装饰带有返回值的函数。

例如：编写一个装饰器函数，它的功能是减法，再给它添加一个加法功能。

```
# 添加输出日志的功能
def ji_suan(fn):
    def add(num1,num2):
        print('开始计算...')
        jian = num1 - num2
        print(jian)
        res = fn(num1,num2)
        return res
    return add


# 使用语法糖并非装饰器装饰函数
@ji_suan
def sum_num(a,b):
    res = a + b
    return res
result = sum_num(5,6)
print(result)
```

输出如下：

开始计算...

-1

11

它也可以装饰带有不定长参数的函数。例如：

```
def ji_suan(fn):
    def inner(*args,**kwargs):
        print("这是不定长参数计算...")
        fn(*args,**kwargs)

    return inner
```

```python
# 使用语法糖装饰函数
@ji_suan
def sum_num(*args,**kwargs):
    result = 0
    for value in args:
        # print(value)
        result += value
    for value in kwargs.values( ):
        result += value
    print(result)

# 这里可以传入任意个参数，自行尝试
sum_num(4,5,6,a=10,b=12)
```

输出如下：

这是不定长参数计算...

37

5.8.4 链式装饰器

链式装饰器是指用多个装饰器来装饰一个函数。例如：

```python
def first(func):
    def inner( ):
        x = func( )
        # 返回 10*10=100
        return x * x
    return inner
def second(func):
    def inner( ):
        x = func( )
        # 返回 10
        return 2 * x
    return inner
@first
@second
def num( ):
    return 5
print(num( ))
```

输出结果如下：

100

它相当于：

```python
first(second(num))
```

5.8.5 记忆性装饰器

在实际应用中，可能会遇到多次调用函数的情况，但是每次调用都会花很长时间，如果我们能让计算机具有记忆，那么就可以直接得到结果。下面以一个简单的例子进行说明。例如：
编写一个函数来计算一个数字的阶乘。

```
def fac(num):
    if num == 1:
        return 1
    else:
        return num * fac(num - 1)
print(fac(5))
```

如果再次计算 5 的阶乘，还需要调用函数吗？当然不必，因执行函数是需要时间的，所以
让它具有记忆即可（这个好比动态规划的特点，感兴趣可以自行了解）。

```
memory = {}
def ji_yi(f):
    def inner(num):
        if num not in memory:
            memory[num] = f(num)
        return memory[num]
    return inner
@ji_yi
def facto(num):
    if num == 1:
        return 1
    else:
        return num * facto(num - 1)
print(facto(5))
```

第一个函数的意义是把值存储到变量 memory 中，第二个函数是定义计算阶乘。当调用
facto( )函数的时候，会判断计算的数字是否在 memory 中。如果在，可以直接从变量中访问结
果；如果不在，就要执行一次函数来计算。此外，可以在 memory 中添加以下已知的结果，下
次就不用再去计算了。例如：

```
memory = {5: 120,6: 720}
```

当再次计算 5 和 6 的阶乘时，就会直接输出结果。值得注意的是，需要确保记忆是正确的。
如果添加的记忆是错误的，那么它返回的记忆也会出错。例如：

```
memory = {5: 110,6: 720}
```

再去计算 5 的阶乘，用 print(facto(5))输出的结果是 110，而不是正确值 120，这一点一
定要注意。

综合练习

第一题：编写一个函数，求三个数的平均值。
第二题：定义一个函数，将字符串"opendoor"转换成"OpenDoor"、"hellomy_love"转
换成"HelloMyLove"。

第三题：编写一个函数，将列表中的所有数字相乘。

第四题：编写一个函数，反转一个字符串。

第五题：编写一个函数，输出一个列表中的所有偶数。

第六题：编写一个 Python 函数，用于检查传递的字符串是否为回文。注意：回文是一个单词、短语或序列（如 madam），从前向后读（字母 m、a、d、a、m）与从后向前读（字母 m、a、d、a、m）相同。

6.1 类和对象的基本理解

6.1.1 定义与区别

类的定义：一个抽象的概念，在使用的时候，一般会找到这个类的具体存在对象。一个类可以有多个对象。

对象的定义：一个存在的具体事物，在现实世界中可以看得见、摸得着。例如：一台计算机、一支笔、一辆车。

6.1.2 类的构成

类由三个部分组成：类名、类的属性、类的方法。

类名：类的名称。

类的属性：一组数据。

类的方法：对这组数据进行操作的方法。

简单的例子，设计一个猫类。

类名：cat。

类的属性：毛色，体重，品种。

类的方法：跑，跳。

6.2 类与对象的构建

6.2.1 创建类

总结上面类的构成，使用关键字 class 定义类的基本格式。

class 类名：

属性列表

方法列表

定义类有两种方式，一种是经典类，另一种是新式类。经典类如下面定义的猫类 cat；新式类是在类名圆括号的里面加上 object，如下面定义的 people（object）。

例如：用经典类定义一个猫类。

```python
class cat:
    # 属性: 品种,毛色
    # 方法: 吃老鼠,猫会爬树
    def big(self):
        print('猫会吃老鼠')


    def black(self):
        print('猫会爬树')
```

例如：用新式类定义一个人类。

```python
class people(object):
    # 属性: 身高,体重
    # 方法: 会看书,会吃饭,这里只定义了方法。
    def book(self):
        print('人在看书。..')


    def eat(self):
        print('人在吃饭')
```

6.2.2　创建并调用对象

对象是根据已知的类创建的。

创建对象的基本格式：对象名 = 类名()。

调用对象的方法基本格式：对象名.方法。

前面小节已经创建好一个类，现在需要创建一个对象 p 并调用它的方法。

```python
class people(object):


    # 方法: 会看书,会吃饭
    def book(self):
        print('人在看书。..')


    def eat(self):
        print('人在吃饭')


# 创建对象
p = people( )


# 调用对象的方法
p.book( )
p.eat( )
```

输出如下：

```
人在看书。..
人在吃饭
```

6.2.3　对象中添加属性与获取

如果一个类中的属性不足，可以添加属性。例如，上节创建的对象 p 只有 book 和 eat 两个
属性，可添加其他属性，添加属性的基本格式如下：

对象名.属性名 = 新的值

例如，添加属性 name、age、sex 并获取，实现如下：

```
p.name='张三'
p.age=20
p.sex='男'

print(p.name)
print(p.age)
print(p.sex)
```

输出如下：

```
张三
20
男
```

前面介绍过一个类可以创建多个对象，故还可以创建一个新的对象。

```
p2 = people( )
# 添加属性
p2.name = '李四'
p2.age = 20
p2.sex = '男'
# 获取属性
print(p2.name,p2.age,p2.sex)
```

输出如下：

```
李四 20 男
```

6.3　构造函数

构造函数通常用于实例化对象。构造函数的任务是在创建类的对象时对类的数据成员进行
初始化（赋值）。在 Python 中，__init__( ) 方法称为构造函数，并且总是在创建对象时调用。

6.3.1　默认构造函数

初始化方法，用来完成一些默认的设置，这是常用的方法。基本格式如下：

```
class 类名:
    def __init__(self):
        函数体语句
```

此处还是利用前面创建的人这个类，默认初始化是"活的"，家住在"中国"。

```python
class people(object):
    def __init__(self,life,home):
        self.life = life
        self.home = home

    # 属性: life,home
    # 方法: 会看书,会吃饭
    def book(self):
        print('人在看书。..')

    def eat(self):
        print('人在吃饭...')

# 创建一个对象
p3 = people('活的','中国')
# 调用方法
p3.book( )
p3.eat( )
# 打印查看值
print('人是%s,家住在%s' % (p3.life,p3.home))
```

输出如下:

人在看书。..
人在吃饭
人是活的,家住在中国

如果想要修改默认的值,格式如下:

对象名.属性名 = 新值

例如:把家住在中国修改为家住在上海。

```python
p3.home = '上海'
print('家住在%s' % p3.home)
```

输出:

家住在上海

注意

> 创建的对象会自动调用__init__( )方法,对类的属性进行初始化,创建对象的时候,自动拥有类里面的属性。

6.3.2 参数化构造函数

带参数的构造函数称为参数化构造函数。参数化构造函数将其第一个参数作为对正在构造的实例的引用,称为 self ,其余参数由自己添加。例如:

```python
class suan:
    first = 0
```

```
        second = 0
        answer = 0

        # 参数化构造函数
        def __init__(self,f,s):
            self.first = f
            self.second = s

        def display(self):
            print("第一个数字= " + str(self.first))
            print("第二个数字 = " + str(self.second))
            print("两数和 = " + str(self.answer))

        def calculate(self):
            self.answer = self.first + self.second

# 创建类的对象
# 调用参数化构造函数
obj = suan(100,50)

# 执行函数
obj.calculate( )

# 显示结果
obj.display( )
```

输出如下：

第一个数字= 100
第二个数字 = 50
两数和 = 150

6.3.3　对象删除

如果已经创建了多个对象，想要删除某个对象，可以使用 del 方法。例如：继续以"人"这个类为例子，创建 p4 和 p5 两个对象，删除 p4 对象。

```
p4 = people('活着','北京')
p5 = people('活着','成都')
del p4
print('删除对象p4')
```

6.4　单继承

继承是指从另一个类继承所有方法和属性形成新的类。父类是被继承的类，也称基类。子类是从另一个类继承的类，也称派生类。下面首先介绍一些基础知识来学习单继承。单继承就是一个子类继承一个父类。

6.4.1　创建父类

任何一个类都可以是父类，都可以被继承。现在创建一个 person 类。

```
class person(object):
    def __init__(self,firstname,lastname):
        self.firstname = firstname
        self.lastname = lastname
    def printname(self):
        print(self.firstname,self.lastname)
x = person("张","三")
x.printname( )
```

上述代码创建了一个 person 类，定义了 firstname、lastname 两个属性，定义了一个 printname( )
方法，然后创建一个对象 x，最后调用对象的方法。

输出如下：

张 三

6.4.2　创建子类

子类可以继承父类的属性和方法。例如，创建一个 person1 类，继承刚刚创建的 person 类，
基本格式如下：

```
class person1(person):
    pass
```

当不想给类添加属性时，可以使用关键字 pass 代替。例如，使用 person1 对象调用 person
的方法如下。

```
Class person(object):
    def __init__(self,firstname,lastname):
        self.firstname = firstname
        self.lastname = lastname
    def printname(self):
        print(self.firstname,self.lastname)
# x = person("张","三")
# x.printname( )
class person1(person):
    pass
p = person1('张','三')
p.printname( )
```

输出如下：

张 三

6.4.3　子类初始化

6.4.2 节中，person1 类的属性使用 pass 代替，现在给它加上具体的属性，基本格式如下：

```
class person1(person):
    def __init__(self,firstname,lastname):
```

添加__init__( )后，子类将不再继承父类的__init__( )属性。子类的__init__( ) 属性会覆盖父类属性。为了保持父类__init__( )的继承，需要添加对父类__init__( )的调用。

```python
class person(object):
    def __init__(self,firstname,lastname):
        self.firstname = firstname
        self.lastname = lastname

    def printname(self):
        print(self.firstname,self.lastname)
class person1(person):
    def __init__(self,firstname,lastname):
        person.__init__(self,firstname,lastname)
x = person1('王','二')
x.printname( )
```

输出如下：

王 二

6.4.4　super( )方法

super( )函数可以让子类继承父类的所有方法和属性。例如：

```python
class person(object):
    def __init__(self,firstname,lastname):
        self.firstname = firstname
        self.lastname = lastname
    def printname(self):
        print(self.firstname,self.lastname)
class person2(person):
    def __init__(self,firstname,lastname):
        super( ).__init__(firstname,lastname)
y = person2('小','明')
# 获取方法
y.printname( )
```

输出如下：

小 明

6.4.5　添加属性

在先前的基础上，在子类中增加 year 这个属性。

```python
class person(object):
    def __init__(self,firstname,lastname):
        self.firstname = firstname
        self.lastname = lastname


    def printname(self):
        print(self.firstname,self.lastname)
```

```
class person2(person):
    def __init__(self,firstname,lastname):
        super( ).__init__(firstname,lastname)
        self.year = 2022
y = person2('小','张')
# 获取属性
print(y.year)
# 获取方法
y.printname( )
```

输出如下：

```
2022
小 张
```

6.4.6 添加方法

下面继续在子类中添加新的方法 info。

```
class person(object):
    def __init__(self,firstname,lastname):
        self.firstname = firstname
        self.lastname = lastname


    def printname(self):
        print(self.firstname,self.lastname)
class person2(person):
    def __init__(self,firstname,lastname):
        super( ).__init__(firstname,lastname)
        self.year = 22
def info(self):
        print(self.firstname,self.lastname,'年龄为: ',self.year)
y = person2('小','张')
# 获取属性
print(y.year)
# 获取方法
y.info( )
```

输出如下：

```
22
小 张 年龄为:  22
```

6.5 多继承

多继承是指一个子类有多个父类，并且具有它们的特征。如果我们已经理解并且学会使用单继承，也能很快理解多继承。例如创建两个父类 a 和 b，子类为 c，子类 c 同时继承父类 a 与 b。

```
# 声明一个父类 a
class a(object):
    def test(self):
        print('父类 a')
# 声明一个父类 b
class b(object):
    def test(self):
        print('父类 b')
# 声明一个子类,同时继承 a 和 b 两个父类
class c(a,b):
    pass
# 创建一个对象 c
d = c( )
d.test( )
print(c.__mro__)  # 可以打印查看执行方法的顺序
```

输出如下:

```
父类 a
(<class '__main__.c'>,<class '__main__.a'>,<class '__main__.b'>,<class 'object'>)
```

注意

　　假设一个子类同时继承了多个父类,调用同名的方法是: 先从子类找,子类没有,则到父类里面找。面向对象的好处是程序之间耦合度低,不同模块中放的是对应的模块代码。

综合练习

　　第一题:定义类 person,在该类中使用构造函数实现对类信息 [姓名(name)、年龄(age)、性别(sex)] 的初始化,分别建立对应的方法获取姓名、年龄、性别。

　　第二题:用类的知识构建两个数字的加、减、乘、除运算。

　　第三题:定义一个矩形类,从用户处获取长度和宽度,并求出矩形的面积。

实例与应用

7.1　词云绘制

　　词云是数据可视化的一种形式。简单来说，就是给出一段文本的关键词，根据关键词的出现频率而生成的一幅图像，人们只要扫一眼就能明白文章主旨。

　　模块安装：输入"pip install wordcloud"命令。注意：在"terminal"中执行该命令进行安装，以确保安装在所使用的环境中，安装过程中，如果出现警告，可以忽略。演示如图 7-1 所示。

图 7-1　安装演示

7.1.1　基本的词云制作

　　创建一个 txt 文件，命名为"1.txt"，内容如图 7-2 所示（也可以根据个人习惯随机选择一个 txt 文件）。

图 7-2　文档部分截图

代码如下：

```
# coding=utf-8
import numpy as np
```

```
import matplotlib.pyplot as plt
from wordcloud import WordCloud
text = open('1.txt',encoding='utf-8').read( )
x,y = np.ogrid[:300,:300]
mask = (x - 150) ** 2 + (y - 150) ** 2 > 130 ** 2
mask = 255 * mask.astype(int)
#mask 就是背景,这里是用数学公式绘制的一个圆
wc = WordCloud(background_color="white",font_path="msyh.ttf",repeat=True,mask=mask)
wc.generate(text)
plt.axis("off")
plt.imshow(wc,interpolation="bilinear")
plt.show( )
```

运行效果如图 7-3 所示。代码中，background_color="white"
表示背景颜色为白色，font_path="msyh.ttf"表示使用的字体，使
用中文字体显示才会支持中文，否则默认英文，读取中文文件时
会出现乱码。mask 作为背景形状，是绘制的一个圆形。如果不
设置背景形状，默认为方形。

图 7-3　效果

```
# coding=utf-8
from wordcloud import WordCloud
import matplotlib.pyplot as plt
# 读取文件
text = open('1.txt',encoding='utf-8').read( )
# 制作并生成对象
wc = WordCloud(font_path="msyh.ttf").generate(text=text)
# 显示制作好的词云
plt.imshow(wc,interpolation='bilinear')
plt.axis('off')
plt.show( )
# 保存文件为 png 格式
wc.to_file('test.png')
```

运行效果如图 7-4 所示。

图 7-4　效果

7.1.2　制作更加有趣的词云

运行代码后可能会出现如图 7-5 和图 7-6 所示的错误，第一种报错的解决方法是在代码
的第一行添加：# coding= gbk。第二种报错的解决方法是把 "textfile = open(text,encoding=
'gbk').read( )" 代码中的编码方式修改为 utf-8，编码方式主要有两种，如果 gbk 不行，就换
作 utf-8。

图 7-5　第一种报错

图 7-6 第二种报错

下面为大家介绍词云制作模板，每一行代码都有注释。

```python
# coding=utf-8
import jieba                                              # 分词
import matplotlib.pyplot as plt                           # 数据可视化
from wordcloud import WordCloud,ImageColorGenerator,STOPWORDS # 词云
import numpy as np                                        # 科学计算
from PIL import Image                                      # 处理图片
def draw_cloud(text,graph,save_name):
    textfile = open(text,encoding='utf-8').read( )        # 读取文本内容
    wordlist = jieba.cut(textfile,cut_all=False)          # 中文分词
    space_list = " ".join(wordlist)                       # 连接词语
    backgroud = np.array(Image.open(graph))               # 背景轮廓图
    mywordcloud = WordCloud(background_color="white",     # 背景颜色
                    mask=backgroud,                       # 写字用的背景图,从背景图取颜色
                    max_words=100,                        # 最大词语数量
                    stopwords=STOPWORDS,                  # 停用词
                    font_path="msyh.ttf",                 # 字体
                    max_font_size=200,                    # 最大字体尺寸
                    random_state=50,                      # 随机角度
                    scale=2,
                    collocations=False,                   # 避免重复单词
                    )
    mywordcloud = mywordcloud.generate(space_list)        # 生成词云
    ImageColorGenerator(backgroud)                        # 生成词云的颜色
    plt.imsave(save_name,mywordcloud)                     # 保存图片
    plt.imshow(mywordcloud)                               # 显示词云
    plt.axis("off")                                       # 关闭保存
    plt.show( )                                           # 显示词云


if __name__ == '__main__':
    draw_cloud('1.txt',graph="词频背景.jpg",save_name='2.png')
```

注意

PIL 模块可通过输入 "pip install pillow" 安装。

词云背景图片可以是任意形状，如五角星背景，如图 7-7 所示，效果如图 7-8 所示。又如

背景图片修改如图 7-9 所示，显示效果如图 7-10 所示。

图 7-7　背景图（1）

图 7-8　效果图（1）

图 7-9　背景图（2）

图 7-10　效果图（2）

7.2 视频剪辑

当需要进行大量的视频处理，或者想要自动处理视频的时候，可以利用 Python 中的视频剪辑功能，本节介绍这项功能的具体实现。

7.2.1 环境配置

在"terminal"下安装模块，执行命令如下：

```
pip install moviepy
pip install ez_setup
```

进入 ImageMagick 官网，单击"Download"菜单，如图 7-11 所示，下滑找到 Window 发行版本的 exe 文件单击下载，如图 7-12 所示。下载好后单击"保留"按钮，如图 7-13 所示。双击下载好的软件，依次单击"Next"按钮，如图 7-14 所示。

图 7-11　下载

version. Versions with *dll* in the filename include ImageMagick libraries as dynami
Windows 32-bit OS, we recommend this version of ImageMagick for 64-bit Windo

Version	Description
ImageMagick-7.1.0-27-Q16-HDRI-x64-dll.exe	Win64 dynamic at 16 bits-per-pixel comp
imaging enabled

Or choose from these alternate Windows binary distributions:

图 7-12　选择版本

图 7-13　选择

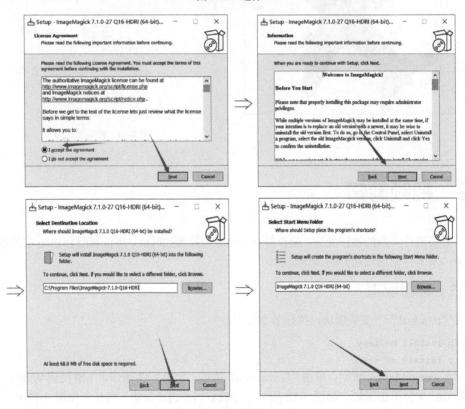

图 7-14　安装选择（1）

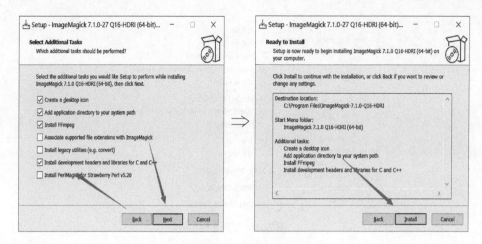

图 7-15　安装选择（2）

继续单击"Next"→"Finish"按钮即可，如图 7-15 所示，打开 cmd 命令提示符界面，输入以下命令：

magick --version

执行结果如图 7-16 所示，此时安装成功。

```
C:\Users\hp>magick --version
Version: ImageMagick 7.1.0-27 Q16-HDRI x64 2022-03-05 https://imagemagick.org
Copyright: (C) 1999 ImageMagick Studio LLC
License: https://imagemagick.org/script/license.php
Features: Cipher DPC HDRI Modules OpenCL OpenMP(2.0)
Delegates (built-in): bzlib cairo flif freetype gslib heic jng jp2 jpeg jxl lcms lqr lzma openexr pangocairo png ps raqm
 raw rsvg tiff webp xml zip zlib
Compiler: Visual Studio 2022 (193131104)

C:\Users\hp>
```

图 7-16　测试

接下来找到自己安装 moviepy 的路径（图 7-17），如果不知道路径在哪，可以再安装一次模块，输出的第一个就是路径，按照这个路径找到 moviepy 文件夹，选择其中的"config_defaults.py"并以文本的形式打开，如图 7-18 所示，修改后保存，如图 7-19 所示。

```
(venv) D:\BaiduNetdiskDownload\my python code>pip install moviepy
WARNING: Ignoring invalid distribution -ip (d:\program files (x86)\shanghai\venv\lib\site-packages)
WARNING: Ignoring invalid distribution -ip (d:\program files (x86)\shanghai\venv\lib\site-packages)
Looking in indexes: https://pypi.tuna.tsinghua.edu.cn/simple
Requirement already satisfied: moviepy in d:\program files (x86)\shanghai\venv\lib\site-packages (8.2.3.1)
Requirement already satisfied: numpy in d:\program files (x86)\shanghai\venv\lib\site-packages (from moviepy) (1.22.0)
Requirement already satisfied: tqdm in d:\program files (x86)\shanghai\venv\lib\site-packages (from moviepy) (4.62.2)
Requirement already satisfied: imageio in d:\program files (x86)\shanghai\venv\lib\site-packages (from moviepy) (2.9.0)
Requirement already satisfied: decorator in d:\program files (x86)\shanghai\venv\lib\site-packages (from moviepy) (5.1.0)
Requirement already satisfied: pillow in d:\program files (x86)\shanghai\venv\lib\site-packages (from imageio->moviepy) (8.2.0)
```

图 7-17　查找模块位置

此时，第三行代码修改为 IMAGEMAGICK_BINARY = r "你的 magick.exe 路径"，可以在 cmd 中输入"where magick.exe"命令查看路径，如图 7-20 所示。

7.2.2　视频转 gif

配置安装好软件后就可以进行操作了。例如，把一个视频转为 gif 只需要 3 行代码：

图 7-18　打开文件

```
50
51    import os
52
53    FFMPEG_BINARY = os.getenv('FFMPEG_BINARY', 'ffmpeg-imageio')
54    #IMAGEMAGICK_BINARY = os.getenv('IMAGEMAGICK_BINARY', 'auto-detect')
55    IMAGEMAGICK_BINARY =r"C:\Program Files\ImageMagick-7.1.0-Q16-HDRI\magick.exe"
```

图 7-19　修改

```
C:\Users\hp>where magick.exe
C:\Program Files\ImageMagick-7.1.0-Q16-HDRI\magick.exe

C:\Users\hp>
```

图 7-20　配置成功

```
from moviepy.editor import *
clip = (VideoFileClip("bi.mp4"))
clip.write_gif("1.gif")
```

第一行代码是导入；第二行代码是读取视频，视频文件名为"bi.mp4"；第三行代码是写入 gif 格式，名字为"1.gif"。这里不作具体演示，成功后会自动生成名为"1.gif"的文件，如图 7-21 所示。

名称	修改日期	类型
1.gif	2022/3/8 21:05	GIF 文件
1.py	2022/3/8 21:04	Python source file
bi.mp4	2021/8/27 5:03	MP4 文件

图 7-21　文件

7.2.3　视频截取

subclip( )函数对应的参数是需要截取的视频的起点和终点，其他代码部分不用更改。例如，将视频的 0～3 秒截取下来保存为 gif。

```
from moviepy.editor import *
clip = (VideoFileClip("bi.mp4")
        .subclip(0,3))
clip.write_gif("截取.gif")
```

此时会生成一个名为"截取.gif"的文件。

7.3　二维码制作

模块下载：输入"pip install MyQR"命令下载。

7.3.1　制作彩色的二维码

首先准备一张背景图，可以是任意一张图片，在代码设置中，传入"picture"参数。准备一个网址，本书提供一个网站，读者可以自行找一个或者制作一个网站，如图 7-22 所示。只需要几行代码，即可制作一个彩色的二维码：

图 7-22　网址界面

```
from MyQR import myqr
myqr.run(                                    # 导入模块
  words='https://yanghanwen.xyz/eat/',       # 传入网址，扫描二维码即可打开网站
  picture='1.jpg',                           # 二维码背景
  colorized=True,                            # 设置为彩色。如果不添加该参数，默认为黑白
  save_name='ke.png'                         # 设置生成后的二维码文件名
)
```

效果如图 7-23 所示，扫描二维码即可打开网址。

7.3.2　制作动态二维码

该模块支持 gif 格式，因此，我们可以制作 gif 格式的二维码。代码模板如下：

```
from MyQR import myqr
# 动态二维码
myqr.run(
  words='https://yanghanwen.xyz/eat/',
  picture='1.gif',
  colorized=True,
  save_name='test.gif'
)
```

二维码效果如图 7-24 所示（是动态 gif）。

图 7-23　彩色二维码效果

图 7-24　动态二维码效果

7.4 批量数据爬取

Python 在数据获取处理方面功能很强大,如果需要在短时间内批量获取图片数据集,可以通过爬虫实现,即使对一些爬虫的具体算法不熟悉,也可以做到。

模块安装:输入"pip install icrawler"命令进行安装。

7.4.1 必应爬虫

下面做一个简单的案例:收集"加菲猫"和"哈士奇"的大量图片(叫作数据集),代码如下:

```python
from icrawler.builtin import BingImageCrawler

# 需要爬取的关键字
list_word = ['哈士奇','加菲猫']
for word in list_word:
    # bing 爬虫
    # 保存路径
    bing_storage = {'root_dir': 'photo\\' + word}  # photo 为主文件名
    # 从上到下依次是解析器线程数,下载线程数,还有上面设置的保存路径
    bing_crawler = BingImageCrawler(parser_threads=4,
                                    downloader_threads=8,
                                    storage=bing_storage)
    # 开始爬虫,关键字+图片数量
    bing_crawler.crawl(keyword=word,
                       max_num=10)
```

参数解释:

① 第一行是导入的必应爬虫 BingImageCrawler。

② list_word 是一个列表,列表里是需要获取的数据名称,可以填写各种名称,用户可以自行尝试。

③ bing_storage 为保存路径,需要在 py 文件的同级目录中创建一个 photo 的文件夹(用户也可以更改别的名称)。

④ BingImageCrawler 中分别传入解析器线程数、下载线程数、保存路径。线程数不建议设置太高,解析器线程数一般设置为线程数的一半即可。最大数为 CPU 数。

⑤ bing_crawler.crawl 中第一个参数为关键字,可以不用修改。第二个参数 max_num 为下载图片的最大数量,这里设置为 10,具体可根据需求设置。最大数为 CPU 数。

除必应爬虫之外,还有百度爬虫、谷歌爬虫,这里不具体介绍,代码框架几乎类似,读者可以自行尝试。

7.4.2 图片筛选

通过 7.4.1 节我们学会了如何批量获取基本的图片数据集,但是如何保证图片的质量呢?需要设置一个筛选。我们可以设置一个过滤器 filters,设置筛选条件:图片的大小为 large,图片的颜色为彩色,图片为标记的非商用,日期选择去年范围内。

例如：获取"帅哥"数据集，代码如下。

```
from icrawler.builtin import BingImageCrawler
# 需要爬取的关键字
list_word = ['宝马车']
filters = dict(
    size='large',
    color='color',
    license='commercial,modify',
    date='pastyear'
)
for word in list_word:
    # bing 爬虫
    # 保存路径
    bing_storage = {'root_dir': 'photo\\' + word}  # photo 为主文件名
    # 从上到下依次是解析器线程数、下载线程数，还有上面设置的保存路径
    bing_crawler = BingImageCrawler(parser_threads=4,
                                    downloader_threads=8,
                                    storage=bing_storage)
    # 开始爬虫，关键字+图片数量
    bing_crawler.crawl(keyword=word,
                       filters=filters,
                       max_num=10)
```

经过这样的筛选，数据太少。如果只是获取数据集自己研究，就不要筛选，直接批量爬取即可。虽然筛选后会导致获取的数据很少，但是此处还是介绍一下。如果想要获取固定网页的图片，可以采用"GreedyImageCrawler"的方法。例如：

```
from icrawler.builtin import GreedyImageCrawler


greedy_crawler = GreedyImageCrawler(storage={'root_dir': 'photo//girl//'})
greedy_crawler.crawl(domains='https://desk.3gbizhi.com/deskMV/',max_num=10,
                     min_size=None,max_size=None)
```

domains 参数为 url 网址，storage 为下载后的路径。

7.5　石头、剪刀、布游戏

本案例的目标：创建一个命令行游戏，用户可以在石头、剪刀和布间进行选择，并与计算机比赛，获胜方可加 1 分，直到结束游戏，最终的分数会展示给用户。提示：接收用户的选择，并且与计算机的选择进行比较，计算机是从选择列表中随机选取的。

第一步：导入随机模块，在"choices"列表中定义石头、剪刀、布，通过 random.choice 随机选择列表中的一个，这样计算机就是随机出了。

```
import random
choices=["Rock","Paper","Scissors"] #石头、剪刀、布
computer=random.choice(choices)
```

第二步：分别定义计算机和用户的初始分数为 0 分。

```
cpu_score = 0
player_score = 0
```

第三步：用户输入和比较。

用户输入使用 input( )函数实现：

```
player = input("Rock,Paperor,Scissors?").capitalize( )
```

capitalize( )将字符串的第一个字母变成大写，其他字母变成小写，这样便于比较。

此时应该考虑以下几种情况：

① 用户和计算机出的相同，则平局，均不加分。否则，用户和计算机出的结果是不同的。

② 用户出石头，如果计算机出布，则计算机加 1 分；否则，用户加 1 分。

③ 用户出布，如果计算机出剪刀，则计算机加 1 分；否则，用户加 1 分。

④ 用户出剪刀，如果计算机出石头，则计算机加 1 分；否则，用户加 1 分。

⑤ 由于需要记分，所加一个 while 循环。

⑥ 通过用户输入停止循环则用 break。

具体代码实现如下：

```
if player == computer:
    print("平局!")
elif player == "石头":
    if computer == "布":
        print("你输了!","计算机的",computer,"比得过",player)
        cpu_score += 1
    else:
        print("你赢了!"," 用户的",player,"比得过",computer)
        player_score += 1
elif player == "布":
    if computer == "剪刀":
        print("你输了!","计算机的",computer,"比得过",player)
        cpu_score += 1
    else:
        print("你赢了!","用户的",player,"比得过",computer)
        player_score += 1
elif player == "剪刀":
    if computer == "石头":
        print("你输了...","计算机的",computer,"比得过",player)
        cpu_score += 1
    else:
        print("你赢了!"," 用户的",player,"比得过",computer)
        player_score += 1
```

本案例的完整代码如下：

```
import random
choices = ["石头","剪刀","布"]  # 石头剪刀布
computer = random.choice(choices)
```

```python
# player = False
cpu_score = 0
player_score = 0
while True:
    player = input("请输入石头/剪刀/布: (输入 q 停止)")
    if player == computer:
        print("平局!")
    elif player == "石头":
        if computer == "布":
            print("你输了!","计算机的",computer,"比得过",player)
            cpu_score += 1
        else:
            print("你赢了!","用户的",player,"比得过",computer)
            player_score += 1
    elif player == "布":
        if computer == "剪刀":
            print("你输了!","计算机的",computer,"比得过",player)
            cpu_score += 1
        else:
            print("你赢了!","用户的",player,"比得过",computer)
            player_score += 1
    elif player == "剪刀":
        if computer == "石头":
            print("你输了...","计算机的",computer,"比得过",player)
            cpu_score += 1
        else:
            print("你赢了!","用户的",player,"比得过",computer)
            player_score += 1
    elif player == 'q':
        print("最终得分:")
        print(f"CPU:{cpu_score}")
        print(f"Plaer:{player_score}")
        if cpu_score==player_score:
            print('最终结果为平局')
        elif cpu_score>player_score:
            print('最终赢家为计算机')
        else:
            print('最终赢家为用户')
        break
    else:
        print("输入值不对,请输入正确值")
    computer = random.choice(choices)
```

第8章

matplotlib 数据可视化

扫码获取电子资源

8.1 模块简介

对于数据可视化，matplotlib 是很常用的一个基础模块。数据的可视化能更加直观地反映给客户。通过直接在 cmd 中输入"pip install matplotlib"命令并回车进行模块安装。这里还会用到 numpy 模块，所以也需要安装"pip install numpy"。后续以 jupyter 进行学习演示，当然也可以用 PyCharm。

8.2 常见图形绘制

8.2.1 折线图绘制

例如：从位置(0,0)到位置(5,250)画一条线。

第一步：导入模块。

```
import matplotlib.pyplot as plt
import numpy as np
```

第二步：加载数据。

```
x = np.array([0,5])  #x 数组
print(x)
y = np.array([0,250])  #y 数组
print(y)
```

第三步：绘制图。

```
plt.plot(x,y)
plt.show( )
```

在 jupyter 中代码如图 8-1 所示。代码分 3 个步骤依次运行，同时也可以直观看到变量的值和变化。具体来说，首先使用 np.array 创建数组，分别对应 x 和 y，然后使用 plt.plot(x, y) 绘制图，使用 plt.show( ) 显示图。

（1）图像标记设置

绘制图像时，可以设置一些图标作为标记。例如，使用圆圈标记某些转折点，可以使用 marker 参数。

```
import matplotlib.pyplot as plt
```

```
import numpy as np
y = np.array([1,5,3,8])
plt.plot(y,marker = 'o')
plt.show( )
```

在 plot 中加入参数 marker = 'o'，修改转折点为圆形标记，运行如图 8-2 所示。也可以换成别的符号标记，如"*"，演示如图 8-3 所示。

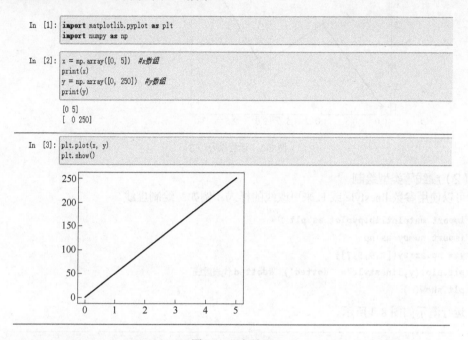

图 8-1　运行演示

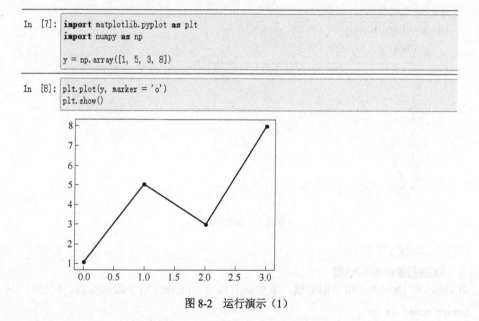

图 8-2　运行演示（1）

119

```
In [9]: plt.plot(y, marker = '*')
        plt.show()
```

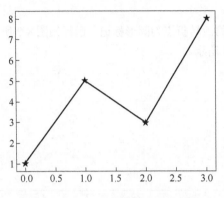

图 8-3　运行演示（2）

（2）虚线等类型绘制

可以使用参数 linestyle 或 ls 来更改线的样式。例如：绘制虚线。

```
import matplotlib.pyplot as plt
import numpy as np
y = np.array([2,9,5,7])
plt.plot(y,linestyle = 'dotted')  #dotted 代表虚线
plt.show( )
```

运行演示如图 8-4 所示。

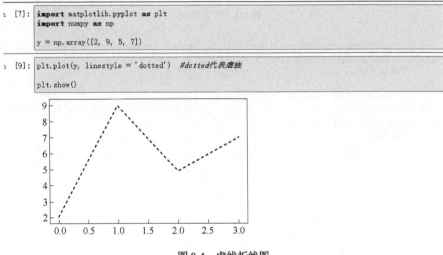

图 8-4　虚线折线图

斜点形式如图 8-5 所示。

（3）添加图像标签和标题

plt.xlabel 和 plt.ylabel 用于添加横、纵坐标的标签，plt.title 用于添加标题。例如：

```
import numpy as np
```

```
import matplotlib.pyplot as plt
plt.rcParams['font.sans-serif']=['SimHei'] #用来正常显示中文标签
plt.rcParams['axes.unicode_minus']=False #用来正常显示负号
x = np.array([1,2,3,4,5,6,7,8,9,10])
y = np.array([25,30,40,50,36,48,54,63,56,78])
plt.plot(x,y)
plt.title("折线绘制")
plt.xlabel("x")
plt.ylabel("y")
plt.show( )
```

运行效果如图 8-6 所示。

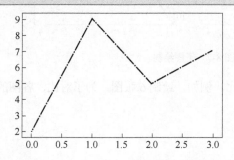

图 8-5　斜点形式折线图

注意

x 与 y 是一一对应的, 所以一定要保证 x 与 y 数组中数据的个数相同。

（4）子图绘制

子图就是在一张图中绘制的多张图,可以便于对比。使用 subplots( )函数可以实现在一张图中绘制多张图。subplots( )函数采用 3 个参数来描述图形的布局。布局按行和列组织, 由第一个和第二个参数表示。第三个参数表示当前绘图的索引。如此就实现了将两张图绘制在一起, 以进行对比, 运行结果如图 8-7 所示。

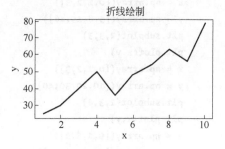

图 8-6　折线图

```
import matplotlib.pyplot as plt
import numpy as np
#第一张图
x = np.array([1,2,3,4])
y = np.array([3,5,7,10])
plt.subplot(1,2,1)
plt.plot(x,y)
#第二张图
```

```
x = np.array([1,2,3,4])
y = np.array([10,25,35,40])
plt.subplot(1,2,2)
plt.plot(x,y)
plt.show( )
```

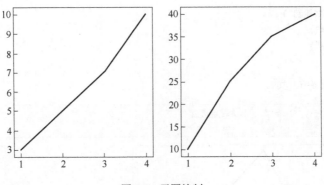

图 8-7 子图绘制

同理，也可以绘制更多的图进行对比。例如，绘制 6 张图，为了对比，各图的 x 轴设置相同，如图 8-8 所示。

```
import matplotlib.pyplot as plt
import numpy as np
x = np.array([0,1,2,3])
y = np.array([2,4,5,7])
plt.subplot(2,3,1)
plt.plot(x,y)
x = np.array([0,1,2,3])
y = np.array([3,8,9,12])
plt.subplot(2,3,2)
plt.plot(x,y)
x = np.array([0,1,2,3])
y = np.array([5,8,15,16])
plt.subplot(2,3,3)
plt.plot(x,y)
x = np.array([0,1,2,3])
y = np.array([10,20,30,40])
plt.subplot(2,3,4)
plt.plot(x,y)
x = np.array([0,1,2,3])
y = np.array([8,14,19,25])
plt.subplot(2,3,5)
plt.plot(x,y)
x = np.array([0,1,2,3])
y = np.array([10,20,30,40])
plt.subplot(2,3,6)
plt.plot(x,y)
plt.show( )
```

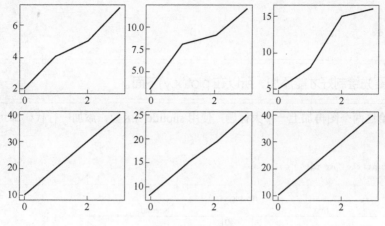

图 8-8　多个子图

为了更加清楚，需要给这些子图添加小标题，只需要在每一张图上添加 title 即可。例如：

```python
import matplotlib.pyplot as plt
import numpy as np
#第一张图
x = np.array([1,2,3,4])
y = np.array([3,5,7,10])
plt.subplot(1,2,1)
plt.plot(x,y)
plt.title('first')
#第二张图
x = np.array([1,2,3,4])
y = np.array([10,25,35,40])
plt.subplot(1,2,2)
plt.plot(x,y)
plt.title('second')
plt.show( )
```

运行效果如图 8-9 所示。

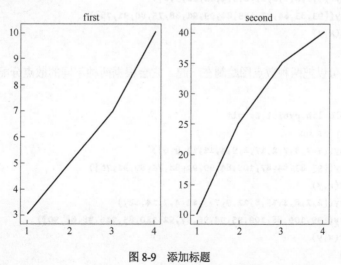

图 8-9　添加标题

注意

标题要先绘制好才能添加，所以在 plot(x,y) 下面。

也可以给这两个图再加上一个大标题，使用 suptitle( ) 函数，添加一行代码即可，如图 8-10 所示。

```
plt.suptitle("my pic")
plt.show()
```

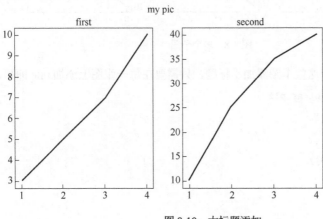

图 8-10　大标题添加

8.2.2　散点图绘制

绘制散点图使用 scatter( ) 函数，其他逻辑相同，运行结果如图 8-11 所示。

```
import matplotlib.pyplot as plt
import numpy as np
x = np.array([5,7,8,7,2,17,2,9,4,11,12,9,6])
y = np.array([93,83,84,87,105,84,99,91,88,75,80,91,76])
plt.scatter(x,y)
plt.show( )
```

同样地，也可以把两种散点图绘制在一起。它会根据两种不同的散点分配不同的颜色，如图 8-12 所示。

```
import matplotlib.pyplot as plt
import numpy as np
x = np.array([5,7,8,7,2,17,2,9,4,11,12,9,6])
y = np.array([93,83,84,87,105,84,99,91,88,75,80,91,76])
plt.scatter(x,y)
x = np.array([2,2,8,1,15,8,12,9,7,3,11,4,7,14,12])
y = np.array([99,109,88,109,95,94,96,97,92,110,85,116,98,88,90])
plt.scatter(x,y)
plt.show( )
```

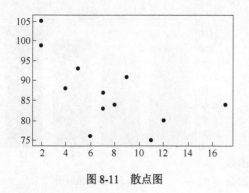

图 8-11　散点图

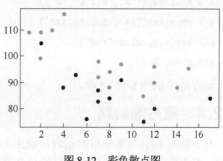

图 8-12　彩色散点图

8.2.3　柱形图绘制

bar( )函数用于柱形图的绘制，第一个和第二个参数分别表示数组的类别及值。例如：四种商品 A、B、C、D 的销售量分别为 140、130、150、170，绘制柱形图。

```python
import matplotlib.pyplot as plt
import numpy as np
x = np.array(["A","B","C","D"])
y = np.array([140,130,150,170])
plt.bar(x,y)
plt.show( )
```

运行结果如图 8-13 所示。

如果希望柱形水平显示而不是垂直显示，可使用 barh( )函数。

```python
import matplotlib.pyplot as plt
import numpy as np
x = np.array(["A","B","C","D"])
y = np.array([140,130,150,170])
plt.barh(x,y)
plt.show( )
```

运行结果如图 8-14 所示。

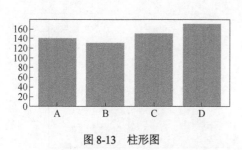

图 8-13　柱形图

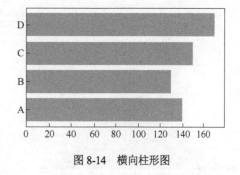

图 8-14　横向柱形图

如果觉得默认颜色不好看，可以调整颜色，添加 color 参数即可。例如，绘制为红色。

```python
import matplotlib.pyplot as plt
import numpy as np
```

```
x = np.array(["A","B","C","D"])
y = np.array([140,130,150,170])
plt.bar(x,y,color='red')
plt.show( )
```

运行结果如图 8-15 所示。

8.2.4 直方图绘制

直方图是显示频率分布的图表，使用 hist( )函数绘制。直方图有助于我们分析数据的分布情况，如众数、中位数的大致位置、数据是否存在缺口或者异常值。例如，绘制 220 个值，值集中在 160，标准差为 20 的直方图。

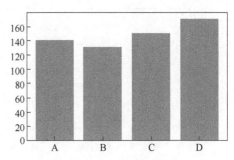

图 8-15　红色柱形图

```
import matplotlib.pyplot as plt
import numpy as np
x = np.random.normal(160,20,220)
plt.hist(x)
plt.show( )
```

运行结果如图 8-16 所示。

注意

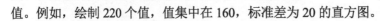

np.random.normal(160, 20, 220)的意思就是随机产生 220 个值，160 为集中部，20 为标准差。

同样地，可以在绘制的时候调整颜色。例如，修改为黄色。

```
plt.hist(x,color='yellow')
```

运行结果如图 8-17 所示。

```
plt.hist(x,color='yellow')
plt.show()
```

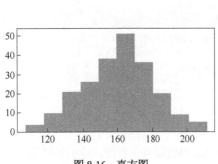

图 8-16　直方图

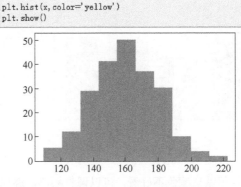

图 8-17　颜色更改的直方图

8.2.5　扇形图绘制

扇形图也是统计用的一种图形，常用 pie( )函数绘制扇形图。下面绘制一张简单的扇形图，假设四个商品的销售量分别为 50、56、70、75。

```
import matplotlib.pyplot as plt
import numpy as np
y = np.array([50,56,70,75])
plt.pie(y)
plt.show( )
```

运行结果如图 8-18 所示。此时还没有把商品的名称添加到图中，使用 labels 参数即可添加。

```
import matplotlib.pyplot as plt
import numpy as np
y = np.array([50,56,70,75])
labels = ["橘子","苹果","香蕉","哈密瓜"]
plt.pie(y,labels = labels)
plt.show( )
```

运行结果如图 8-19 所示。

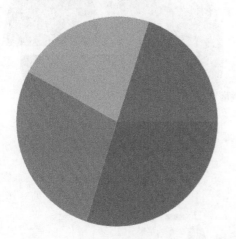

图 8-18　扇形图

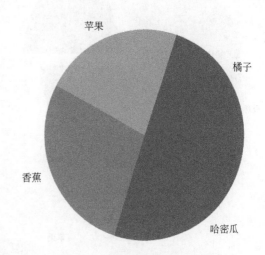

图 8-19　添加文字说明的扇形图

如果想突出其中一个扇形，让它表现出来，可以使用 explode 参数，表示扇形显示离中心的距离。例如，让橘子突显出来。

```
import matplotlib.pyplot as plt
import numpy as np
y = np.array([50,56,70,75])
labels = ["橘子","苹果","香蕉","哈密瓜"]
explode = [0.2,0,0,0]
plt.pie(y,labels = labels,explode = explode)
plt.show( )
```

运行结果如图 8-20 所示。

为了稍微立体一点，可以添加阴影，通过将 shadow 参数设置为 True，给扇形图添加阴影。

```
plt.pie(y,labels = labels,explode = explode,shadow = True)
```

运行结果如图 8-21 所示。

我们还可以给扇形图添加一个解释的表，使用 legend( )函数即可。运行结果如图 8-22 所示。

```
import matplotlib.pyplot as plt
import numpy as np
y = np.array([50,56,70,75])
labels = ["橘子","苹果","香蕉","哈密瓜"]
explode = [0.2,0,0,0]
plt.pie(y,labels = labels,explode = explode,shadow = True)
plt.legend( )
plt.show( )
```

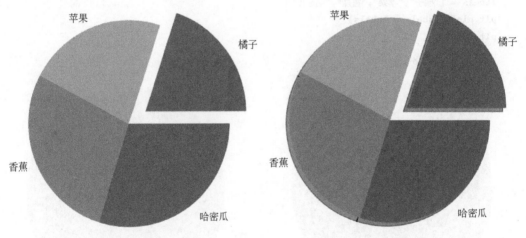

图 8-20　扇形突出　　　　　　　　　图 8-21　扇形立体

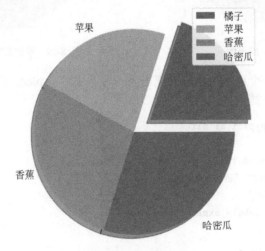

图 8-22　解释表

8.2.6　堆叠的条形图绘制

不同的数据也可以放在一起绘成条形图进行对比，例如，A 的语文、数学、英语、物理成绩分别为 85、78、88、92；B 的语文、数学、英语、物理成绩分别为 77、49、56、84。绘制出堆叠的条形图，以便于对比。代码如下：

```
import matplotlib.pyplot as plt
plt.rcParams['font.sans-serif']=['SimHei'] #用来正常显示中文标签
plt.rcParams['axes.unicode_minus']=False #用来正常显示负号

A = [85,78,88,92]
B = [77,49,56,84]
z2 = range(4)

plt.bar(z2,A,color = 'b')
plt.bar(z2,B,color = 'r',bottom = A) # bottom
```
参数设置 A 在下面
```
plt.title('堆叠图')
plt.show( )
```

运行结果如图 8-23 所示。

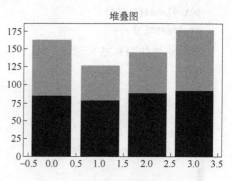

图 8-23　堆叠的条形图

8.2.7　箱形图绘制

例如：A、B、C 分别表示 3 家店铺的 6 种水果销售额，请绘制出对应的箱形图。

```
import matplotlib.pyplot as plt

A = [586,756,125,459,539,743]
B = [436,658,792,543,483,821]
C = [740,568,666,560,549,689]
plt.figure(figsize=(6,6),dpi=60)#设置画板大小
plt.boxplot([A,B,C],labels=['A','B','C'],
        sym='o',#异常点的形状，参照 marker 的形状
        vert=True,#图是否竖着画
        whis=1.5,#指定上下须与上下四分位的距离，默认为
                1.5 倍的四分位差
        showfliers = True)#是否显示异常值
plt.savefig('boxplot.jpg') # 保存图片
plt.show( )
```

运行结果如图 8-24 所示。

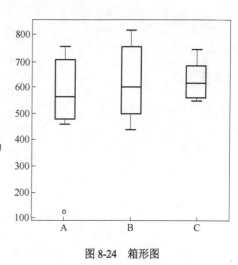

图 8-24　箱形图

8.2.8　标签和坐标轴绘制

例如：绘制 x*2、x^2、x^3 三个函数在区间（1，5）的变化图。采用 label( )添加标签，用 xlabel( )和 ylabel( )方法绘制横纵坐标，用 title( )添加标题。

```
import matplotlib.pyplot as plt
import numpy as np

x = np.arange(1,5)
fig,ax = plt.subplots( ) # 创建画板
ax.plot(x,x*2,label='二倍')  #标签
ax.plot(x,x*x,label='二次方')
ax.plot(x,x*x*x,label='三次方')
plt.title('函数绘制') # 标题
plt.xlabel('x值')
plt.ylabel('y值')
ax.legend( )
```

运行结果如图 8-25 所示。

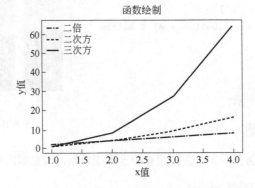

图 8-25　函数绘制

pyecharts 交互式可视化

9.1 pyecharts 基础引导

Echarts 是一个开源的数据可视化平台，凭借着良好的交互性和精巧的图表设计，得到了众多开发者的认可。Python 是一门富有表达力的语言，很适合用于数据分析处理。当数据分析遇上数据可视化时，pyecharts 诞生了。Echarts 是用 Java Script 写的，当使用 pyecharts 时，可以用 Python 调用里面的 API。

9.1.1 模块概述

模块安装：输入"!pip install pyecharts"命令。安装演示如图 9-1 所示。

图 9-1　安装演示

9.1.2 图表基础

下面是该模块需要用到的基础，在实际绘图的时候，遇到不懂的参数，读者可以参考对应参数的内容，并不需要完全将这些参数记下来。

（1）图表标题

set_global_opts 函数可以进行全局配置，例如，给图表添加标题需要通过 set_global_opts( ) 的 title_opts 参数，该参数的值通过 opts 模块的 TitleOpts( ) 方法生成。该函数用具体参数表示时可设置的配置项见表 9-1。

表 9-1　set_global_opts( )函数的参数及说明

参数	说明
title_opts	标题

续表

参数	说明
legend_opts	图例
tooltip_opts	提示框
brush_opts	区域选择组件
xaxis_opts	X轴
yaxis_opts	Y轴
visualmap_opts	视觉映射
datazoom_opts	区域缩放
graphic_opts	原生图形元素组件
axispointer_opts	坐标轴指示器

（2）视觉映射

当采用 opts.VisualMapOpts( )方法进行视觉映射时，可能不好理解，这里对该方法的一些参数含义进行补充，见表 9-2。

表 9-2　opts.VisualMapOpts( )方法的参数及说明

参数	说明
is_show	是否显示配置，用 True 或者 False
type_	映射过渡类型，可选，color，size
min_、max_	颜色条的最小值，最大值。range_text 两端的文本，如 high 或者 low
orient	如何放置 VisualMap 组件。水平（horizontal），竖直（vertical）
is_calculable	是否能拖动地图
pieces	自定义每一段的范围、文字、特别的样式。{"min": 1000, "max": 10000},{"value": 123, "label": '123（自定义特殊颜色）', "color": 'grey'},表示 value 等于 123 的情况

（3）图表主题

pyecharts 还提供了各式各样的图表主题，只需要从 pyecharts.globals 导入 ThemeType 即可，见表 9-3。

表 9-3　主题及描述

主题	描述
ThemeType.WHITE	默认主题白色
ThemeType.LIGHT	浅色主题
ThemeType.DARK	深色主题
ThemeType.CHALK	粉色主题
ThemeType.ESSOS	厄尔斯大陆主题
ThemeType.INFOGRAPHIC	信息图主题

续表

主题	描述
ThemeType.MACARONS	马卡龙主题
ThemeType.SHINE	闪耀主题
ThemeType.WONDERLAND	仙境主题
ThemeType.VINTAGE	葡萄酒主题

（4）提示框

设置提示框主要通过 set_global_opts( )方法中的 tooltip_opts 参数，该参数的值参考 TooltipOpts( )方法。TooltipOpts( )方法的主要参数见表 9-4。

表 9-4 **TooltipOpts( )方法的主要参数及意义**

参数	意义
Is_show	是否显示提示框，布尔类型
trigger	提示框触发类型（可选参数）：None 表示不触发；item 表示数据项图形触发（常用于散点图和饼图等，没有表示类目的坐标轴的图像）；axis 表示坐标轴触发，常用于使用类目轴的图表中
axis_pointer_type	指示器类型（可以选择）：line 表示直线指示器；shadow 表示阴影指示器；cross 表示十字线指示器；none 表示无指示器
background_color	提示框的背景颜色
border_color	提示框的边框颜色
trigger_on	提示框的触发条件：none 表示鼠标不移动或不单击时触发；mousemove 表示鼠标移动时触发；click 表示鼠标单击时触发
border_width	提示框的宽度

更多详细介绍可参考官方文档，本节仅做一些常见内容的总结。

9.2 常见的各种图表绘制

9.2.1 直方图绘制

直方图绘制时，需要从 pyecharts.charts 导入 Bar( )方法。该方法的参数见表 9-5。

表 9-5 **Bar( )方法的参数及含义**

参数	含义
add_xaxis( )	X 轴数据
add_yaxis( )	Y 轴数据
render_notebook( )	渲染在 notebook 显示
render("bar.html")	渲染图表到 HTML 文件，并保存在当前目录下

例如：商店一周哈密瓜、苹果、西瓜、香蕉、猕猴桃、菠萝销售量分别为20、30、25、35、29、36，绘制直方图。

```
from pyecharts.charts import Bar
bar = Bar( )
bar.add_xaxis(["哈密瓜","苹果","西瓜","香蕉","猕猴桃","菠萝"])
bar.add_yaxis("商店一周水果销售",[20,30,25,35,29,36])
bar.render_notebook( )
```

运行结果如图 9-2 所示。

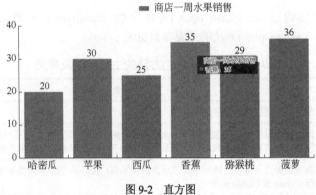

图 9-2　直方图

还有一种链式调用的方法，将在后续学习中进行介绍，本章仅给出相应的代码。运行效果如图 9-3 所示，与上面代码的运行效果相同。

```
from pyecharts.charts import Bar

x = ["哈密瓜","苹果","西瓜","香蕉","猕猴桃","菠萝"]
y = [20,30,25,35,29,36]

bar = (Bar( )
    .add_xaxis(x)
    .add_yaxis('商店一周水果销售',y)
    )

bar.render_notebook( )
```

我们还可以继续添加主标题和副标题，不过需要先下载一个模块——!pip install black。

除这些单调图形外，该模块还为我们准备了各种各样的图形主题。要想使用这些主题，可以导入 opts( )函数。

例如：将 2021 年部分省份的 GDP 绘制成交互式直方图。运行结果如图 9-4 所示。

```
from pyecharts.charts import Bar
from pyecharts import options as opts

x = ["广东省","江苏省","浙江省","河南省"]
y = [12.44,11.64,7.35,5.9]

bar = (Bar( )
```

```
    .add_xaxis(x)
    .add_yaxis('2021省份GDP',y)
    .set_global_opts(title_opts=opts.TitleOpts(title="经济",subtitle="单位：万亿"))
)
bar.render_notebook( )
```

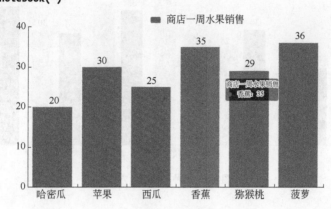

图 9-3　直方图

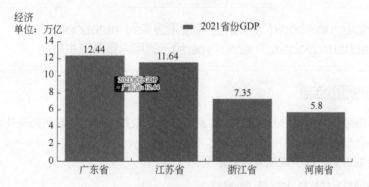

图 9-4　交互式直方图

例如：商店第一周和第二周的销量对比。

```
from pyecharts.charts import Bar
from pyecharts import options as opts
# pyecharts.globals.ThemeType 内置好多种主题,可自行查看
from pyecharts.globals import ThemeType
bar = (
    Bar(init_opts=opts.InitOpts(theme=ThemeType.LIGHT))
    .add_xaxis(["哈密瓜","苹果","西瓜","香蕉","猕猴桃","菠萝"])
    .add_yaxis("第一周",[20,30,25,35,29,36])
    .add_yaxis("第二周",[15,25,45,37,30,40])
    .set_global_opts(title_opts=opts.TitleOpts(title="水果销量",subtitle="单位：斤数"))
)
bar.render_notebook( )
```

这里我们添加了一个主题，使这个交互式直方图更加美观，如图 9-5 所示。

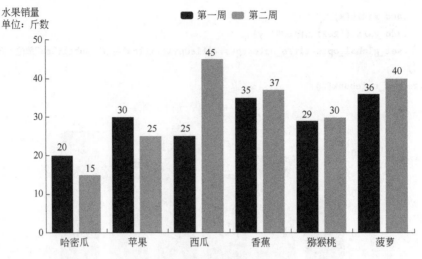

图 9-5　多种类数据直方图

> ① render_notebook( )方法用于将图形渲染到 notebook。
> ② pyecharts.globals.ThemeType 用于调用内置图形主题。

9.2.2　箱形图绘制

绘制箱形图时使用的是 Boxplot 类。注意：准备 Y 轴数据时，需要在列表外再套一层列表，否则，图线不会显示。

例如：绘制语文、数学成绩分布箱形图。

```
from pyecharts.charts import Boxplot

v1 = [
    [77,79,90,90,55,49,93,65,79,52],
    [79,90,95,91,44,63,79,95,76,95]
]

v2 = [
    [99,90,56,99,99,94,65,96,99,97],
    [79,99,55,69,99,53,64,39,79,94]
]

c = Boxplot( )
c.add_xaxis(["语文","数学"])
c.add_yaxis("语文",c.prepare_data(v1))
c.add_yaxis("数学",c.prepare_data(v2))
c.set_global_opts(title_opts=opts.TitleOpts(title="语文数学成绩对比"))

c.render_notebook( )
```

运行结果如图 9-6 所示。

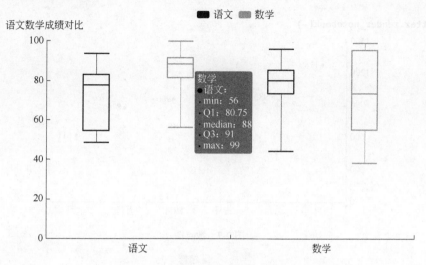

图 9-6　箱形图

 注意

　　v1 和 v2 中有两个列表，由于是对比，v1 中装语文和数学两个成绩列表，v2 也是。而不是在 v1 中装两个语文成绩列表、v2 装两个数学成绩列表。

9.2.3　散点图绘制

例如：绘制某产品一～六月各月销售量散点图。运行结果如图 9-7 所示。

```python
from pyecharts.charts import Scatter

x = ['一月','二月','三月','四月','五月','六月']
y = [1280,985,678,960,876,611]

scatter = (Scatter( )
        .add_xaxis(x)
        .add_yaxis('',y)
        )

scatter.render_notebook( )
```

我们还可以制作涟漪形式的散点图，代码如下，运行效果如图 9-8 所示。

```python
from pyecharts.charts import EffectScatter

x = ['一月','二月','三月','四月','五月','六月']
y = [1280,985,678,960,876,611]

scatter = (EffectScatter( )
        .add_xaxis(x)
        .add_yaxis('销量',y)
```

)

scatter.render_notebook( )

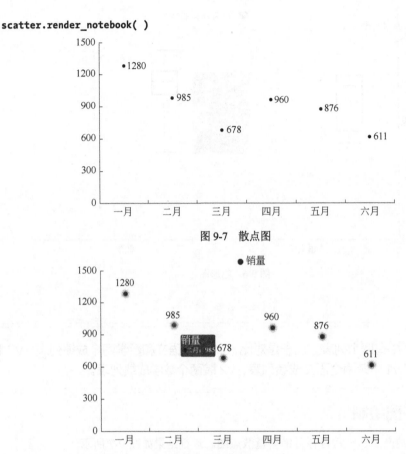

图 9-7　散点图

图 9-8　涟漪形式的散点图

9.2.4　折线图绘制

折线图绘制时，需要从 pyecharts.charts 中导入 Line( )方法，当然一般都会导入 opts 用于装饰图形。Line 模块的主要方法有 add_xaxis( ) 和 add_yaxis( )，分别用来添加 X 轴数据和 Y 轴数据，它的主要参数见表 9-6。

表 9-6　Line( )方法的主要参数及含义

参数	含义
series_name	系列名称，用于提示文本和图例标签
x_axis,y_axis	X 轴和 Y 轴数据
color	标签文本颜色
Is_smooth	是否是平滑曲线，布尔类型
symbol	标记。包括 circle、rect、roundRect、triangle、diamond、pin、arrow 或 none，也可以设置为图片

例如：将一家店铺各种水果的销售量绘制成折线图（说明：x 为水果，y 为销售量）。运行

结果如图 9-9 所示。

```python
from pyecharts.charts import Line

x= ['苹果','香蕉','梨子','哈密瓜','桃子']
y= [55,65,46,41,38]

line = (Line( )
     .add_xaxis(x)
     .add_yaxis('销量',y)
      )
line.render_notebook( )
```

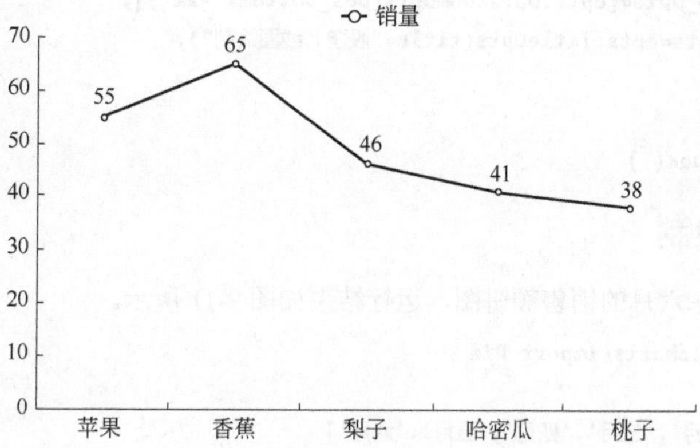

图 9-9　折线图

9.2.5　K 线图绘制

K 线图是直观反映股票变化的图形。绘制 K 线图，主要使用 Kline 模块。

例如：绘制 2 月 1～9 日某股票的 K 线图。data 中的数据为每天的股票价格，每天对应一个列表，依次为开盘价、关盘价、最低价、最高价。运行结果如图 9-10 所示。

```python
from pyecharts import options as opts
from pyecharts.charts import Kline

#开盘价,关盘价,最低价,最高价
data = [
  [99.15,99.20,96.55,99.97],
   [99.35,99.26,97.10,99.72],
   [97.99,90.27,96.75,90.45],
   [90.19,92.31,90.07,93.17],
   [91.92,91.32,90.73,90.73],
   [99.96,99.66,99.43,90.59],
   [90.01,99.99,99.03,91.74],
   [90,93.10,99.19,94.66]
]
c = (
```

```
Kline( )
.add_xaxis(["2022/2/{}".format(i+1) for i in range(9)])
.add_yaxis("kline",data)
.set_global_opts(
    xaxis_opts=opts.AxisOpts(is_scale=True),
    yaxis_opts=opts.AxisOpts(
        is_scale=True,
        splitarea_opts=opts.SplitAreaOpts(
            is_show=True,areastyle_opts=opts.AreaStyleOpts(opacity=1)
        ),
    ),
    datazoom_opts=[opts.DataZoomOpts(pos_bottom="-2%")],
    title_opts=opts.TitleOpts(title="股票 K 线图绘制"),
)
)
c.render_notebook( )
```

9.2.6   饼图绘制

例如：绘制一～六月的销售额饼图。运行结果如图 9-11 所示。

```
from pyecharts.charts import Pie

x = ['一月','二月','三月','四月','五月','六月']
y = [1500,1400,1350,4130,2120,1520]

pie = (Pie( )
    .add('',[list(z) for z in zip(x,y)])
    )

pie.render_notebook( )
```

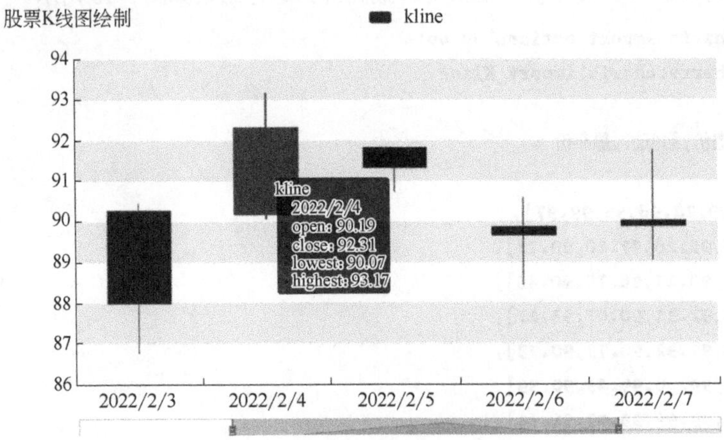

图 9-10   K 线图

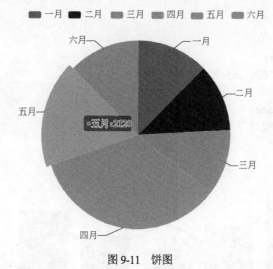

图 9-11　饼图

9.2.7　水球图绘制

例如：绘制完成率达到 82%的水球图。运行结果如图 9-12所示。

```
from pyecharts.charts import Liquid

liquid = (Liquid( )
        .add("完成率",[0.18,0.82])
        )
liquid.render_notebook( )
```

图 9-12　水球图

9.3　图形简单组合布局

图表不一定是单独绘制的，可以合并绘制。下面以实例进行介绍。

例如：分别用折线图和柱形图绘制蔬菜不同季节的价格，需要画在一张图上。运行结果如图 9-13 所示。

```
from pyecharts.charts import Bar,Line

x = ['西红柿','黄瓜','白菜','芹菜','番茄','土豆']
y = [7,6,5,5.5,6.5,3]
z = [7.5,5,6,5,6,4]

# 绘制 x 与 y 数据
bar = (Bar( )
        .add_xaxis(x)
        .add_yaxis('柱形',y)
        )
```

141

```
# 绘制 x 与 z 数据
line = (Line( )
        .add_xaxis(x)
        .add_yaxis('折线',z)
        )
geo= bar.overlap(line)
geo.render_notebook( )
```

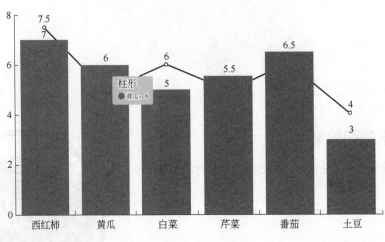

图 9-13　组合图

例如：对上例中的数据进行并行绘制。运行结果如图 9-14 所示。

```
from pyecharts.charts import Page,Grid
from pyecharts.charts import Bar,Line

x = ['西红柿','黄瓜','白菜','芹菜','番茄','土豆']
y = [7,6,5,5.5,6.5,3]
z = [7.5,5,6,5,6,4]

# 绘制 x 与 y 数据
bar = (Bar( )
        .add_xaxis(x)
        .add_yaxis('柱形',y)
        )
# 绘制 x 与 z 数据
line = (Line( )
         .add_xaxis(x)
         .add_yaxis('折线',z)
         )
# 分别调节柱形图与折线图参数
grid = (Grid( )
        .add(bar,grid_opts=opts.GridOpts(pos_bottom="70%",pos_left="30%"))
```

```
    .add(line,grid_opts=opts.GridOpts(pos_left="15%"))
    )
grid.render_notebook( )
```

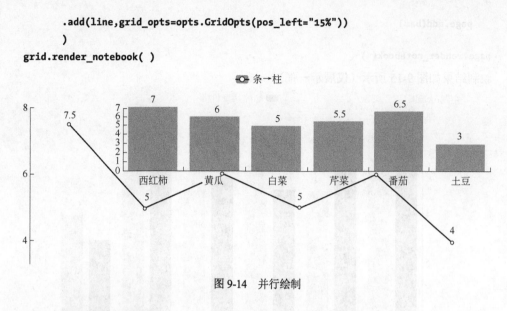

图 9-14　并行绘制

9.3.1　优美的主题图

例如：对蔬菜的数据使用不同的主题绘制（可以选择一个喜欢的图形作为自己的主题）。

```
from pyecharts.globals import ThemeType # 导入主题函数
from pyecharts.charts import Page,Grid
from pyecharts.charts import Bar,Line

x = ['西红柿','黄瓜','白菜','芹菜','番茄','土豆']
y = [7,6,5,5.5,6.5,3]
z = [7.5,5,6,5,6,4]
# 定义内置主题列表
all = ['chalk',
       'dark',
       'essos',
       'infographic',
       'light',
       'macarons',
       'purple-passion',
       'roma']
# 创建 page 对象
page = Page( )
# 遍历每一个主题
for t in all:
    bar = (
        Bar(init_opts=opts.InitOpts(
            theme=t))
        .add_xaxis(x)
        .add_yaxis('品种',y)
        .add_yaxis('价格',z)
        .set_global_opts(title_opts=opts.TitleOpts("主题: {}".format(t)))
    )
```

```
    page.add(bar)
```

```
page.render_notebook( )
```

绘制结果如图 9-15 所示（仅展示一张）。

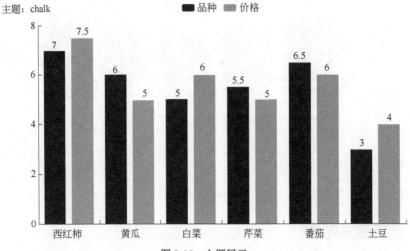

图 9-15　主题展示

9.3.2　图表数据突出

对于一个柱形图，有时候并不想要让每条数据都显示出来，而是只想突出某个值，如平均值、最大值、最小值，此时，只需要添加 MarkPointOpt( )方法即可。例如：

```
from pyecharts.charts import Bar
from pyecharts import options as opts

x = ["广东省","江苏省","浙江省","河南省"]
y = [12.44,11.64,7.35,5.8]

bar = (
    Bar( )
    .add_xaxis(x)
    .add_yaxis('省份',y)
    .set_series_opts(
        # 关闭标签,如果不关闭会堆叠在一起
        label_opts=opts.LabelOpts(is_show=False),
        markpoint_opts=opts.MarkPointOpts(
            data=[
                opts.MarkPointItem(type_="max",name="最大值"),
                opts.MarkPointItem(type_="min",name="最小值"),
                opts.MarkPointItem(type_="average",name="平均值"),
            ]))
    .set_global_opts(title_opts=opts.TitleOpts("省份 GDP 柱形图"))
)

bar.render_notebook( )
```

绘制结果如图 9-16 所示。

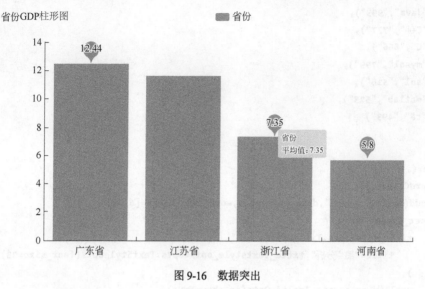

图 9-16　数据突出

9.4　词云制作

在大数据情况下，我们无法直接看出大量数据主要反映的问题，所以可以使用词云，这里我们绘制的是交互式词云，更加人性化，只需要从 pyecharts.charts 中导入 WordCloud 模块即可，pyecharts 为我们封装好了。主要采用的方法有 add( )方法，其主要参数见表 9-7。

表 9-7　add( )方法的主要参数及含义

参数	含义
series _name	系列名称，用于提示文本和图例标签
shape	字符型，词云图的轮廓。可以是 circle、cardioid、diamond、triangle-forward、triangle、pentagon、star
mask_image	自定义背景形状，支持 jpg、jpeg、png.ico
word_gap	单词间隔
word_size_range	单词字体大小范围
rotate_step	旋转单词角度
width	词云图宽度
height	词云图高度

例如：绘制一个关于各种编程语言的热度词云。

```
import pyecharts.options as opts
from pyecharts.charts import WordCloud

data = [
```

```
        ("python","999"),
        ("java","999"),
        ("C++","777"),
        ("C","666"),
        ("mysql","799"),
        ("sql","516"),
        ("matlab","515"),
        ("c#","493")
]

globe=(
    WordCloud( )
    .add(series_name="",data_pair=data,word_size_range=[6,66])
    .set_global_opts(
        title_opts=opts.TitleOpts(
            title="热点分析",title_textstyle_opts=opts.TextStyleOpts(font_size=23)
        ),
        tooltip_opts=opts.TooltipOpts(is_show=True),
    )
)
globe.render_notebook( )
```

运行结果如图 9-17 所示。

词云是可以自定义形状的，所以接下来介绍定制词云形状，这里以三国演义中的人物出现频率为例。

```
from pyecharts import options as opts
from pyecharts.charts import WordCloud

words = [
    ("诸葛亮",966),
    ("曹操",939),
    ("刘备",762),
    ("张飞",357),
    ("吕布",299),
    ("赵云",294),
    ("典韦",7),
    ("孙权",260),
    ("周瑜",244),
    ("司马懿",234),
    ("袁绍",206),
    ("关羽",201),
    ("马超",199),
    ("黄忠",162),
    ("魏延",159),
    ("姜维",131),
    ("马岱",127),
```

图 9-17 词云

```
    ("刘表",125),
    ("鲁肃",125),
    ("庞德",123),
    ("孟获",119)
]

c = (
    WordCloud( )
    .add("",words,word_size_range=[12,55],mask_image=r'1.jpg')
    .set_global_opts(title_opts=opts.TitleOpts(title="三国出现高频人物"))
)
c.render_notebook( )
```

绘制结果如图 9-18 所示。

图 9-18　自定义形式词云

补充参数说明：

• add("", words, word_size_range=[12, 55]……)中 words 为数据，word_size_range 表示字体的大小范围。

• mask_image 参数需要用户自己读取一张图片，建议选择有比较明显轮廓的图片。

• title_opts 是标题设置。

• data 是一个列表，里面每一个数据用元组形式，每一个元组内部分别为字符串和频率。

综合练习

第一题：请查阅一只股票（以表 9-8 所示原油股票数据为例），绘制出它在一段时间内的 K 线图。

表 9-8　原油股票数据

日期	开市	最高	最低	收市	经调整收市价	成交量
2022 年 3 月 22 日	112.90	115.01	109.30	111.76	111.76	77.217
2022 年 3 月 21 日	105.13	112.69	104.08	112.12	112.12	77.217

续表

日期	开市	最高	最低	收市	经调整收市价	成交量
2022 年 3 月 18 日	103.62	106.28	102.30	104.70	104.70	74.247
2022 年 3 月 17 日	95.34	104.24	94.85	102.98	102.98	210.763
2022 年 3 月 16 日	95.23	99.22	94.07	95.04	95.04	293.947
2022 年 3 月 15 日	102.28	102.58	93.53	96.44	96.44	401.690
2022 年 3 月 14 日	109.42	109.72	99.76	103.01	103.01	344.184
2022 年 3 月 11 日	105.99	110.29	104.48	109.33	109.33	368.194
2022 年 3 月 10 日	110.41	114.88	105.53	106.02	106.02	437.924
2022 年 3 月 09 日	124.66	126.84	103.63	108.70	108.70	594.773
2022 年 3 月 08 日	120.67	129.44	117.07	123.70	123.70	583.106

第二题：我国六年人口数量的变化趋势见表 9-9（数据来源于国家数据中心），绘制对应的直方图。

表 9-9　我国六年人口数量的变化趋势

指标	2021 年	2020 年	2019 年	2018 年	2017 年	2016 年
年末总人口/$\times 10^5$ 人	141260	141212	141008	140541	140011	139232
男性人口/$\times 10^5$ 人	72311	72357	72039	71864	71650	71307
女性人口/$\times 10^5$ 人	68949	68855	68969	68677	68361	67925

扫码获取电子资源

pandas 数据处理基础

10.1 概述

　　pandas 是一个数据处理必备的库，不管是从事大数据，还是从事人工智能，这都是必学的内容。pandas 是一个基于 numpy 库的开源库，它提供用于处理数值数据和时间序列的各种数据结构和操作，主要用于导入和分析数据。pandas 处理数据的速度快，为用户所青睐。

　　在后面要介绍网络爬虫知识，网络中的数据是很庞大的，我们该如何筛选需要的数据呢？虽然在爬取的时候已经定位到需要的数据，但是可能需要进一步过滤筛选。

　　模块在 jupyter 中安装，输入"!pip install pandas"，安装过程如图 10-1 所示。

```
In [1]: !pip install pandas
        Looking in indexes: https://pypi.tuna.tsinghua.edu.cn/simple
        Requirement already satisfied: pandas in c:\users\hp\anaconda3\lib\site-packages (1.3.5)
        Requirement already satisfied: pytz>=2017.3 in c:\users\hp\anaconda3\lib\site-packages (from pandas) (2019.3)
        Requirement already satisfied: numpy>=1.17.3; platform_machine != "aarch64" and platform_machine != "arm64" a
        c:\users\hp\anaconda3\lib\site-packages (from pandas) (1.19.5)
        Requirement already satisfied: python-dateutil>=2.7.3 in c:\users\hp\anaconda3\lib\site-packages (from pandas
        Requirement already satisfied: six>=1.5 in c:\users\hp\anaconda3\lib\site-packages (from python-dateutil1)>=2.7
```

图 10-1　安装过程

10.2 简单快速的入门

　　pandas 的两个主要组成部分是 Series 和 DataFrame。Series 本质上是一列，DataFrame 是由 Series 组成的多维表。

10.2.1 创建 DataFrame

　　下面以一个例子进行说明。

```
import pandas as pd        # 导入模块
data = {                   # 创建一个水果店前四个月苹果与香蕉的销售数据
    '苹果': [300,320,310,340],
    '香蕉': [310,315,330,345]
}
fruit=pd.DataFrame(data)   # 把数据传递给 DataFrame 构造函数
```

```
fruit
```

运行界面如图 10-2 所示。可以看到，创建好四行数据后，它会自动为数据排序，这样就创建好一个 DataFrame 了。通俗点理解就是：一列数据就是一个 Series，多个 Series 就组成了一个 DataFrame。

10.2.2 设置索引

10.2.1 节中创建的 DataFrame 索引号是 0～3，为更好地理解名称也可以修改索引。使用 index 参数即可实现。

```
fruit=pd.DataFrame(data,index=['一月','二月','三月','四月'])
```

```
fruit
```

运行界面如图 10-3 所示。

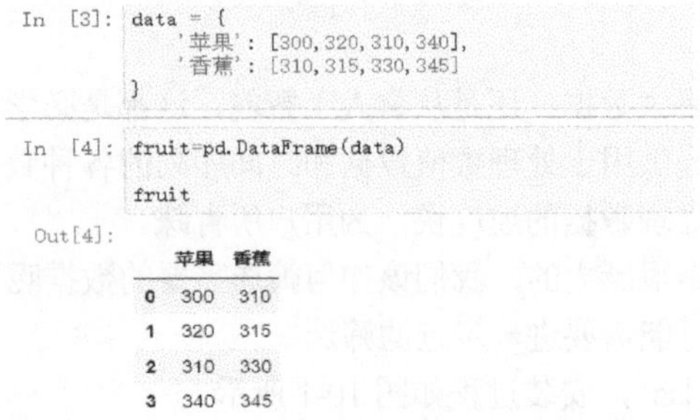

图 10-2　运行界面 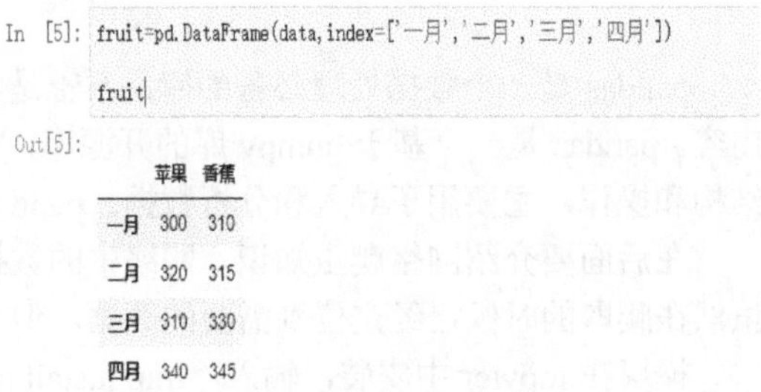　　　　　图 10-3　修改索引后的运行界面

除了使用 index 方法，还可使用 set_index( )方法设置某一列。例如：

```
data = {
    '日期':['一月','二月','三月','四月'],
    '苹果': [300,320,310,340],
    '香蕉': [310,315,330,345]
}
fruit=pd.DataFrame(data)
```

```
fruit
```

运行结果如图 10-4 所示。

如果数据已经形成完整的形式，一般来说索引列为日期等有序的值，所以这里设置日期为索引，实现如下。

```
fruit.set_index('日期',inplace = True)
```

```
fruit
```

运行效果如图 10-5 所示。由此可见，效果与开始设置索引的方式一样。注意：这里使用 "inplace = True" 表示对数据进行修改。我们常遇到需要处理某些已有数据的情况，这些数据的索引都是需要设置的，这里推荐 set_index( )方法。

	日期	苹果	香蕉
0	一月	300	310
1	二月	320	315
2	三月	310	330
3	四月	340	345

图 10-4　运行结果

日期	苹果	香蕉
一月	300	310
二月	320	315
三月	310	330
四月	340	345

图 10-5　设置索引后的运行结果

10.2.3　索引值

利用索引，可直接获取相应的数据。例如：基于 10.2.2 节的设置，获取二月和四月的水果销售数据。运行结果分别如图 10-6 和图 10-7 所示。

fruit.loc['二月']
fruit.loc['四月']

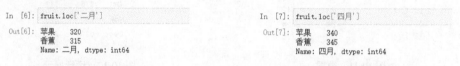

```
In [6]: fruit.loc['二月']
Out[6]: 苹果    320
        香蕉    315
        Name: 二月, dtype: int64
```

图 10-6　运行界面（二月）

```
In [7]: fruit.loc['四月']
Out[7]: 苹果    340
        香蕉    345
        Name: 四月, dtype: int64
```

图 10-7　运行界面（四月）

以上仅是索引单独一行的数据，如果想要索引多行数据，可以传入列表。例如，索引二～四月的值，可以通过切片来完成。

fruit['二月':'四月']

运行结果如图 10-8 所示。我们还可以通过传入一个具体的位置来索引某个值，采用"loc[行索引,列索引]"的形式。例如，只获取三月香蕉的数据：

fruit.loc['三月','香蕉']。

运行结果如图 10-9 所示。我们也可以使用 loc 来获取一个区域的值。例如，获取二～四月的苹果和香蕉数据值。

fruit.loc['二月':'四月','苹果':'香蕉']

运行结果如图 10-10 所示。

	苹果	香蕉
二月	320	315
三月	310	330
四月	340	345

图 10-8　运行结果
（二～四月）

```
: fruit.loc['三月','香蕉']

: 330
```

图 10-9　运行结果
（三月）

日期	苹果	香蕉
二月	320	315
三月	310	330
四月	340	345

图 10-10　运行结果
（二～四月苹果和香蕉）

10.2.4　读取和写入文件

首先，创建一个水果数据文件——test.csv，分别为一～十二月的苹果（apple）、香蕉（banana）销售量，如图 10-11 所示。read_csv( )函数用于读取 csv 文件，第一个参数为读取的文件，第二个参数为设置索引列为第一列，第三个参数为编码方式。

```
df = pd.read_csv('test.csv',index_col=0,encoding='utf-8')
df
```

运行展示如图 10-12 所示。

图 10-11　数据

图 10-12　运行展示

下面介绍将一个处理好的数据表保存为文件形式的方法。例如，将上例数据存储为一个名为 test2.csv 的文件，可使用 to_csv( ) 方法。

```
# 写入数据到 csv
df.to_csv('test2.csv')
```

如果想要保存为 excel 文件，则可以使用 to_excel( ) 方法：

```
# 写入数据到 excel
df.to_excel('test3.xlsx')
```

10.2.5　查看数据信息

查看顶部数据：df.head( ) 方法，默认为前五个。查看底部数据：df.tail( ) 方法，默认为后五个。演示如图 10-13 所示。

图 10-13　运行展示前五个和后五个数据

显示索引列：df.index。运行展示如图 10-14 所示。

查看数据描述：df.describe( )。运行结果如图 10-15 所示。

输出结果说明：

① count：计算对应属性下，所有非 null 数据的条数。

② mean、max、min：分别是该属性下所有数据的平均值、最大值和最小值。

③ std：观测值的标准差。

④ 百分数：对应百分位的大小值，它返回第 25、第 50 和第 75 个百分位数。

info( )函数用于查看数据的基本信息，如有没有空值等。运行结果如图 10-16 所示。

df.info( )

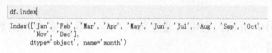

```
df.index
Index(['Jan', 'Feb', 'Mar', 'Apr', 'May', 'Jun', 'Jul', 'Aug', 'Sep', 'Oct',
       'Nov', 'Dec'],
      dtype='object', name='month')
```

图 10-14　运行展示索引列

	apple	banana	peach
count	12.000000	12.000000	12.000000
mean	330.666667	332.916667	250.833333
std	47.711888	39.414945	60.779532
min	236.000000	259.000000	145.000000
25%	307.500000	313.750000	211.000000
50%	330.000000	328.000000	260.000000
75%	360.000000	346.250000	291.750000
max	410.000000	416.000000	346.000000

图 10-15　运行结果

```
<class 'pandas.core.frame.DataFrame'>
Index: 12 entries, Jan to Dec
Data columns (total 3 columns):
 #   Column  Non-Null Count  Dtype
---  ------  --------------  -----
 0   apple   12 non-null     int64
 1   banana  12 non-null     int64
 2   peach   12 non-null     int64
dtypes: int64(3)
memory usage: 384.0+ bytes
```

图 10-16　数据信息

根据以上结果可以看出，三列数据都没有空值，数据类型都是 int64。

10.3　索引选择和排序分组

下面依然使用 10.2.4 节的水果销售数据，在此基础上增加一列桃子（peach），如图 10-17 所示。由于新增加了一列数据，需要重新运行一次前面的代码，否则，peach 不能读取。

10.3.1　按列索引

获取苹果列数据：df.apple。获取香蕉列数据：df.banana。获取桃子列数据：df.peach。例如，查看桃子数据，运行展示如图 10-18 所示。

1	month	apple	banana	peach
2	Jan	300	310	190
3	Feb	320	315	264
4	Mar	310	330	247
5	Apr	340	345	312
6	May	360	350	285
7	Jun	345	326	346
8	Jul	389	378	145
9	Aug	410	416	265
10	Sep	360	326	218
11	Oct	278	342	312
12	Nov	236	259	170
13	Dec	320	298	256

图 10-17　数据

```
In [14]: df.peach
Out[14]: month
         Jan    190
         Feb    264
         Mar    247
         Apr    312
         May    285
         Jun    346
         Jul    145
         Aug    265
         Sep    218
         Oct    312
         Nov    170
         Dec    256
         Name: peach, dtype: int64
```

图 10-18　运行展示

我们也可以通过方括号来索引，效果一样，如获取苹果列数据：

df['apple']

如果只想获取某一个月（如五月）的苹果销售量，则输入：

df['apple'][4]

通过索引即可获取对应月份的数据，索引的第一个值是 0，所以五月对应的索引值是 4，也可以使用切片获取连续几个月的苹果销售数据。例如，获取三～五月的苹果销售数据。

df['apple'][2:5]

运行展示如图 10-19 所示。也可以通过传入列表来获取多个列的数据。例如，获取表中 apple 和 peach 列的数据。

df[['apple','peach']]

运行结果如图 10-20 所示。

month	apple	peach
Jan	300	190
Feb	320	264
Mar	310	247
Apr	340	312
May	360	285
Jun	345	346
Jul	389	145
Aug	410	265
Sep	360	218
Oct	278	312
Nov	236	170
Dec	320	256

```
In [17]: df['apple'][4]

Out[17]: 360


In [18]: df['apple'][2:5]

Out[18]: month
         Mar    310
         Apr    340
         May    360
         Name: apple, dtype: int64
```

图 10-19　运行展示

图 10-20　运行结果

10.3.2　按行索引

例如：选取水果销售数据的第二～七行。

df[1:7]

运行展示如图 10-21 所示。更加标准的写法是 df.iloc[1:7]，运行展示如图 10-22 所示。

```
In [20]: df[1:7]
Out[20]:
```

month	apple	banana	peach
Feb	320	315	264
Mar	310	330	247
Apr	340	345	312
May	360	350	285
Jun	345	326	346
Jul	389	378	145

```
In [21]: df.iloc[1:7]
Out[21]:
```

month	apple	banana	peach
Feb	320	315	264
Mar	310	330	247
Apr	340	345	312
May	360	350	285
Jun	345	326	346
Jul	389	378	145

图 10-21　运行展示（一）

图 10-22　运行展示（二）

iloc 不同于 loc，loc 传入的是一个具体的标签，iloc 传入的是序号，行和列都是从 0 开始。例如：使用 iloc 获取三月香蕉的数据。

```
df.iloc[2,1]
```

执行输出为 330，运行结果如图 10-23 所示。

同理也可以使用 iloc 获取某一个二维范围的数据，例如，获取三～六月香蕉和桃子的数据，第一个参数表示对行的索引，第二个参数表示对列的索引。

```
df.iloc[2:6,1:]
```

运行结果如图 10-24 所示。

month	banana	peach
Mar	330	247
Apr	345	312
May	350	285
Jun	326	346

```
: df.iloc[2,1]

: 330
```

图 10-23　索引结果

图 10-24　运行结果

10.3.3　按区域筛选数据

区域筛选就是获取某几行某几列的数据。例如：获取三～六月三种水果的销售数。

```
df[['apple','banana','peach']][2:6]
```

运行展示如图 10-25 所示。更加标准的方法是使用 iloc 方法先选取行，再选取列。

```
df.iloc[2:6][['apple','banana','peach']]
```

10.3.4　条件筛选

例如：筛选苹果销售量大于 320 的行。

```
df[df['apple']>320]
```

运行展示如图 10-26 所示。

```
In [24]: df[['apple','banana','peach']][2:6]

Out[24]:
```

month	apple	banana	peach
Mar	310	330	247
Apr	340	345	312
May	360	350	285
Jun	345	326	346

图 10-25　运行展示（一）

month	apple	banana	peach
Apr	340	345	312
May	360	350	285
Jun	345	326	346
Jul	389	378	145
Aug	410	416	265
Sep	360	326	218

图 10-26　运行展示（二）

也可以进行多个条件的筛选。例如：筛选苹果销售量大于 320 并且
桃子销售量低于 250 的行。

month	apple	banana	peach
Jul	389	378	145
Sep	360	326	218

```
df[(df['apple']>320) & (df['peach']<250)]
```

运行展示如图 10-27 所示。

图 10-27　运行展示（三）

注意

如果有多个条件，每个筛选条件都要用括号括起来。

10.3.5　排序

例如：按照苹果的销量从大到小对水果销售数据进行排序。

```
df.sort_values(by='apple',ascending=False)
```

排序结果如图 10-28 所示。我们使用 sort_values( )函数进行排序，它的第一个参数是指定
按哪一列排序；第二个参数设置为 False，表示降序；默认为 True，是升序。

例如：按照桃子的销量从小到大排序。

```
df.sort_values(by='peach',ascending=True) #第二个参数可省略
```

运行结果如图 10-29 所示。

month	apple	banana	peach
Aug	410	416	265
Jul	389	378	145
May	360	350	285
Sep	360	326	218
Jun	345	326	346
Apr	340	345	312
Feb	320	315	264
Dec	320	298	256
Mar	310	330	247
Jan	300	310	190
Oct	278	342	312
Nov	236	259	170

图 10-28　排序结果（一）

month	apple	banana	peach
Jul	389	378	145
Nov	236	259	170
Jan	300	310	190
Sep	360	326	218
Mar	310	330	247
Dec	320	298	256
Feb	320	315	264
Aug	410	416	265
May	360	350	285
Apr	340	345	312
Oct	278	342	312
Jun	345	326	346

图 10-29　排序结果（二）

10.3.6　数据分组

下面创建一个新的数据表。

```
import pandas as pd

data = {'name':['张三','王宝','小明','小强','小红','小强'],
        'age':[20,22,23,18,19,24],
        'address':['上海','北京','成都','广东','西安','福建'],
        'interest':['学习','游戏','锻炼','学习','编程','唱歌']
                }
```

```
# 字典转为对象
df = pd.DataFrame(data)
print(df)
```

运行展示如图 10-30 所示。下面使用 groupby( )方法来按组分类。例如：按地址和兴趣分组输出。

```
df.groupby('address').groups
df.groupby('interest').groups
```

输出如下：

{'上海': [0],'北京': [1],'广东': [3],'成都': [2],'福建': [5],'西安': [4]}

{'唱歌': [5],'学习': [0,3],'游戏': [1],'编程': [4],'锻炼': [2]}

它返回的是字典形式。例如，地址为北京的人为 1 号，兴趣为学习的人为 0 号和 3 号。如果不想有序，可以在后面接 sum( )方法，得到地址与对应的年龄。

```
df.groupby(['address']).sum( )
```

运行展示如图 10-31 所示。

	name	age	address	interest
0	张三	20	上海	学习
1	王宝	22	北京	游戏
2	小明	23	成都	锻炼
3	小强	18	广东	学习
4	小红	19	西安	编程
5	小强	24	福建	唱歌

图 10-30　运行展示（一）

	age
address	
上海	20
北京	22
广东	18
成都	23
福建	24
西安	19

图 10-31　运行展示（二）

此处还可以使用 get_group( )方法只获取其中一个人的信息。

```
grp = df.groupby('name')
grp.get_group('小明')
```

筛选结果如图 10-32 所示。也可以使用多条件同时筛选：

```
grp = df.groupby(['name','address'])
grp.get_group(('小明','成都'))
```

	name	age	address	interest
2	小明	23	成都	锻炼

图 10-32　筛选结果

注意

groupby 多条件筛选用的是列表，get_group 用的是元组。

10.4　数据的增删

某些情况下，数据可能需要增加或者删除，这里简单地进行介绍。本节仍以 10.3.6 节的学生分布和兴趣爱好数据为例。

10.4.1 行数据的增加

使用 loc 添加行。例如：增加一行数据（学生姓名：王大；年龄：21；地址：杭州；兴趣：python）。

```
df.loc[6]=['王大',21,'杭州','python']
df
```

添加结果如图 10-33 所示。

10.4.2 新增一列数据

同样可以使用 loc 添加列。例如：添加一列数据（所有人的学历均为本科）。

```
df['学历']='本科'
df
```

新增结果如图 10-34 所示。但这样增加显得不太友好，也可以手动添加，只需要传入列表即可。例如：

```
df['学历']=['本科','研究生','本科','研究生','本科','研究生','研究生']
df
```

	name	age	address	interest
0	张三	20	上海	学习
1	王宝	22	北京	游戏
2	小明	23	成都	锻炼
3	小强	18	广东	学习
4	小红	19	西安	编程
5	小强	24	福建	唱歌
6	王大	21	杭州	python

	name	age	address	interest	学历
0	张三	20	上海	学习	本科
1	王宝	22	北京	游戏	本科
2	小明	23	成都	锻炼	本科
3	小强	18	广东	学习	本科
4	小红	19	西安	编程	本科
5	小强	24	福建	唱歌	本科
6	王大	21	杭州	python	本科

图 10-33　增加一行数据的结果　　　　　图 10-34　新增一列数据的结果

10.4.3 删除一列数据

删除列使用 pop( )方法。例如：删除 age 列。

```
df.pop('age')
df
```

删除结果如图 10-35 所示。还可以使用 drop( )方法，这里删除 interest 列。

```
df=df.drop(columns=['interest'])
df
```

删除结果如图 10-36 所示。

我们还可以使用 drop 的另一种方法，这里以删除 address 列为例。

```
df=df.drop(['address'],axis=1) # axis=1 表示删除列
df
```

删除结果如图 10-37 所示。

	name	address	interest	学历
0	张三	上海	学习	本科
1	王宝	北京	游戏	研究生
2	小明	成都	锻炼	本科
3	小强	广东	学习	研究生
4	小红	西安	编程	本科
5	小强	福建	唱歌	研究生
6	王大	杭州	python	研究生

	name	address	学历
0	张三	上海	本科
1	王宝	北京	研究生
2	小明	成都	本科
3	小强	广东	研究生
4	小红	西安	本科
5	小强	福建	研究生
6	王大	杭州	研究生

	name	学历
0	张三	本科
1	王宝	研究生
2	小明	本科
3	小强	研究生
4	小红	本科
5	小强	研究生
6	王大	研究生

图 10-35 删除 age 列的结果   图 10-36 删除 interest 列的结果   图 10-37 删除 address 列的结果

10.5 数据表拼接

在生活中，经常会遇到多个表一起分析的情况，这时，就需要把它们拼接起来。

10.5.1 横向拼接

假设黄金（GOLD）和比特币（BT）2016 年 9 月 12 日~2021 年 9 月 10 日的历史数据分别如图 10-38 和图 10-39 所示，将两组数据横向拼接。

第一步需要对两组数据进行读取，依次读取黄金、比特币的数据。

```
import pandas as pd
# 黄金：
gold = pd.read_csv('GOLD.csv',encoding='utf-8')
gold.head( )
# 比特币：
bt = pd.read_csv('BT.csv',encoding='utf-8')
bt.head( )
```

	A	B
1	Date	GOLD
2	2016/9/12	1324.6
3	2016/9/13	1323.65
4	2016/9/14	1321.75
5	2016/9/15	1310.8
6	2016/9/16	1308.35
7	2016/9/17	1308.35
8	2016/9/18	1308.35
9	2016/9/19	1314.85
10	2016/9/20	1313.8
11	2016/9/21	1326.1
12	2016/9/22	1339.1
13	2016/9/23	1338.65
14	2016/9/24	1338.65
15	2016/9/25	1338.65
16	2016/9/26	1340.5
17	2016/9/27	1327
18	2016/9/28	1322.5

图 10-38 黄金数据

	A	B
1	Date	BT
2	2016/9/12	609.67
3	2016/9/13	610.92
4	2016/9/14	608.82
5	2016/9/15	610.38
6	2016/9/16	609.11
7	2016/9/17	607.04
8	2016/9/18	611.58
9	2016/9/19	610.19
10	2016/9/20	608.66
11	2016/9/21	598.88
12	2016/9/22	597.42
13	2016/9/23	594.08
14	2016/9/24	603.88
15	2016/9/25	601.74
16	2016/9/26	598.98
17	2016/9/27	605.96
18	2016/9/28	605.67
	BT	

图 10-39 比特币数据

第二步需要合并这两组股票数据，使用 merge( )方法，它的第一个和第二个参数分别为两个表，第三个参数为相同列名。该方法能实现横向拼接。合并结果如图 10-40 所示。

```
result = pd.merge(gold,bt,on='Date')
result
```

10.5.2 纵向拼接

例如：把两个表的水果数据纵向合并。

```
# 定义数据，并转换为 DataFrame 形式。
data1 = {
    '苹果': [300,320,310,340],
    '香蕉': [310,315,330,345]
}

data2 = {
    '哈密瓜': [274,264,331,215],
    '桃子': [145,135,210,165]
}
fru1=pd.DataFrame(data1)
fru2=pd.DataFrame(data2)
# 合并，把两个 DataFrame 放在一个列表中，然后加入 concat( )方法。
frame1=[fru1,fru2]
data3=pd.concat(frame1)
data3
```

拼接结果如图 10-41 所示。纵向拼接还有一种方法就是使用 append( )函数，与 concat( )效果一样。例如：

```
data4=fru1.append(fru2)
data4
```

	Date	GOLD	BT
0	2016/9/12	1324.60	609.67
1	2016/9/13	1323.65	610.92
2	2016/9/14	1321.75	608.82
3	2016/9/15	1310.80	610.38
4	2016/9/16	1308.35	609.11
...	...	...	...
1820	2021/9/6	1821.60	51769.06
1821	2021/9/7	1802.15	52677.40
1822	2021/9/8	1786.00	46809.17
1823	2021/9/9	1788.25	46078.38
1824	2021/9/10	1794.60	46368.69

1825 rows × 3 columns

图 10-40　合并结果

	苹果	香蕉	哈密瓜	桃子
0	300.0	310.0	NaN	NaN
1	320.0	315.0	NaN	NaN
2	310.0	330.0	NaN	NaN
3	340.0	345.0	NaN	NaN
0	NaN	NaN	274.0	145.0
1	NaN	NaN	264.0	135.0
2	NaN	NaN	331.0	210.0
3	NaN	NaN	215.0	165.0

图 10-41　拼接结果

10.6　统计计算

10.6.1　数据相关性计算

相关性能直接反映两组数据之间的关联强度，用相关系数表示，pandas 内置三种相关系数。

- Pearson（皮尔逊）相关系数，用来衡量两个数据集合的线性相关程度。如衡量国民收入和居民储蓄存款、身高和体重、高中成绩和高考成绩等之间的线性关系。
- Kendall（肯德尔）相关系数，是用来反映分类变量相关性的统计值。
- Spearman（斯皮尔曼）等级相关系数，主要用于解决名称数据和顺序数据相关的问题。

使用这些相关系数的语法如下：

```
DataFrame.corr(method='pearson',min_periods=1)
```

method 可选项包括：pearson（默认）、kendall、spearman。

这里以 10.5.1 节比特币与黄金数据之间的关系为例，分别使用三个相关系数求解如下。

（1）皮尔逊相关：result.corr( )

运行结果如图 10-42 所示。结果系数范围：0.8～1.0 表示极相关，0.6～0.8 表示强相关，0.4～0.6 表示中等程度相关，0.2～0.4 表示弱相关，0.0～0.2 表示极弱相关或不相关。

（2）肯德尔相关：result.corr('kendall')

运行结果如图 10-43 所示。

（3）斯皮尔曼相关：result.corr('spearman')

运行结果如图 10-44 所示。

图 10-42　皮尔逊相关系数　　　图 10-43　肯德尔相关系数　　　图 10-44　斯皮尔曼相关系数

10.6.2　变化率计算

pct_change( )函数用于计算当前元素相对于先前元素的变化。默认情况下，这个函数用于计算相对前一行的变化，对查看一个事物的变化趋势很有用。这里以水果销售数据为例，首先读取数据。

```
df = pd.read_csv('test.csv',index_col=0,encoding='utf-8')
df
```

数据打印如图 10-45 所示。使用 pct_change( )函数计算变化率，运行结果如图 10-46 所示。

```
df.pct_change( )
```

	apple	banana	peach
month			
Jan	300	310	190
Feb	320	315	264
Mar	310	330	247
Apr	340	345	312
May	360	350	285
Jun	345	326	346
Jul	389	378	145
Aug	410	416	265
Sep	360	326	218
Oct	278	342	312
Nov	236	259	170
Dec	320	298	256

图 10-45　数据打印

	apple	banana	peach
month			
Jan	NaN	NaN	NaN
Feb	0.066667	0.016129	0.389474
Mar	-0.031250	0.047619	-0.064394
Apr	0.096774	0.045455	0.263158
May	0.058824	0.014493	-0.086538
Jun	-0.041667	-0.068571	0.214035
Jul	0.127536	0.159509	-0.580925
Aug	0.053985	0.100529	0.827586
Sep	-0.121951	-0.216346	-0.177358
Oct	-0.227778	0.049080	0.431193
Nov	-0.151079	-0.242690	-0.455128
Dec	0.355932	0.150579	0.505882

图 10-46　变化率

10.6.3　协方差计算

cov( )函数用于计算列的成对协方差。如果列中的某些单元格包含 NaN，则将其忽略。它用于衡量两个变量的总体误差。

这里计算水果销售数据的协方差，程序如下，运行结果如图 10-47 所示。

```
df.cov( )
```

	apple	banana	peach
apple	2276.424242	1579.878788	282.212121
banana	1579.878788	1553.537879	437.893939
peach	282.212121	437.893939	3694.151515

图 10-47　协方差

10.7　数据清洗

数据清洗的对象通常有以下四种：
① 重复数据（重复出现的数据）；
② 错误数据（格式、范围等错误的数据）；
③ 矛盾数据（一般为一些不符合客观事实的数据）；
④ 缺失数据（一般为部分缺失的数据）。

10.7.1　检查过滤缺失数据

这里创建一个具有缺失值的表，使用 numpy 创建的一个缺失值在表中，NaN 表示不存在的数据。

```python
import pandas as pd
import numpy as np

data = {
    '华为手机': [3000,np.nan,3100,4000],
```

```
    '苹果手机': [5000,5400, 7890,8420]
}
phone=pd.DataFrame(data)

phone
```

运行结果如图 10-48 所示。检测缺失值，使用 isnull( )方法即可。

```
Phone.isnull( )
```

检测结果如图 10-49 所示。缺失数据往往是我们不想要的数据，所以需要过滤掉这些数据。如果过滤，希望使用 dropna( )而不是 isnull( )方法，因为 dropna( )能直接删除这一条数据。

```
phone.dropna( )
```

过滤结果如图 10-50 所示。

	华为手机	苹果手机
0	3000.0	5000
1	NaN	5400
2	3100.0	7890
3	4000.0	8420

图 10-48　数据

	华为手机	苹果手机
0	False	False
1	True	False
2	False	False
3	False	False

图 10-49　检测结果

	华为手机	苹果手机
0	3000.0	5000
2	3100.0	7890
3	4000.0	8420

图 10-50　过滤结果

10.7.2　修改缺失数据

使用 dropna( )方法删除一整条数据虽然直接但不实用，一条很长的数据全部删除了，很多时候是不合适的。因此，我们可以进行一些插入替换，使数据完整，直接对原有数据进行索引替换插入新值即可。例如：对缺失数据进行替换，考虑真实性，我们替换空值为上下两个数据的平均值。

```
phone['华为手机'][1]=3050
phone
```

替换结果如图 10-51 所示。

10.7.3　填充缺失数据

有时可能并不想滤除缺失数据，而是想通过其他方式来填充这样的缺失值，我们可以使用 fillna( )方法。fillna(num)方法会对所有缺失值填充数字 num。这里重新创建一个表，多几个缺失值，使其更有通用性。

```
import pandas as pd
import numpy as np
data = {
    '华为手机': [3000,np.nan,3100,4000,np.nan],
    '苹果手机': [5000,5400,7890,np.nan,8450]
}
p=pd.DataFrame(data)
p
```

163

运行结果如图 10-52 所示，可以看到有三个缺失值。例如：对所有缺失值填充 4000。运行结果如图 10-53 所示。

```
p.fillna(4000)
```

	华为手机	苹果手机
0	3000.0	5000
1	3050.0	5400
2	3100.0	7890
3	4000.0	8420

图 10-51　替换结果

	华为手机	苹果手机
0	3000.0	5000.0
1	NaN	5400.0
2	3100.0	7890.0
3	4000.0	NaN
4	NaN	8450.0

图 10-52　缺失数据显示

	华为手机	苹果手机
0	3000.0	5000.0
1	4000.0	5400.0
2	3100.0	7890.0
3	4000.0	4000.0
4	4000.0	8450.0

图 10-53　填充结果

然而，这样的填充似乎并不合理，此时可以构建字典来对不同列进行填充，具体格式如下。

```
p.fillna({'华为手机':3500,'苹果手机':6500})
```

运行结果如图 10-54 所示。当然，也可以填充一列数据的平均值。例如：

```
p['华为手机'].fillna(p['华为手机'].mean( ))
```

运行结果如图 10-55 所示。

10.7.4　剔除重复标签数据

重复数据是数据集中的多条值完全相同的数据，如果不需要数据重复，可以只保留其中一条数据。首先，创建一个具有连续重复数据的表。

```
import pandas as pd
import numpy as np

data = {
    'm': ['one','two']*2+['two'],
    'n': [5,3,5,5,5]
}
fruit=pd.DataFrame(data)
fruit
```

运行结果如图 10-56 所示。我们可以使用 duplicated( )方法来检测是否具有重复标签（也就是已经出现过该标签）。

```
fruit.duplicated( )
```

输出如下：

```
0    False
1    False
2     True
3    False
4     True
dtype: bool
```

	华为手机	苹果手机
0	3000.0	5000.0
1	3500.0	5400.0
2	3100.0	7890.0
3	4000.0	6500.0
4	3500.0	8450.0

```
]: 0    3000.000000
   1    3366.666667
   2    3100.000000
   3    4000.000000
   4    3366.666667
   Name: 华为手机, dtype: float64
```

	m	n
0	one	5
1	two	3
2	one	5
3	two	5
4	two	5

图 10-54　填充结果　　　　　　图 10-55　输出结果　　　　　　图 10-56　运行展示

输出结果中，True 表示有重复。如果只想根据列的标签是否重复来过滤，可以使用 drop_duplicates( )方法，例如：以 m 所在列的标签进行过滤。

```
fruit.drop_duplicates(['m'])
```

由于只有两种标签，运行结果如图 10-57 所示。但是，这样可能会剔除一些你不想剔除的数据。所以，需要联合两个列进行剔除。

```
fruit.drop_duplicates(['m','n'])
```

运行结果如图 10-58 所示。如果有重复数据，默认保留第一个，如果想保留最后一个，可以添加参数 keep。

```
fruit.drop_duplicates(['m','n'],keep='last')
```

运行结果如图 10-59 所示。

	m	n
0	one	5
1	two	3

	m	n
0	one	5
1	two	3
3	two	5

	m	n
1	two	3
2	one	5
4	two	5

图 10-57　过滤结果　　　　图 10-58　剔除结果（一）　　　　图 10-59　剔除结果（二）

10.7.5　简单数据分析

我们创建一个有一些错误数据的表 data.csv，如图 10-60 所示。先读取数据并运行，结果如图 10-61 所示。

```
import pandas as pd

df=pd.read_csv('data.csv',encoding='utf-8')
df
```

读取数据时会自动把缺失值显示为 NaN，首先我们看到有缺失值的数据在 4 月和 9 月。缺失数据处理方法是使用 dropna( )，它的作用是把有缺失值的行或者列直接删除，运行结果如图 10-62 所示。

dropna( )方法直接把有缺失数据的行删掉，所以它适用于某些行和列缺失数据很多的情况。当使用 dropna( ) 方法时，就是利用 pandas 删除存在一个或多个空值的行（或者列）。删除列用 dropna(axis=0)，删除行用 dropna(axis=1)。如果没有指定 axis 参数，默认是删除行。

	A	B	C	D
1	month	apple	banana	peach
2	Jan	300	310	190
3	Feb	320 b		264
4	Mar	310	330	247
5	Apr		345	
6	May	340	350	285
7	Jun	340	326	346
8	Jul	340	378	145
9	Aug	340	416	265
10	Sep	340		218
11	Oct	340	342	312
12	Nov	340	259	170
13	Dec	340	298	256

图 10-60　数据

	month	apple	banana	peach
0	Jan	300.0	310	190.0
1	Feb	320.0	b	264.0
2	Mar	310.0	330	247.0
3	Apr	NaN	345	NaN
4	May	340.0	350	285.0
5	Jun	340.0	326	346.0
6	Jul	340.0	378	145.0
7	Aug	340.0	416	265.0
8	Sep	340.0	NaN	218.0
9	Oct	340.0	342	312.0
10	Nov	340.0	259	170.0
11	Dec	340.0	298	256.0

图 10-61　读取结果

当直接删除行或列不合理时，如果想填充一个比较合理的数据，就要用到 fillna( )方法，例如这里把所有缺失值默认填充 280。

```
df.fillna('280')
```

运行结果如图 10-63 所示。

In [40]: df.dropna()

	month	apple	banana	peach
0	Jan	300.0	310	190.0
1	Feb	320.0	b	264.0
2	Mar	310.0	330	247.0
4	May	340.0	350	285.0
5	Jun	340.0	326	346.0
6	Jul	340.0	378	145.0
7	Aug	340.0	416	265.0
9	Oct	340.0	342	312.0
10	Nov	340.0	259	170.0
11	Dec	340.0	298	256.0

图 10-62　结果显示（一）

In [37]: df.fillna('280')
Out[37]:

	month	apple	banana	peach
0	Jan	300.0	310	190.0
1	Feb	320.0	b	264.0
2	Mar	310.0	330	247.0
3	Apr	280	345	280
4	May	340.0	350	285.0
5	Jun	340.0	326	346.0
6	Jul	340.0	378	145.0
7	Aug	340.0	416	265.0
8	Sep	340.0	280	218.0
9	Oct	340.0	342	312.0
10	Nov	340.0	259	170.0
11	Dec	340.0	298	256.0

图 10-63　结果显示（二）

不同的水果都填充同一个值有点不合理，因此苹果的销量明显比桃子高一些，所以需要换个方法，对不同种类分别进行填充。这里我们选择对缺失列分别填充这一列的平均值，会显得合理一些。

对苹果填充缺失值：

```
df['apple'].fillna(df['apple'].mean( ) )
```

对桃子填充缺失值：

```
df['peach'].fillna(df['peach'].mean( ) )
```

此时可以看到填充的缺失值为平均值，填充结果如图 10-64 所示。但是，这样的修改并不是永久修改，如果再去打印，此处仍是原来未更改的数据，所以需要添加一个参数"inplace=True"。

```
df['apple'].fillna(df['apple'].mean( ),inplace=True )
df['peach'].fillna(df['peach'].mean( ),inplace=True )
print(df)
```

如此就可以看到已经修改好的数据了，运行结果如图 10-65 所示。

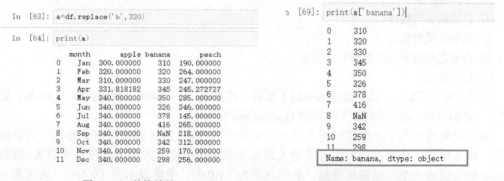

图 10-64 填充结果　　　　　　　　　　图 10-65 修改后

此时数据表还有一个错误：二月的香蕉销售数据值为 b。所以，选择将其替换上下两个月的平均值。

```
a=df.replace('b',320)
print(a)
```

运行结果如图 10-66 所示。由于 b 值，导致这一列的类型不是浮点型，可以打印看一下。

```
print(a['banana'])
```

运行结果如图 10-67 所示。其中，object 为对象类型，所以我们需要把对象类型转换为浮点型，使用 astype( )函数把它转换为浮点型，将 errors 设置为 "raise"，意味着它将为无效值引发异常。

```
a['banana'] =a['banana'].astype(float,errors = 'raise')
print(a.info( ))
```

运行结果如图 10-68 所示。

图 10-66 替换结果　　　　　　　　　　图 10-67 运行结果（一）

转换为浮点型后，就可以继续处理这一列的空值。运行结果如图 10-69 所示。

```
a['banana'].fillna(a['peach'].mean( ),inplace=True )
print(a)
```

: a['banana'].fillna(a['peach'].mean(),inplace=True)

: print(a)

	month	apple	banana	peach
0	Jan	300.000000	310.000000	190.000000
1	Feb	320.000000	320.000000	264.000000
2	Mar	310.000000	330.000000	247.000000
3	Apr	331.818182	345.000000	245.272727
4	May	340.000000	350.000000	285.000000
5	Jun	340.000000	326.000000	346.000000
6	Jul	340.000000	378.000000	145.000000
7	Aug	340.000000	416.000000	265.000000
8	Sep	340.000000	245.272727	218.000000
9	Oct	340.000000	342.000000	312.000000
10	Nov	340.000000	259.000000	170.000000
11	Dec	340.000000	298.000000	256.000000

]: a['banana'] =a['banana'].astype(float, errors = 'raise')

print(a.info())

```
<class 'pandas.core.frame.DataFrame'>
RangeIndex: 12 entries, 0 to 11
Data columns (total 4 columns):
 #   Column  Non-Null Count  Dtype
---  ------  --------------  -----
 0   month   12 non-null     object
 1   apple   12 non-null     float64
 2   banana  11 non-null     float64
 3   peach   12 non-null     float64
dtypes: float64(3), object(1)
memory usage: 512.0+ bytes
None
```

图 10-68　运行结果（二）　　　　　　　　图 10-69　最终结果

注意

表名已经从 df 变成 a 了，不要在修改香蕉空值销售数据的时候还用 df。

10.8　One-hot 编码

真实世界的数据通常包含干扰数据、缺失值，可能无法直接用于机器学习模型。数据预处理是清理数据并使其适用于机器学习模型所需的任务，这也提高了机器学习模型的准确性和效率。机器学习数据预处理的步骤如下。

① 采集数据（爬取或者下载）。

② 导入相关库。

③ 导入数据集。

④ 查找缺失的数据。

⑤ 编码分类数据。

⑥ 将数据集拆分为训练集和测试集。

⑦ 特征缩放。

这里主要介绍最后三点。数据的编码主要有三种方法：序号编码、独热编码（One-hot 编码）、二进制编码。本节介绍最为常用的 One-hot 编码。

独热编码通常用于处理类别间不具有大小关系的特征，用来解决类别型数据的离散值问题。例如年级，可以根据不同阶段的人划分为小学、中学、大学（对应 3 个值），独热编码会把它变成一个三维稀疏向量。小学表示为（1,0,0），中学表示为（0,1,0），大学表示为（0,0,1）。采用独热编码时，注意每一个类别的数量要基本相等，这里介绍均衡情况下的编码。

注意

编码只需要对非数字进行编码。如果已经是数字，则不会被编码。

首先构造一组数据，代码如下：

```
import pandas as pd

data = {
    '学历':['小学','中学','大学'],
    '数量': [1300,1320,1340]
}
xue=pd.DataFrame(data)
xue
```

运行结果如图 10-70 所示。接着以学历为 x 坐标，数量为 y 坐标进行提取。

```
x= xue.iloc[:,0].values
y = xue .iloc[:,1].values
x
```

运行结果如下：

```
array(['小学','中学','大学'],dtype=object)
```

接着开始做编码。第一种方法是使用 pandas 的 get_dummies( )方法直接对整个数据进行编码（数字会自动被忽略），代码如下，运行结果如图 10-71 所示。

```
pd.get_dummies(xue)
```

	学历	数量
0	小学	1300
1	中学	1320
2	大学	1340

图 10-70　运行结果（一）

	数量	学历_中学	学历_大学	学历_小学
0	1300	0	0	1
1	1320	1	0	0
2	1340	0	1	0

图 10-71　运行结果（二）

可以看到编码后的结果与开始计算的结果是一样的。

第二种方法是使用 sklearn 模块中的编码器 OneHotEncoder，如果未安装该模块，执行"pip install scikit-learn"命令安装。这里只需要对学历进行编码。

```
from sklearn.preprocessing import OneHotEncoder
enc = OneHotEncoder(sparse=False)
onehot = enc.fit_transform(xue[['学历']])
onehot
```

运行结果如下：

```
array([[0.,0.,1.],
       [1.,0.,0.],
       [0.,1.,0.]])
```

可以看到编码结果依然是一样的。注意结果里面的点后面没有数据，表示省略显示后面的 0。

10.9　pandas 数据可视化

数据可视化是必不可少的应用，这里有一个水果每月销售数据，如图 10-72 所示。读取数据：

```
import pandas as pd
df = pd.read_csv('fruit.csv',index_col=0)

df
```

运行结果如图 10-73 所示。

10.9.1　折线图

我们可以直接调用 pandas 的 plot( )方法绘制折线图，代码如下，运行结果如图 10-74 所示。

```
df.plot( )
```

	A	B	C	D	E
1	month	apple	banana	peach	
2	Jan	300	310	190	
3	Feb	320	320	264	
4	Mar	310	330	247	
5	Apr	245	345	315	
6	May	340	350	285	
7	Jun	289	326	346	
8	Jul	340	378	145	
9	Aug	317	352	265	
10	Sep	356	249	218	
11	Oct	346	342	312	
12	Nov	346	259	170	
13	Dec	346	298	256	

图 10-72　数据

month	apple	banana	peach
Jan	300	310	190
Feb	320	320	264
Mar	310	330	247
Apr	245	345	315
May	340	350	285
Jun	289	326	346
Jul	340	378	145
Aug	317	352	265
Sep	356	249	218
Oct	346	342	312
Nov	346	259	170
Dec	346	298	256

图 10-73　读取结果

此时默认绘制了 3 种水果的数据。如果只想绘制一种水果的数据，可以在内部添加对应参数。例如，只绘制苹果的数据变化，代码如下，结果如图 10-75 所示。

```
df.plot(y='apple')
```

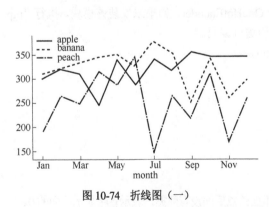

图 10-74　折线图（一）

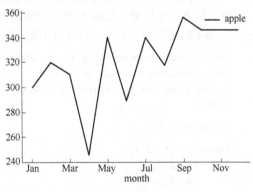

图 10-75　折线图（二）

10.9.2　柱形图

我们只需要添加 kind="bar"参数即可绘制柱形图，代码如下，绘制的柱形图如图 10-76 所示。

df.plot(kind="bar")

可以看到为所有列生成了柱形图，可指定一些特征例如绘制叠加柱形图，代码如下，绘制的叠加柱形图如图 10-77 所示。

df.plot.bar(stacked=True)

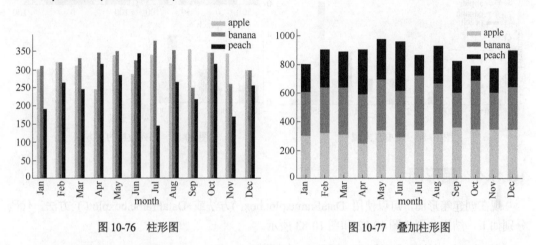

图 10-76　柱形图　　　　　　　　　图 10-77　叠加柱形图

在此柱形图中，图是堆叠的，下面尝试绘制横向的柱形图，使用 barh 方法，代码如下，绘制结果如图 10-78 所示。

df.plot.barh(stacked=True)

10.9.3　直方图

现在为 df 生成一个直方图，可以使用 plot.hist( ) 函数创建直方图，代码如下，结果如图 10-79 所示。

df.plot.hist( )

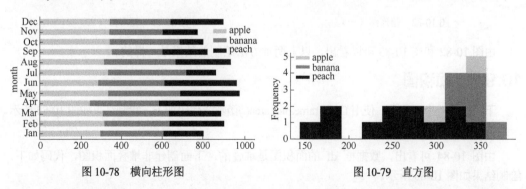

图 10-78　横向柱形图　　　　　　　　　图 10-79　直方图

还可以绘制堆叠直方图，设置 stacked=True，bin 值改变大小，代码如下，结果如图 10-80 所示。

```
df.plot.hist(stacked=True,bins=30)
```

为每一列数据创建直方图，代码如下，结果如图 10-81 所示。

```
df.diff( ).hist( )
```

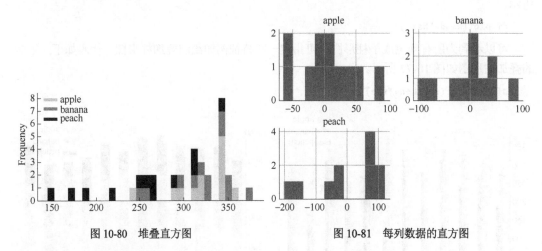

图 10-80　堆叠直方图　　　　　　　　　　　图 10-81　每列数据的直方图

10.9.4　箱形图

现在创建箱形图，可以使用 DataFrame.plot.box( )方法或 DataFrame.boxplot( ) 方法，代码分别如下，结果分别如图 10-82 和图 10-83 所示。

```
df.plot.box( )  # DataFrame. plot.box( )方法

df.boxplot( )      # DataFrame.boxplot( )方法
```

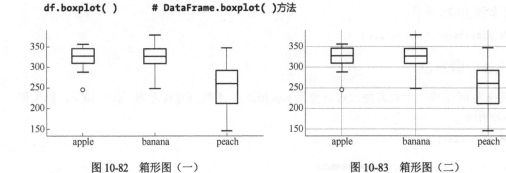

图 10-82　箱形图（一）　　　　　　　　　　图 10-83　箱形图（二）

由图 10-82 和图 10-83 可以看出，以上两种方法绘制的结果是一样的。

10.9.5　面积图

下面创建一个面积图，使用 DataFrame.plot.area( )函数，代码如下，绘制结果如图 10-84 所示。

```
df.plot.area( )
```

由图 10-84 可看出，数据框 df 的面积图是堆叠的，下面创建非堆叠面积图，代码如下，绘制结果如图 10-85 所示。

```
df.plot.area(stacked=False)
```

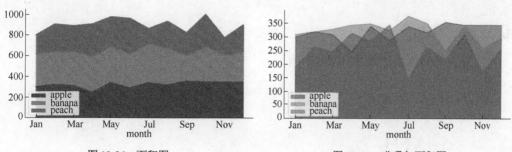

图 10-84　面积图　　　　　　　图 10-85　非叠加面积图

10.9.6　散点图

下面生成一个散点图，使用 DataFrame.plot.scatter( ) 函数。由于散点图需要确定两个位置（x 和 y），所以将 x 和 y 轴的值作为列的名称。例如，绘制苹果与香蕉的散点图。

```
df.plot.scatter(x='apple',y='banana')
```

绘制的散点图如图 10-86 所示。我们还可以设置一些样式。例如：

```
df.plot.scatter(x='apple',y='banana',color="red",marker="*",s=100)
```

其中，color 表示颜色，marker 表示样式，s 表示大小。绘制的样式散点图如图 10-87 所示。

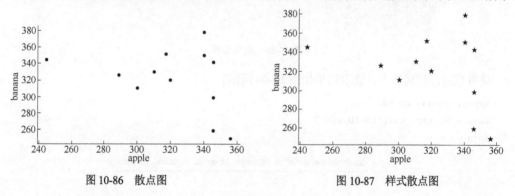

图 10-86　散点图　　　　　　　图 10-87　样式散点图

10.9.7　扇形图

可以使用 DataFrame.plot.pie( ) 函数创建扇形图。例如，绘制每种水果每个月销售占比的扇形图。

```
df.plot.pie(subplots=True,figsize=(15,15))
```

绘制的扇形图如图 10-88 所示。

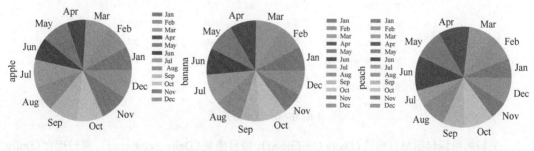

图 10-88　扇形图

10.9.8 表格

这里有一个数据表，如图 10-89 所示。

	A	B	C	D	E	F	G	H	I
1	Date	Daily Con	Total Con	Daily Recc	Total Recc	Daily Dec	Total Deceased		
2	30-Jan	1	1	0	0	0	0		
3	31-Jan	0	1	0	0	0	0		
4	1-Feb	0	1	0	0	0	0		
5	2-Feb	1	2	0	0	0	0		
6	3-Feb	1	3	0	0	0	0		
7	4-Feb	0	3	0	0	0	0		
8	5-Feb	0	3	0	0	0	0		
9	6-Feb	0	3	0	0	0	0		
10	7-Feb	0	3	0	0	0	0		
11	8-Feb	0	3	0	0	0	0		
12	9-Feb	0	3	0	0	0	0		
13	10-Feb	0	3	0	0	0	0		
14	11-Feb	0	3	0	0	0	0		
15	12-Feb	0	3	0	0	0	0		
16	13-Feb	0	3	1	1	0	0		
17	14-Feb	0	3	0	1	0	0		
18	15-Feb	0	3	0	1	0	0		
19	16-Feb	0	3	1	2	0	0		
20	17-Feb	0	3	0	2	0	0		
21	18-Feb	0	3	0	2	0	0		
22	19-Feb	0	3	0	2	0	0		
23	20-Feb	0	3	1	3	0	0		
24	21-Feb	0	3	0	3	0	0		
25	22-Feb	0	3	0	3	0	0		
26	23-Feb	0	3	0	3	0	0		
27	24-Feb	0	3	0	3	0	0		

图 10-89　疫情数据

读取数据，代码如下，读取结果如图 10-90 所示。

```python
import pandas as pd
data = pd.read_csv('COVID.csv')
data
```

	Date	Daily Confirmed	Total Confirmed	Daily Recovered	Total Recovered	Daily Deceased	Total Deceased
0	30 January	1	1	0	0	0	0
1	31 January	0	1	0	0	0	0
2	01 February	0	1	0	0	0	0
3	02 February	1	2	0	0	0	0
4	03 February	1	3	0	0	0	0
...	...	...	...	...	...	...	...
100	09 May	3175	62865	1414	19301	115	2101
101	10 May	4311	67176	1669	20970	112	2213
102	11 May	3592	70768	1579	22549	81	2294
103	12 May	3562	74330	1905	24454	120	2414
104	13 May	3726	78056	1964	26418	136	2550

105 rows × 7 columns

图 10-90　读取结果

分析的指标包括每日确诊（Daily Confirmed）、每日康复（Daily Recovered）、每日死亡（Daily

Deceased）。由于刚开始分析时，这些数据都比较小，意义不大，所以只取后面 70 个数据进行分析。

```
C = data.iloc[70:,1].values #每日确诊 Daily Confirmed
R = data.iloc[70:,3].values #每日康复 Daily Recovered
D = data.iloc[70:,5].values #每日死亡 Daily Deceased
X = data.iloc[70:,0] #日期 Date
C  # 查看每日确诊数据后 70 个
```

输出如下：

```
array([813,871,854,758,1243,1031,886,1061,922,1371,1580,1239,1537,1292,1667,1408,1835,
      1607,1568,1902,1705,1801,2396,2564,2952,3656,2971,3602,3344,3339,3175,4311,3592,
      3562,3726],dtype=int64)
```

下面绘制随着日期的增长，每日确诊数量的变化图代码如下，结果如图 10-91 所示。

```
import matplotlib.pyplot as plt
plt.plot(C)
```

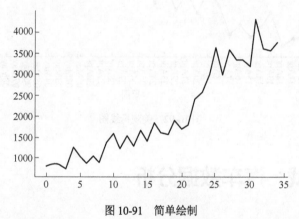

图 10-91　简单绘制

这里没有设置日期横纵坐标的值，只是看一下趋势即可。不过，如果想要图标更加美观，还要进行调整。

```
# 这三行固定,用于支持中文显示
from pylab import mpl
mpl.rcParams['font.sans-serif'] = ['Microsoft YaHei']
mpl.rcParams['axes.unicode_minus'] = False


plt.figure(figsize=(20,10))
ax = plt.axes( )  # 用于将坐标轴添加到当前图形并使其成为当前坐标轴
ax.set_facecolor("black")  # 设置背景颜色为黑色
ax.set_xlabel('日期',size=25)  # 设置横坐标和大小
ax.set_ylabel('确诊数量\n',size=25)# 开始绘制 X 和 C。颜色为红色
ax.plot(X,C,
        color='red',
        marker='o',
        linewidth=4,
```

```
            markersize=15
        )
```

显示效果如图 10-92 所示：

图 10-92　美观折线图

10.10　实战：汽车数据分析

data.cvs 存储的是关于汽车的数据，如图 10-93 所示。

	A	B	C	D	E	F	G	H	I	J	K	L
1	index	company	body-style	wheel-ba	length	engine-type	num-of-cylinc	horsepower	average-mil	price		
2	0	alfa-romero	convertible	88.6	168.8	dohc	four	111	21	13495		
3	1	alfa-romero	convertible	88.6	168.8	dohc	four	111	21	16500		
4	2	alfa-romero	hatchback	94.5	171.2	ohcv	six	154	19	16500		
5	3	audi	sedan	99.8	176.6	ohc	four	102	24	13950		
6	4	audi	sedan	99.4	176.6	ohc	five	115	18	17450		
7	5	audi	sedan	99.8	177.3	ohc	five	110	19	15250		
8	6	audi	wagon	105.8	192.7	ohc	five	110	19	18920		
9	9	bmw	sedan	101.2	176.8	ohc	four	101	23	16430		
10	10	bmw	sedan	101.2	176.8	ohc	four	101	23	16925		
11	11	bmw	sedan	101.2	176.8	ohc	six	121	21	20970		
12	13	bmw	sedan	103.5	189	ohc	six	182	16	30760		
13	14	bmw	sedan	103.5	193.8	ohc	six	182	16	41315		
14	15	bmw	sedan	110	197	ohc	six	182	15	36880		
15	16	chevrolet	hatchback	88.4	141.1	l	three	48	47	5151		
16	17	chevrolet	hatchback	94.5	155.9	ohc	four	70	38	6295		
17	18	chevrolet	sedan	94.5	158.8	ohc	four	70	38	6575		
18	19	dodge	hatchback	93.7	157.3	ohc	four	68	31	6377		

图 10-93　数据图

数据集具有汽车的不同特征，例如车身样式、轴距、发动机类型、价格、里程、马力等，下面进行数据分析。首先读取数据并查看前 5 行数据，代码如下，运行结果如图 10-94 所示。

```
import pandas as pd
```

```
df = pd.read_csv("data2.csv")
df.head(5)
```

	index	company	body-style	wheel-base	length	engine-type	num-of-cylinders	horsepower	average-mileage	price
0	0	alfa-romero	convertible	88.6	168.8	dohc	four	111	21	13495.0
1	1	alfa-romero	convertible	88.6	168.8	dohc	four	111	21	16500.0
2	2	alfa-romero	hatchback	94.5	171.2	ohcv	six	154	19	16500.0
3	3	audi	sedan	99.8	176.6	ohc	four	102	24	13950.0
4	4	audi	sedan	99.4	176.6	ohc	five	115	18	17450.0

图 10-94　数据读取

查看该数据是否有缺失值，如果有就把所在行数据显示出来，代码如下，结果如图 10-95 所示。

```
df[df.isnull( ).values==True]
```

	index	company	body-style	wheel-base	length	engine-type	num-of-cylinders	horsepower	average-mileage	price
22	31	isuzu	sedan	94.5	155.9	ohc	four	70	38	NaN
23	32	isuzu	sedan	94.5	155.9	ohc	four	70	38	NaN
47	63	porsche	hatchback	98.4	175.7	dohcv	eight	288	17	NaN

图 10-95　　缺失值查看

由图 10-95 可知，序号 22、23、47 行数据的 price 存在缺失值。这里采取对数据直接过滤的方式对缺失值进行处理，过滤数据如图 10-96 所示（展示部分）。

```
df.dropna( )
```

	index	company	body-style	wheel-base	length	engine-type	num-of-cylinders	horsepower	average-mileage	price
0	0	alfa-romero	convertible	88.6	168.8	dohc	four	111	21	13495.0
1	1	alfa-romero	convertible	88.6	168.8	dohc	four	111	21	16500.0
2	2	alfa-romero	hatchback	94.5	171.2	ohcv	six	154	19	16500.0
3	3	audi	sedan	99.8	176.6	ohc	four	102	24	13950.0
4	4	audi	sedan	99.4	176.6	ohc	five	115	18	17450.0
5	5	audi	sedan	99.8	177.3	ohc	five	110	19	15250.0
6	6	audi	wagon	105.8	192.7	ohc	five	110	19	18920.0
7	9	bmw	sedan	101.2	176.8	ohc	four	101	23	16430.0
8	10	bmw	sedan	101.2	176.8	ohc	four	101	23	16925.0

图 10-96　过滤数据

例如：查看汽车价格最低的公司和具体价格（结果见图 10-97）。

```
m = df [['company','price']][df.price==df['price'].min( )]
m
```

例如：查看所有公司为 mazda 的数据信息（结果见图 10-98）。

```
com = df.groupby('company')
ma = com.get_group('mazda')
ma
```

	company	price
13	chevrolet	5151.0

图 10-97　最低汽车价

或者更简单的写法：

```
df[(df.company == 'mazda')]
```

	index	company	body-style	wheel-base	length	engine-type	num-of-cylinders	horsepower	average-mileage	price
27	36	mazda	hatchback	93.1	159.1	ohc	four	68	30	5195.0
28	37	mazda	hatchback	93.1	159.1	ohc	four	68	31	6095.0
29	38	mazda	hatchback	93.1	159.1	ohc	four	68	31	6795.0
30	39	mazda	hatchback	95.3	169.0	rotor	two	101	17	11845.0
31	43	mazda	sedan	104.9	175.0	ohc	four	72	31	18344.0

图 10-98　根据汽车筛选信息

例如：计算每家公司的汽车总数（结果见图 10-99）。

```
df['company'].value_counts( )
```

例如：找出每家汽车公司价格最便宜的汽车（结果见图 10-100）。

```
company= df.groupby('company')
min= company['company','price'].min( )
min
```

```
]: toyota            7
   bmw               6
   mazda             5
   nissan            5
   audi              4
   mercedes-benz     4
   mitsubishi        4
   volkswagen        4
   alfa-romero       3
   chevrolet         3
   honda             3
   isuzu             3
   jaguar            3
   porsche           3
   dodge             2
   volvo             2
   Name: company, dtype: int64
```

	company	price
company		
alfa-romero	alfa-romero	13495.0
audi	audi	13950.0
bmw	bmw	16430.0
chevrolet	chevrolet	5151.0
dodge	dodge	6229.0
honda	honda	7295.0
isuzu	isuzu	6785.0
jaguar	jaguar	32250.0
mazda	mazda	5195.0
mercedes-benz	mercedes-benz	25552.0
mitsubishi	mitsubishi	5389.0
nissan	nissan	6649.0
porsche	porsche	34028.0
toyota	toyota	5348.0
volkswagen	volkswagen	7775.0
volvo	volvo	12940.0

图 10-99　每家公司汽车数量　　　　　图 10-100　每家汽车价格最低信息

例如：按照价格对汽车进行排序，查看前 5 行即可（结果见图 10-101）。

```
price = df.sort_values(by=['price','horsepower'],ascending=False)
price.head( )
```

	index	company	body-style	wheel-base	length	engine-type	num-of-cylinders	horsepower	average-mileage	price
35	47	mercedes-benz	hardtop	112.0	199.2	ohcv	eight	184	14	45400.0
11	14	bmw	sedan	103.5	193.8	ohc	six	182	16	41315.0
34	46	mercedes-benz	sedan	120.9	208.1	ohcv	eight	184	14	40960.0
46	62	porsche	convertible	89.5	168.9	ohcf	six	207	17	37028.0
12	15	bmw	sedan	110.0	197.0	ohc	six	182	15	36880.0

图 10-101　排序结果

10.11 实战：股票数据分析

stock.cvs 存储的是股票数据，如图 10-102 所示。

	A	B	C	D	E	F	G	H
1	Date	Open	High	Low	Close	Adj Close	Volume	
2	2021/3/23	29008.02	29043.18	28376.22	28497.38	28497.38	2049560300	
3	2021/3/24	28437.49	28457.87	27827.05	27918.14	27918.14	2689142400	
4	2021/3/25	27628.08	28032.01	27505.08	27899.61	27899.61	2595007600	
5	2021/3/26	28043.65	28415.15	28014.29	28336.43	28336.43	2415384100	
6	2021/3/29	28317.32	28484.66	28132.36	28338.3	28338.3	2847744100	
7	2021/3/30	28552.77	28694.15	28371.23	28577.5	28577.5	2269839800	
8	2021/3/31	28802.53	28802.53	28332.78	28378.35	28378.35	2703755400	
9	2021/4/1	28594.55	28938.74	28511.65	28938.74	28938.74	2232972100	
10	2021/4/7	29101.4	29101.4	28598.86	28674.8	28674.8	2223606300	
11	2021/4/8	28604.12	29054.82	28587.11	29008.07	29008.07	2522329300	
12	2021/4/9	29152.44	29152.44	28604.55	28698.8	28698.8	1897265800	
13	2021/4/12	28791.97	28791.97	28274.27	28453.28	28453.28	1992325200	
14	2021/4/13	28557.84	28877.15	28452.12	28497.25	28497.25	2062117300	
15	2021/4/14	28796.55	28979.35	28685.06	28900.83	28900.83	1941501600	
16	2021/4/15	28872.82	28884.57	28530.99	28793.14	28793.14	1901863000	
17	2021/4/16	28827.17	29079.18	28711.11	28969.71	28969.71	2192409800	
18	2021/4/19	28960.13	29319.76	28806.76	29106.15	29106.15	2020128300	
19	2021/4/20	28962.8	29220.19	28885.55	29135.73	29135.73	2014210500	
20	2021/4/21	28702.27	28778.36	28506.76	28621.92	28621.92	2202031500	

图 10-102 股票数据

数据说明：Date 表示日期；Open 表示开盘价；High 表示当日最高价；Low 表示当日最低价；Close 表示当日闭盘价格；Adj Close 表示调整后的闭盘价格；Volume 表示交易量。

读取数据，代码如下，结果如图 10-103 所示。

```
import pandas as pd
df = pd.read_csv("stock .csv")
df.head( )
```

例如：绘制 2021 年 3 月 24 日～2021 年 5 月 24 日之间的股票数据折线图（结果见图 10-104）。

```
import matplotlib.pyplot as plt

start_date = pd.to_datetime('2021-03-24') # 确定一个起始日期
end_date = pd.to_datetime('2021-05-24') # 确定一个结束日期
df['Date'] = pd.to_datetime(df['Date'])  # 读取数据表中的日期数据
new_df = (df['Date']>= start_date) & (df['Date']<= end_date) # 筛选范围内数据
df1 = df.loc[new_df] # 获取对应列
df2 = df1.set_index('Date')  # 横纵坐标样式绘制
plt.figure(figsize=(6,6))  # 窗口大小设定
plt.suptitle('历史股票数据',\
            fontsize=18,color='blue')
plt.xlabel("Date",fontsize=16,color='black')
plt.ylabel("价格 e",fontsize=16,color='black')
```

179

```
df2['Close'].plot(color='red');  # 按照闭盘价格绘制,颜色为红色
plt.show( )
```

	Date	Open	High	Low	Close	Adj Close	Volume
0	2021-03-23	29008.019531	29043.179688	28376.220703	28497.380859	28497.380859	2049560300
1	2021-03-24	28437.490234	28457.869141	27827.050781	27918.140625	27918.140625	2689142400
2	2021-03-25	27628.080078	28032.009766	27505.080078	27899.609375	27899.609375	2595007600
3	2021-03-26	28043.650391	28415.150391	28014.289063	28336.429688	28336.429688	2415384100
4	2021-03-29	28317.320313	28484.660156	28132.359375	28338.300781	28338.300781	2847744100

图 10-103　数据读取

同理可绘制交易量的图形。例如:绘制 2021 年 4 月 1 日～2021 年 4 月 30 日的股票交易量柱形图(结果见图 10-105)。

```
start_date = pd.to_datetime('2021-04-01') # s 设置日期范围
end_date = pd.to_datetime('2021-04-30')
df['Date'] = pd.to_datetime(df['Date'])
new_df = (df['Date']>= start_date) & (df['Date']<= end_date) # 筛选日期数据
df1 = df.loc[new_df] # 获取对应列
df2 = df1.set_index('Date') # 设置日期横坐标
plt.figure(figsize=(8,6)) # 窗口大小设置
plt.suptitle('股票交易柱形图',fontsize=22,color='black') # 标题样式设置
plt.xlabel("Date",fontsize=16,color='black')# 横坐标样式设置
plt.ylabel("交易量",fontsize=16,color='black')  # 纵坐标样式设置
df2['Volume'].plot(color='red',kind='bar'); # 交易量柱形图,红色柱形
plt.show( )
```

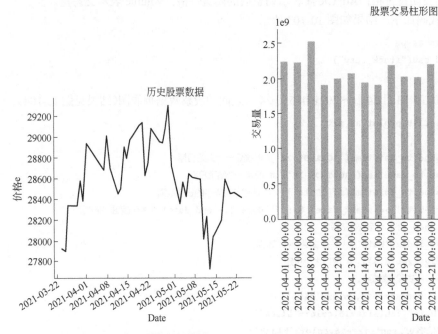

图 10-104　历史股票数据折线图　　　　　图 10-105　股票交易柱形图

例如：创建直方图，可视化 2021 年 4 月 1 日～2021 年 10 月 30 日股票价格的每日收益分布（结果见图 10-106）。

```python
import seaborn as sns
start_date = pd.to_datetime('2021-04-01')
end_date = pd.to_datetime('2021-10-30')
df['Date'] = pd.to_datetime(df['Date'])
new_df = (df['Date']>= start_date) & (df['Date']<= end_date)
df1 = df.loc[new_df]
df2 = df1[['Date','Adj Close']]
df3 = df2.set_index('Date') # 日期为横坐标
plt.figure(figsize=(8,6)) # 窗口大小设置
daily_changes = df3.pct_change(periods=1) # 当前值和先前一个值之间的百分比变化
sns.distplot(daily_changes['Adj Close'].dropna( ),bins=100,color='red') # 以调整闭盘数据为
```
准，对缺失值自动过滤
```python
plt.suptitle('每日收益直方图',fontsize=12,color='black') # 标题设置
plt.grid(True) # 设置 True 为添加网格
plt.show( )
```

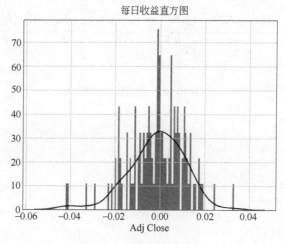

图 10-106　每日收益直方图

例如：绘制两个特定日期之间的开盘价、最高价、最低价、收盘价、调整后收盘价和成交量图（结果见图 10-107）。

```python
start_date = pd.to_datetime('2021-04-01')
end_date = pd.to_datetime('2021-10-30')
df['Date'] = pd.to_datetime(df['Date'])
new_df = (df['Date']>= start_date) & (df['Date']<= end_date) # 筛选日期
df1 = df.loc[new_df]
stock_data = df1.set_index('Date') # 横坐标为日期
stock_data.plot(subplots = True,figsize = (10,8)) # 开始绘制图形,subplots 设置子图为真,figsize
```
设置大小
```python
plt.legend(loc = 'best') # 设置图标位置
```

```
plt.suptitle('股票数据绘制',fontsize=16,color='black')
plt.show( )
```

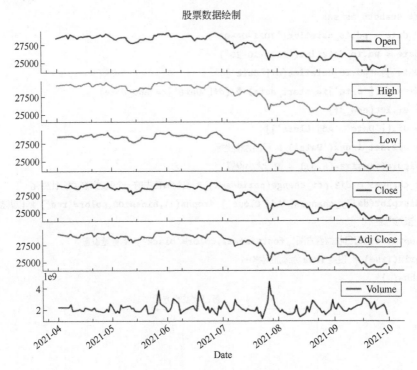

图 10-107　股票数据子图绘制

扫码获取电子资源

第
11
章

UI 界面设计

11.1 UI 框架介绍

在前面学习中，所写的代码是没有界面的，因为它是以脚本形式运行。如果用户做 UI 设计，那么一定希望做一个有界面的工具、游戏等。GUI 为图形用户界面的缩写。常见的 GUI 模块包括 Kivy、wxPython、Tkinter、PyQt5 等。

本章主要介绍 Tkinter 模块，学习如何搭建一个可视化界面。

11.2 Tkinter 基础

本节会依次介绍 Tkinter 各个部件的搭建，掌握一些 Tkinter 的基础，以便后续开发。

11.2.1 搭建第一个 UI 界面

```
# 导入模块
import tkinter
root = tkinter.Tk( )  # 创建主窗口对象
root.mainloop( )  # 进入循环,保证不会马上闪退
```

第一个窗口如图 11-1 所示。只需要两行代码即可完成一个界面的创建，第三行代码的作用是保证它的界面进入一个循环，否则界面会闪退，所以，在设计的时候，一定要在最后一行添加它。

图 11-1　第一个窗口

11.2.2 添加一个按钮

通过 Button 创建一个按钮,希望单击按钮后能弹出一段消息,可从 Tkinter 引入 messagebox,可以把 messagebox 理解成消息盒子。按钮的基本语法如下：

```
w = Button ( root,option = value,... )
```

root 参数为创建的窗口对象，可选项 option 有以下常用参数：

- bg 背景颜色。
- command 按钮所执行的功能函数。

- font 用于按钮标签的文本字体。
- height 按钮高度。
- width 按钮宽度。
- image 显示图片。
- text 显示文本。

创建一个窗口对象后，首先定义一个功能函数，使用 messagebox.showinfo 来显示内容。

```
from tkinter import *
from tkinter import messagebox

root = Tk( ) #创建一个窗口对象
# 定义一个功能
def song( ):
    # 第一个参数表示单击后新窗口的标题；第二个参数表示单击后新窗口显示内容
    msg = messagebox.showinfo('message','你最棒了！')
return msg
b = Button(root,text='点我',command=song)  # 第一个参数表示主窗口；第二个参数表示单击按钮显示内容；
第三个参数表示执行的函数功能
    b.place(x=110,y=50)  # 按钮位置
    root.mainloop( )  # 进入循环,保证不会马上闪退
```

运行，当单击"点我"按钮后，就弹出了一段消息，如图 11-2 所示。

图 11-2 弹窗

可以模仿上面的结构，再搭建一个按钮事件。

```
from tkinter import *
from tkinter import messagebox

root = Tk( )
# 定义一个功能
def hello( ):
    # 第一个参数表示单击后新窗口的标题；第二个参数表示单击后新窗口显示内容
    msg = messagebox.showinfo('欢迎','欢迎光临本商店！')
    return msg
    b = Button(root,text='小商店',command=hello)  # 第一个参数表示主窗口；第二个参数表示单击按钮
显示内容；第三个参数表示执行的函数功能
    b.place(x=110,y=50)  # 按钮位置
    root.mainloop( )  # 进入循环,保证不会马上闪退
```

效果如图 11-3 所示。

图 11-3　按钮事件图

如果还希望修改按钮的颜色，只需要在按钮事件中添加对应参数即可（结果如图 11-4 所示）。

```
b = Button(root,text='小商店',command=hello,width=11,height =5,bg='red')
```

11.2.3　设置窗口大小和标题

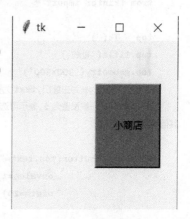

图 11-4　颜色修改

窗口标题使用 title( )函数设置，窗口大小使用 geometry( ) 函数设置。例如：创建的窗口标题为"GUI"，长和宽分别为 300 像素和 200 像素（结果见图 11-5）。

```
from tkinter import *
from tkinter import messagebox


root = Tk( )
root.title('GUI')
root.geometry('300x200')


# 定义一个功能
def song( ):
    # 第一个参数表示单击后新窗口的标题；第二个参数表示单击后新窗口显示内容
    msg = messagebox.showinfo('message','你最棒了!')
    return msg
b = Button(root,text='点我',command=song)  # 第一个参数表示主窗口；第二个参数表示单击按钮显示内容；
第三个参数表示执行的函数功能
    b.place(x=110,y=50)  # 按钮位置
root.mainloop( )  # 进入循环,保证不会马上闪退
```

图 11-5　标题设置

11.2.4 设置复选框

复选框表示可以有多个选项，这里使用 Checkbutton( )函数来添加复选框，它的基本语法如下：

w = Checkbutton (root,option,...)

root 为主窗口对象，option 选项的常用参数如下：

• text 显示的文本内容。

• image 显示图片。

• width 复选框宽度，默认宽度由显示的图像或文本的大小决定。

• height 复选框高度，一般宽和高默认即可。

• bg 背景颜色。

• variable 检查按钮当前状态的控制变量，通常这个变量为 ntVar。

• onvalue 这参数一般设置为 1，表示用户可以选；如果为 0 表示默认勾选，无法修改。

• offvalue 一般设置为 0。

创建一个复选框的窗口。例如：

```
from tkinter import *


top = Tk( )
top.title('复选')
top.geometry('300x300')
# 按钮设置:top 为主窗口,text 为按钮标题,variable 跟踪检查按钮当前状态,通常这个变量是一个 IntVar
# onvalue 一般设置为 1,表示可选,如果为 0 则表示固定勾选;offvalue 一般设置为 0,heigh 为高,width 为宽,
其他参数默认即可


C1 = Checkbutton(top,text="python",variable=IntVar,\
                onvalue=1,offvalue=0,height=5,\
                width=20)


C2 = Checkbutton(top,text="java",variable=IntVar,\
                onvalue=1,offvalue=0,height=5,\
                width=20)


C3 = Checkbutton(top,text="C++",variable=IntVar,\
                onvalue=1,offvalue=0,height=5,\
                width=20)
C1.pack( )
C2.pack( )
C3.pack( )
top.mainloop( )
```

复选框如图 11-6 所示。

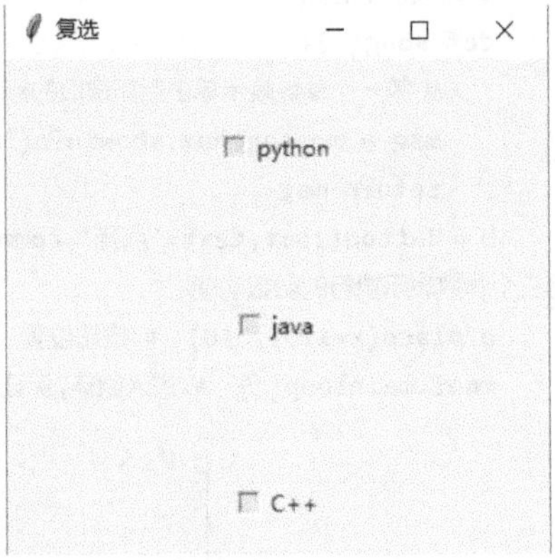

图 11-6 复选框

11.2.5 设置输入框

在生活中，常常希望输入一个口令才能进入，此时只需要用 Label 接口添加一个输入框。例如：

```
from tkinter import *

top = Tk( )
L1 = Label(top,text="密码:") #第一个参数表示主窗口;第二个参数表示提示内容
L1.pack(side=LEFT)
E1 = Entry(top,bd=5)
E1.pack(side=RIGHT)

top.mainloop( )
```

运行结果如图 11-7 所示。

Entry( )还有增删的一些方法如下。

• insert( )　#将 text 参数的内容插入 index 参数指定的位置；使用 insert(INSERT, text) 将 text 参数指定的字符串插入光标的位置。

• get( )　#获得当前输入框的内容。

• delete( )　#删除参数 first 到 last 的所有内容。

例如：先删除输入框内容，再插入一段内容。

```
import tkinter as tk

master = tk.Tk( )
e = tk.Entry(master)
e.pack(padx=20,pady=20)

e.delete(0,"end")
e.insert(0,"插入内容")

master.mainloop( )
```

输入框如图 11-8 所示。

图 11-7　输入框（一）

图 11-8　输入框（二）

获取当前输入框的文本可以使用 get( )方法。

```
s = e.get( )
```

也可以把 Entry 组件绑定到 tkinter 变量的 StringVar 中,并通过该变量设置和获取输入框的文本（结果见图 11-9）。

```
import tkinter as tk

master = tk.Tk( )
var = tk.StringVar( )
a = tk.Entry(master,textvariable=var)
a.pack( )
```

```
var.set("我爱 Python!")
s = var.get( )

master.mainloop( )
```

例如：创建一个用户名和密码输入框，通过按钮获取输入的内容，并把输入的内容清除（结果见图 11-10）。

```
import tkinter as tk

master = tk.Tk( )
# c
tk.Label(master,text="用户名:").grid(row=0)
tk.Label(master,text="密码:").grid(row=1)

enter1 = tk.Entry(master)
enter2 = tk.Entry(master)
enter1.grid(row=0,column=1,padx=11,pady=5)
enter2.grid(row=1,column=1,padx=11,pady=5)

def p( ):
    print("用户名:%s" % e1.get( ))
    print("密码:%s" % e2.get( ))
    # 清除界面的内容
    enter1.delete(0,"end")
    enter2.delete(0,"end")

tk.Button(master,text="获取信息",width=11,command=p).grid(row=3,column=0,sticky="w",padx=11,pady=5)
tk.Button(master,text="退出",width=11,command=master.quit).grid(row=3,column=1,sticky="e",padx=11,pady=5)

master.mainloop( )
```

图 11-9　默认输入框

图 11-10　用户输入框

单击"获取信息"按钮，出现终端界面，如图 11-11、图 11-12 所示。单击"退出"按钮关闭界面。

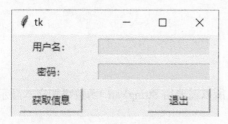

图 11-11　单击 "获取信息" 按钮　　　　　　　　　　图 11-12　终端

11.2.6　使用 Frame 框架

Frame 框架在屏幕上显示为一个矩形区域，一般用作容器，便于管理控件位置。一个容器可以装几个控件，不同的容器是分开的。Frame 框架的基本语法如下：

```
w = Frame ( root,option )
```

root 为主窗口对象，option 一般常用以下参数：

- bg　　　　#设置容器背景颜色。
- height　　#设置容器高度，也可以不设置，为默认。
- width　　 #设置容器宽度。

例如：做两个容器，每个容器分别装两个控件。

```
from tkinter import *

root = Tk( )
root.geometry('300x200')
root.title('容器')
# 创建一个容器
frame1 = Frame(root)
frame1.pack( )


# 创建第二个容器,强调必须在底部
frame2 = Frame(root)
frame2.pack(side=BOTTOM)


#转载容器 1 中
button1 = Button(frame1,text="python",fg="red")
button1.pack(side=LEFT)


button2 = Button(frame1,text="java",fg="brown")
button2.pack(side=LEFT)
#转载容器 2 中
button3 = Button(frame2,text="C",fg="blue")
button3.pack(side=BOTTOM)


button4 = Button(frame2,text="C++",fg="black")
button4.pack(side=BOTTOM)
```

```
root.mainloop( )
```

运行效果如图 11-13 所示。

11.2.7 文本显示

在用户界面，常会有一些固定的提示、指导，所以需要用 StringVar( )函数添加文本显示。

```
from tkinter import *

root = Tk( )
root.title('大乐斗')
root.geometry('110x50')

var = StringVar( )  # 文本从属于 StringVar 类的控制变量
label = Label(root,textvariable=var,relief=RAISED)

var.set("欢迎来到大乐斗小游戏! ")
label.pack( )
root.mainloop( )
```

效果如图 11-14 所示。

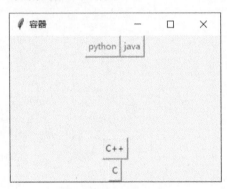

图 11-13 框架

图 11-14 文本显示

11.2.8 添加菜单栏

可以使用 Menu( )方法创建菜单，它的基本语法格式如下：

```
w = Menu ( root,option,... )
```

root 为主窗口对象，option 有以下常用参数：
- bg   #背景颜色。
- title   #标题。
- tearoff   #一般设置为 0，表示第二个以及后面的菜单不会被弹出。如果默认，则会被弹出。

一些常用的给菜单添加内容的方法如下。
- add_command (options)   #给菜单添加选项。
- add_radiobutton(options)   #创建一个单选按钮菜单项。

- add_checkbutton(options)　　#创建一个复选按钮菜单项。
- add_cascade(options)　　　　#添加菜单名。
- add_separator( )　　　　　　#在菜单中添加分隔线。

下面通过实例展示创建菜单。首先导入模块，创建好窗口和一个功能函数，方便后面调用。

```
from tkinter import *

# 定义每个按钮的功能
def no( ):
    file = Toplevel(root)
    button = Button(file,text="什么功能都没有!")
    button.pack( )

root = Tk( )
```

接下来，创建第一个菜单：

```
menu = Menu(root)  # 创建菜单对象

filemenu = Menu(menu,tearoff=0)  # tearof 一般设置为 0

# add_command 将菜单项添加到菜单.label 为名称,command 为执行功能

filemenu.add_command(label="New Project",command=no)

filemenu.add_command(label="New",command=no)

filemenu.add_command(label="Open",command=no)

filemenu.add_command(label="Close",command=no)

filemenu.add_command(label="Save As",command=no)

# add_cascade 通过将给定菜单与父菜单关联来创建新的分层菜单

menu.add_cascade(label="File",menu=filemenu)

# 对菜单进行配置

root.config(menu=menu)

# 进入循环

root.mainloop( )
```

菜单栏如图 11-15 所示。我们通过 add_command( )函数依次向菜单中添加菜单项，最后用 add_cascade( )函数添加一个主菜单项。

图 11-15　菜单栏

注意

代码"root.config(menu=menu)"一定要添加，否则所有的配置都不会组装成功。

继续添加新的菜单，只需要在中间添加即可。

```
# add_separator 在菜单中添加分隔线

filemenu.add_separator( )

# 创建新的菜单

editmenu = Menu(menu,tearoff=0)
```

```
# 添加其他选项
editmenu.add_command(label="Cut",command=no)
editmenu.add_command(label="Copy",command=no)
editmenu.add_command(label="Paste",command=no)
editmenu.add_command(label="Delete",command=no)
editmenu.add_command(label="Select All",command=no)
# 菜单项添加分隔线
menu.add_cascade(label="Edit",menu=editmenu)
```

运行效果如图 11-16 所示。

现在我们需要将前面创建好的"File"菜单和将要创建的
"Edit"菜单分开，首先用 add_separator( )函数分隔，再用"Menu"
创建一个新的菜单，然后用 add_command( )函数添加菜单项，添
加完后给这个菜单命名为"Edit"。后续如果添加新的菜单，采
用同样的操作即可。

图 11-16 增加菜单栏

11.3 剪刀、石头、布 UI 设计

首先创建一个窗口。

```
from tkinter import *
import random

# 创建主窗口
root = Tk( )
# 设置窗口大小
root.geometry('400x400')
root.resizable(0,0)
# 设置标题
root.title('剪刀石头布')
root.config(bg='brown')

# 进入循环事件
root.mainloop( )
```

运行效果如图 11-17 所示。现在需要对这样一个窗
口添加内容。例如，添加游戏标题。

图 11-17 窗口

```
# 头部设置 text 为显示内容,font 为字体,bg 为背景
Label(root,text='石头剪刀布小游戏',font='Times 20 bold',bg='seashell2').pack( )
```

运行效果如图 11-18 所示。接着添加用户输入框。

```
##用户选择,文本类
user_take = StringVar( )
# text 为显示内容,font 为字体,bg 为背景,place 为显示位置
```

Label(root,text='选择输入一个: rock,paper ,scissors',font='arial 15 bold',bg='seashell2').
place(x=20,y=70)

　　# Entry 为添加输入口,字体为 font ,文本为选择内容,bg 为背景,place 为位置

Entry(root,font='arial 15',textvariable=user_take,bg='antiquewhite2').place(x=90,y=130)

运行效果如图 11-19 所示（补充：rock 为石头，paper 为布，scissors 为剪刀）。

图 11-18　添加标题

图 11-19　增加输入框

既然用户可以输入了，那么计算机也应该输入一个值，我们用随机模块 random 实现计算机随机出一个值。

```
# 计算机选择,随机出一个
com = random.randint(1,3)
if com == 1:
    com = 'rock'
elif com == 2:
    com = 'paper'
else:
    com = 'scissors'
```

既然用户和计算机都可以输入值了，接着计算机与用户进行比赛，所以要设计一个函数来判断两者之间谁赢谁输。

```
##"开始"功能
Result = StringVar( )

def play( ):
    # user_take.get 获取内容
    user_pick = user_take.get( )
    # 开始进行比较
    if user_pick == com_pick:
        Result.set('平局')
    elif user_pick == 'rock' and com_pick == 'paper':
        Result.set('你输了')
    elif user_pick == 'rock' and com_pick == 'scissors':
        Result.set('你赢了')
    elif user_pick == 'paper' and com_pick == 'scissors':
        Result.set('你输了')
    elif user_pick == 'paper' and com_pick == 'rock':
        Result.set('你赢了')
    elif user_pick == 'scissors' and com_pick == 'rock':
        Result.set('你输了')
```

```
        elif user_pick == 'scissors' and com_pick == 'paper':
             Result.set('你赢了')
        else:
             Result.set('输入无效,请输入正确选项!')
```

StringVar( )函数中的 set 可用于显示结果，这点在前面讲过。现在功能写好了，但还没有显示到窗口界面，所以需要设置按钮和窗口来显示。

```
# 输入显示框
Entry(root,font='arial 11 bold',textvariable=Result,bg='antiquewhite2',width=50,).place (x=25,
y=250)
# "开始"按钮
Button(root,font='arial 13 bold',text='开始',padx=6,bg='seashell4',command=play). place
(x=150,y=190)
```

效果如图 11-20 所示。此时在输入框中输入值，单击"开始"按钮，可以看到输或赢信息。但是这样依然不够完美，还需要添加一个重置功能。重置很好实现，只需要把输入框的内容设置为空即可。

```
##重置功能
def Reset( ):
    # 结果和用户输入框都设置为空
    Result.set("")
    user_take.set("")
```

把重置功能函数添加到按钮上去。

```
# "重置"按钮
Button(root,font='arial 13 bold',text='重置',padx=5,bg='seashell4',command=Reset).place
(x=70,y=311)
```

运行效果如图 11-21 所示。还可以设置一个关闭游戏的按钮函数。

```
##结束功能
def Exit( ):
    # 销毁窗口
    root.destroy( )
# "结束"按钮
Button(root,font='arial 13 bold',text='关闭',padx=5,bg='seashell4',command=Exit). plac e
(x=230,y=311)
```

图 11-20　增加对比功能

图 11-21　增加重置

　　运行效果如图 11-22 所示。这样搭建一个 UI 界面，是否就像一个搭积木游戏？大部分代码都有一个框架，我们只需要调整一些参数，把一个个小框架组合到一起，就形成了最终的界面。

　　完整代码：

图 11-22　设置完整

```
# coding=gbk
# 导入库
from tkinter import *
import random

# 创建主窗口
root = Tk( )
# 设置窗口大小
root.geometry('400x400')
root.resizable(0,0)
# 设置标题
root.title('剪刀石头布')
root.config(bg='brown')

# 头部设置 text 为显示内容,font 为字体,bg 为背景
Label(root,text='石头剪刀布小游戏',font='Times 20 bold',bg='seashell2').pack( )

# ###用户选择,文本类
user_take = StringVar( )
# text 为显示内容,font 为字体,bg 为背景,place 为显示位置
Label(root,text='选择输入一个: rock,paper ,scissors',font='arial 15 bold',bg='seashell2').place(x=20,y=70)
# Entry 为添加输入口,字体为 font,文本为选择内容,bg 为背景,place 为位置
Entry(root,font='arial 15',textvariable=user_take,bg='antiquewhite2').place(x=90,y=130)

# 计算机选择,随机出一个
com = random.randint(1,3)
if com == 1:
    com_pick = 'rock'
elif com == 2:
    com_pick = 'paper'
else:
    com_pick = 'scissors'

##"开始"功能
Result = StringVar( )

def play( ):
```

```
        # user_take.get 获取内容
        user_pick = user_take.get( )
        # 开始进行比较
        if user_pick == com_pick:
            Result.set('平局')
        elif user_pick == 'rock' and com_pick == 'paper':
            Result.set('你输了')
        elif user_pick == 'rock' and com_pick == 'scissors':
            Result.set('你赢了')
        elif user_pick == 'paper' and com_pick == 'scissors':
            Result.set('你输了')
        elif user_pick == 'paper' and com_pick == 'rock':
            Result.set('你赢了')
        elif user_pick == 'scissors' and com_pick == 'rock':
            Result.set('你输了')
        elif user_pick == 'scissors' and com_pick == 'paper':
            Result.set('你赢了')
        else:
            Result.set('输入无效,请输入正确选项!')


##重置功能
def Reset( ):
        # 结果和用户输入框都设置为空
        Result.set("")
        user_take.set("")


##结束功能
def Exit( ):
        # 销毁窗口
        root.destroy( )


######设置按钮,command 为执行功能,place 为所在位置,text 为显示内容,bg 为背景
# 输入显示框
Entry(root,font='arial 11 bold',textvariable=Result,bg='antiquewhite2',width=50,).place (x=25,
y=250)
# "开始"按钮
Button(root,font='arial 13 bold',text='开始',padx=6,bg='seashell4',command=play). place
(x=150,y=190)
# "重置"按钮
Button(root,font='arial 13 bold',text='重置',padx=5,bg='seashell4',command=Reset). place
(x=70,y=311)
# "结束"按钮
Button(root,font='arial 13 bold',text='关闭',padx=5,bg='seashell4',command=Exit). place
(x=230,y=311)
```

```
# 进入循环事件
root.mainloop( )
```

11.4　计算器 UI 设计

现在来搭建一个计算器，依然像搭积木一样一步步地实现它。

首先创建一个窗口。

```
from tkinter import *
import parser
from math import factorial

root = Tk( )
root.title('计算器')
root.geometry('480x480')
```

添加一个输入框，这样用户能输入，大小设置为一行六列，用于数字和符号的占位。

```
display = Entry(root)
display.grid(row=1,columnspan=6,sticky=N + E + W + S)
```

这里补充一下 sticky 参数，N/S/E/W 分别对应顶端对齐/底端对齐/右对齐/左对齐。这些参数的组合有以下几种。

- sticky=N+S　#拉伸高度，使其在水平方向上顶端和底端都对齐。
- sticky=E+W　#拉伸宽度，使其在垂直方向上左边界和右边界都对齐。
- sticky=N+S+E　　#拉伸高度，使其在水平方向上对齐，并将控件放在右边。
- sticky=N + E + W + S　#可以理解为上、下、左、右都对齐。

现在把计算器布局做好，代码如下：

```
# 添加按钮
# 添加数字
Button(root,text="1",width=11,height=5,command=lambda:
get_value(1)).grid(row=2,column=0,sticky=N + S + E + W)
    Button(root,text=" 2",width=11,height=5,command=lambda:  get_value(2)).grid(row=2,column=
1,sticky=N + S + E + W)
    Button(root,text=" 3",width=11,height=5,command=lambda: get_value(3)).grid(row=2,column=2,
sticky=N + S + E + W)
    Button(root,text="4",width=11,height=5,command=lambda:
get_value(4)).grid(row=3,column=0,sticky=N + S + E + W)
    Button(root,text=" 5",width=11,height=5,command=lambda: get_value(5)).grid(row=3,column=1,
sticky=N + S + E + W)
    Button(root,text=" 6",width=11,height=5,command=lambda: get_value(6)).grid(row=3,column=2,
sticky=N + S + E + W)

    Button(root,text="7",width=11,height=5,command=lambda:
get_value(7)).grid(row=4,column=0,sticky=N + S + E + W)
    Button(root,text=" 8",width=11,height=5,command=lambda: get_value(8)).grid(row=4,column=1,
```

```
sticky=N + S + E + W)
    Button(root,text=" 9",width=11,height=5,command=lambda: get_value(9)).grid(row=4,column=2,
sticky=N + S + E + W)
    # 添加符号
    Button(root,text="清空",width=11,height=5,command=lambda: clear_all( )).grid(row=5,column=0,
sticky=N + S + E + W)
    Button(root,text=" 0",width=11,height=5,command=lambda: get_value(0)).grid(row=5,column=1,
sticky=N + S + E + W)
    Button(root,text=" .",width=11,height=5,command=lambda: get_value(".")).grid(row=5,column=2,
sticky=N + S + E + W)

    Button(root,text="+",width=11,height=5,command=lambda:
get_operation("+")).grid(row=2,column=3,sticky=N + S + E + W)
    Button(root,text="-",width=11,height=5,command=lambda:
get_operation("-")).grid(row=3,column=3,sticky=N + S + E + W)
    Button(root,text="*",width=11,height=5,command=lambda:
get_operation("*")).grid(row=4,column=3,sticky=N + S + E + W)
    Button(root,text="/",width=11,height=5,command=lambda:
get_operation("/")).grid(row=5,column=3,sticky=N + S + E + W)
    # 添加高级点的符号
    Button(root,text="pi",width=11,height=5,command=lambda: get_operation("3.14")).grid (row=2,
column=4,sticky=N + S + E + W)
    Button(root,text="%",width=11,height=5,command=lambda: get_operation("%")).grid(row=3,
column=4,sticky=N + S + E + W)
    Button(root,text="(",width=11,height=5,command=lambda: get_operation("(")).grid(row=4,
column=4,sticky=N + S + E + W)
    Button(root,text="exp",width=11,height=5,command=lambda: get_operation("**")).grid (row=5,
column=4,sticky=N + S + E + W)

    Button(root,text="删除",width=11,height=5,command=lambda: qingchu( )).grid(row=2,column=5,
sticky=N + S + E + W)
    Button(root,text="x!",width=11,height=5,command=lambda:  fact(  )).grid(row=3,column=5,
sticky=N + S + E + W)
    Button(root,text=")",width=11,height=5,command=lambda:  get_operation(")")).grid(row=4,
column=5,sticky=N + S + E + W)
    Button(root,text="^2",width=11,height=5,command=lambda: get_operation("**2")).grid (row=5,
column=5,sticky=N + S + E + W)
    Button(root,text="^2",width=11,height=5,command=lambda: get_operation("**2")).grid (row=5,
column=5,sticky=N + S + E + W)
    Button(root,text="=",width=11,height=5,command=lambda: calculate( )).grid(columnspan=6,
sticky=N + S + E + W)

    root.mainloop( )
```

效果如图 11-23 所示。此时仅是做出了一个界面，并不能实现任何功能，所以需要定义一个函数，实现数字的输入，也就是插入。

```
# 它跟踪输入文本字段上的当前位置
i = 0
# 接收数字作为参数,并将其显示在输入字段上
def get_value(num):
    global i
    # 插入第几个位置
    display.insert(i,num)
    i+= 1
```

现在可以输入数字了,如图 11-24 所示。输入进去,但是还不能使用加、减、乘、除这些符号,所以还要添加新的函数来实现,方法与添加数字类似。

图 11-23　界面设计

```
# 将运算符作为输入并显示在输入字段上的函数
def get_operation(oper):
    global i
    length = len(oper)
    display.insert(i,oper)
    i+= length
```

这样便可以输入数字和符号了,如图 11-25 所示。现在还需要计算出结果,这里使用 eval( ) 函数。

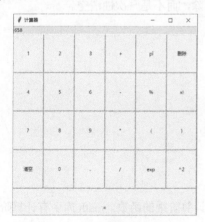

图 11-24　增加数字输入功能

图 11-25　增加字符输入功能

```
# 计算函数扫描字符串以得到结果并显示它
def calculate( ):
    entire_string = display.get( )
    try:
        a = parser.expr(entire_string).compile( )  # 解析输入字符串,传入 eval
        result = eval(a)
        # 得到结果后清空,把结果插入第一个位置
        clear_all( )
        display.insert(0,result)
    except Exception:
        # 否则清空,在第一个位置显示出错
```

```
        clear_all( )
        display.insert(0,"出错")
```

计算前需要清空前面的内容，所以定义了一个清空函数。

```
# 清除输入字段的功能
def clear_all( ):
        display.delete(0,END)  #END 表示结尾,删除从头到尾
```

这里补充一些 eval( )函数的知识点，eval 能直接计算出一段字符串。例如：

```
res1 = eval('3 * 5')
res2 = eval('7+8+(2*3)')
print(res1,res2)
```

可以直接计算出结果，也可以通过用户输入来计算，而且这个函数比其他语言更便利。

```
a = input( )
b = eval(a)
print(b)
```

输出如下：

```
5+2+(2*3)
13
```

下面要补充删除（退格）功能，实现一个一个删除，而不是一次性清空。

```
# 退格功能
def qingchu( ):
    entire_string = display.get( )
    if len(entire_string):
        new_string = entire_string[:-1]
        clear_all( )  #清空函数
        display.insert(0,new_string)
    else:
        clear_all( )
        display.insert(0,"出错")
```

由于 eval( )函数不能进行阶乘，所以还需要补充计算阶乘的函数。math 库中有计算阶乘的函数 factorial( )。

```
def fact( ):
    # 获取
    entire_string = display.get( )
    try:
        # 计算
        result = factorial(int(entire_string))
        # 计算后清空
        clear_all( )
        # 把结果插入第一个位置
        display.insert(0,result)
    except Exception:
        # 否则,清空并显示出错
```

```
            clear_all( )
            display.insert(0,"出错")
```

此时计算器便设计好了。总体思路如下。

① 设计一个 UI 界面。

② 对 UI 界面的功能依次补充，大多数直接用 eval( )计算，阶乘单独写一个函数。

完整代码：

```python
# coding=gbk
from tkinter import *
import parser
from math import factorial


root = Tk( )
root.title('计算器')
root.geometry('480x480')
# 它跟踪输入文本字段上的当前位置
i = 0
# 接收数字作为参数并将其显示在输入字段上
def get_value(num):
    global i
    # 插入第几个位置
    display.insert(i,num)
    i += 1
# 计算函数扫描字符串以得到结果并显示它
def calculate( ):
    entire_string = display.get( )
    try:
        a = parser.expr(entire_string).compile( )  # 解析输入字符串,传入 eval
        result = eval(a)
        # 得到结果后清空,把结果插入第一个位置
        clear_all( )
        display.insert(0,result)
    except Exception:
        # 否则清空,在第一个位置显示出错
        clear_all( )
        display.insert(0,"出错")


# 将运算符作为输入并显示在输入字段上的函数
def get_operation(oper):
    global i
    length = len(oper)
    display.insert(i,oper)
    i += length
```

```python
# 清除输入字段的功能
def clear_all( ):
    display.delete(0,END)

# 类似于退格的功能
def qingchu( ):
    # 获取
    entire_string = display.get( )
    if len(entire_string):
        new_string = entire_string[:-1]
        clear_all( )   # 清空函数
        # 把新的内容插入回来
        display.insert(0,new_string)
    else:
        clear_all( )
        display.insert(0,"出错")

# 计算阶乘并显示函数
def fact( ):
    # 获取
    entire_string = display.get( )
    try:
        # 计算
        result = factorial(int(entire_string))
        # 计算后清空
        clear_all( )
        # 把结果插入第一个位置
        display.insert(0,result)
    except Exception:
        # 否则,清空并显示出错
        clear_all( )
        display.insert(0,"出错")
# -------------------------------------UI 设计 -------------------------------
# 添加输入框
# columnspan:表示占用几列。columnspan=6,表示这个部件占用 6 列
# rowspan 表示占用几行。rowspan=1,表示这个部件占用 1 行
display = Entry(root)
display.grid(rowspan=1,columnspan=6,sticky=N + E + W + S,padx=0,pady=0)
# 添加按钮
# 添加数字
Button(root,text="1",width=11,height=5,command=lambda:  get_value(1)).grid(row=2,column=0,
```

```
sticky=N + S + E + W)
    Button(root,text=" 2",width=11,height=5,command=lambda: get_value(2)).grid(row=2,column=1,
sticky=N + S + E + W)
    Button(root,text=" 3",width=11,height=5,command=lambda: get_value(3)).grid(row=2,column=2,
sticky=N + S + E + W)

    Button(root,text="4",width=11,height=5,command=lambda:  get_value(4)).grid(row=3,column=0,
sticky=N + S + E + W)
    Button(root,text=" 5",width=11,height=5,command=lambda: get_value(5)).grid(row=3,column=1,
sticky=N + S + E + W)
    Button(root,text=" 6",width=11,height=5,command=lambda: get_value(6)).grid(row=3,column=2,
sticky=N + S + E + W)

    Button(root,text="7",width=11,height=5,command=lambda:  get_value(7)).grid(row=4,column=0,
sticky=N + S + E + W)
    Button(root,text=" 8",width=11,height=5,command=lambda: get_value(8)).grid(row=4,column=1,
sticky=N + S + E + W)
    Button(root,text=" 9",width=11,height=5,command=lambda: get_value(9)).grid(row=4,column=2,
sticky=N + S + E + W)

    # 添加符号
    Button(root,text="清空",width=11,height=5,command=lambda: clear_all( )).grid(row=5,column=0,
sticky=N + S + E + W)
    Button(root,text=" 0",width=11,height=5,command=lambda: get_value(0)).grid(row=5,column=1,
sticky=N + S + E + W)
    Button(root,text=" .",width=11,height=5,command=lambda: get_value(".")).grid(row=5,column=2,
sticky=N + S + E + W)

    Button(root,text="+",width=11,height=5,command=lambda:  get_operation("+")).grid(row=2,
column=3,sticky=N + S + E + W)
    Button(root,text="-",width=11,height=5,command=lambda:  get_operation("-")).grid(row=3,
column=3,sticky=N + S + E + W)
    Button(root,text="*",width=11,height=5,command=lambda:  get_operation("*")).grid(row=4,
column=3,sticky=N + S + E + W)
    Button(root,text="/",width=11,height=5,command=lambda:  get_operation("/")).grid(row=5,
column=3,sticky=N + S + E + W)
    # 添加高级点的符号
    Button(root,text="pi",width=11,height=5,command=lambda: get_operation("3.14")).grid(row=2,
column=4,sticky=N + S + E + W)
    Button(root,text="%",width=11,height=5,command=lambda:  get_operation("%")).grid(row=3,
column=4,sticky=N + S + E + W)
    Button(root,text="(",width=11,height=5,command=lambda:  get_operation("(")).grid(row=4,
```

```
column=4,sticky=N + S + E + W)
    Button(root,text="exp",width=11,height=5,command=lambda: get_operation("**")).grid (row=5,
column=4,sticky=N + S + E + W)

    Button(root,text=" 删 除 ",width=11,height=5,command=lambda:  qingchu(  )).grid(row=2,
column=5,sticky=N + S + E + W)
    Button(root,text="x!",width=11,height=5,command=lambda:  fact(  )).grid(row=3,column=5,
sticky=N + S + E + W)

    Button(root,text=")",width=11,height=5,command=lambda:  get_operation(")")).grid(row=4,
column=5,sticky=N + S + E + W)

    Button(root,text="^2",width=11,height=5,command=lambda: get_operation("**2")).grid (row=5,
column=5,sticky=N + S + E + W)
    Button(root,text="^2",width=11,height=5,command=lambda: get_operation("**2")).grid (row=5,
column=5,sticky=N + S + E + W)

    Button(root,text="=",width=11,height=5,command=lambda: calculate( )).grid(columnspan=6,
sticky=N + S + E + W)
    root.mainloop( )
```

扫码获取电子资源

## 第 12 章

计算机桌面自动化

本章是数据分析的拓展内容，将会介绍计算机桌面自动化，它主要基于 pyautogui 模块。pyautogui 模块能帮助我们节省很多时间。既然是在做重复的事，是否可以利用脚本实现自动化？当然可以。pyautogui 能够控制鼠标和键盘去实现此功能。该模块支持 Windows、Mac、Linux 系统，本章以 Windows 系统进行演示。

模块安装：输入"pip install pyautogui"命令。

12.1 鼠标的自动控制

12.1.1 桌面大小获取与鼠标指针定位

首先导入 pyautogui 模块，使用 size( ) 函数即可获取计算机屏幕的分辨率，使用 position( ) 函数能够获取鼠标指针的具体坐标，鼠标指针在不同位置，便会返回不同的坐标。

```
import pyautogui

print(pyautogui.size( ))  # 获取屏幕大小,可以在"计算机"→"设置"→"显示"→"高级显示"中查看计
```
算机屏幕分辨率大小
```
print(pyautogui.position( ))  # 获取鼠标指针的位置,鼠标指针在不同地方运行,每次运行结果不一样,因此
```
能定位到鼠标指针的位置

运行结果如下：

```
Size(width=1920,height=1080)

Point(x=1282,y=744)
```

第一个 print( ) 语句返回计算机屏幕的宽和高，那么，怎么确认它是正确的呢？单击左下角"开始"→"设置"→"系统"→"显示"→"高级显示"中查看，如图 12-1 所示。对比后发现，两者完全一致，验证了该模块的准确性。接着介绍如何确定坐标，画个图表示桌面的坐标，如图 12-2 所示。左上角坐标为（0,0），向右增加，向左减小，向下增加，向上减小，不管增加还是减小，都为正数。

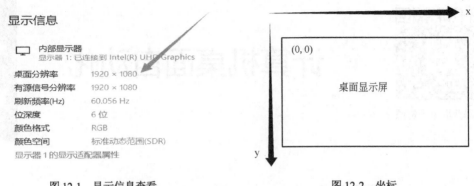

图 12-1　显示信息查看　　　　　　　　　　　　图 12-2　坐标

12.1.2　鼠标的移动与单击控制

鼠标的移动与单击分别使用 pyautogui.moveTo( ) 函数和 pyautogui.click( ) 函数实现。moveTo( ) 方法的语法如下：

moveTo(x,y,duration)

参数含义：x 与 y 为横纵坐标，表示鼠标指针移动到(x,y)位置；duration 为时间参数，表示移动到目标位置需要的时间，如果不设置，默认立即移动到目标位置，具体设置可以根据读者的需求调整。

click( ) 方法：如果不传入任何参数，表示鼠标左键单击一下；如果在里面传入参数，则不同参数具有不同含义，例如，click(button="right")表示鼠标右击；click(clicks=2)表示鼠标左键双击。

下面通过一个例子进行介绍：将鼠标指针移动到坐标(419, 1060)，左键单击一下，时间为2s，然后移动到(1717,352)单击一下，也设置为 2s。

```
import pyautogui
# 前两个参数 419,1060 分别为 x,y 坐标；第三个参数 duration 为移动到坐标所需时间
pyautogui.moveTo(419,1060,duration=2)
# click( ) 只需在当前位置用鼠标左键单击一次。click 方法不带任何参数。
pyautogui.click( )
# 移动到 (1717,352) 用时 2s
pyautogui.moveTo(1717,352,duration=2)
# 鼠标单击
pyautogui.click( )
```

设置参数值为(419, 1060)，其实这是调整好几次才获得的具体位置，这种操作很麻烦。如果想让鼠标自动单击画板，目前是需要手动调节来实现的，后面会单独介绍自动获取图像坐标的应用软件。下面介绍一种手动确定坐标的方法，假设计算机最下面一排图标如图 12-3 所示。

图 12-3　桌面

最右侧画板的具体坐标可以使用 QQ 的截图功能确定，从左上角向下拉，让右下角对准截屏

工具的中心位置，可以看到坐标大概为（356, 1068），如
图 12-4 所示。此时可以把这个坐标值填入 moveTo( )中，
即 pyautogui.moveTo(356, 1068, duration=2)，经过测试，
能够很好地确定单击它，如果不能单击，可以在测试的
时候根据偏差来调整，但几乎不会有偏差。

图 12-4　截屏数据

12.1.3　鼠标的相对移动与右击控制

前面已经能够比较精确地得到坐标，单击事件也变
得很容易，下面介绍如何使用鼠标右键单击，同时说明
相对位置移动的方法。

pyautogui.moveRel( )用于实现相对位置的移动，相对位置移动就是指相对于鼠标指针现在
的位置的移动，而 pyautogui.moveTo( ) 则是绝对位置移动。

例如，实现这样一个过程：让鼠标指针相对目前位置向右移动 280，同时向下移动 50，左
键单击，鼠标指针再移动到（1000,635），右键单击，再回到坐标（1200,621），最后左键单击。

```
import pyautogui

# moveRel 相对于鼠标指针所在位置向右移动 280,再向下移动 50
pyautogui.moveRel(280,50,duration=1)
# 左键单击
pyautogui.click( )
# 单击后移动到(1000,635)位置
pyautogui.moveTo(1000,635,duration=1)
# 默认为左击,添加参数为右击
pyautogui.click(button="right")
# 移动到指定位置(1200,621)
pyautogui.moveTo(1200,621,duration=1)
# 左键单击
pyautogui.click( )
```

12.1.4　鼠标滚动

我们看一篇文章时，通常是看一部分，滚动鼠标向下翻一部分。此时可以使用 pyautogui
中的 pyautogui.scroll( )函数实现自动翻页，在函数里面填写负数表示向下翻页，填写正数表示
向上翻页。例如：每隔 3s 鼠标滚动一点，实现如下。

```
import pyautogui
import time

time.sleep(3)
pyautogui.scroll(-1000)
time.sleep(3)
pyautogui.scroll(-1000)
time.sleep(3)
pyautogui.scroll(-1000)
time.sleep(3)
pyautogui.scroll(-1000)
```

12.1.5　窗口拖动控制

拖动文件窗口可以通过 dragto( ) 和 dragrel( )两个方法来实现，它们分别与 moveto( )和 movrel( )方法类似。

下面采用手动确定坐标的方法来确定鼠标指针的位置，再让它执行对应功能。以画板为例，首先要打开画板，然后才能拖动它，所以第一件事是确定好画板位置单击打开它，然后拖动画板。一般来说，想要拖动某个文件或者应用，是单击它的中间靠上面部分，如图 12-5 所示。

图 12-5　画板

此时可以定位到能够拖动画板的大概坐标，实现如下。

```python
import pyautogui

# 移动到目标位置
pyautogui.moveTo(356,1060,duration=1)
# 左键单击
pyautogui.click( )
# 移动到目标位置
pyautogui.moveTo(1077,192,duration=1)
# 拖曳到位置(500,500)
pyautogui.dragTo(500,500,duration=1)
# 相对现在位置向右、向下移动50
pyautogui.dragRel(50,50,duration=1)
```

当然，读者如果需要根据实际情况来调整坐标位置，使用 QQ 截屏功能即可。

12.2　键盘自动化控制

pyautogui 还能控制键盘执行相关操作，整个键盘几乎都能够控制，下面依次进行介绍。

12.2.1　键盘写入

首先介绍如何自动写入内容，可以使用 pyautogui.typewrite( )方法，它的基本语法如下：

```python
typewrite("想要输入的内容",interval)
```

interval 参数的含义是写入一个字符需要花费多长时间，如果不设置该参数，默认马上写完。例如：在文档中写入"I love python"，代码如下，演示如图 12-6 所示。

```python
import time
import pyautogui

# 强制休息5s,以便运行后打开文本,把光标放到文本框中
time.sleep(5)
```

```
# 在光标所在处写入内容
pyautogui.typewrite('I love python',interval=1)
```

图 12-6 演示

> 写入内容时从光标位置开始写入，运行后需要把光标放在文本框内。

12.2.2 键盘快捷键

通常使用 pyautogui.press( ) pyautogui.hotkey( )两个函数实现键盘快捷键的自动化。press( )
的语法如下：

press("你需要按的键", presses=n)

presses 参数表示按下的次数，默认为一次，可以传入具体数字表示按下的次数。

hotkey( )内为快捷键组合，具体根据需求填写。下面介绍一些常用的键盘对应字符串。

- a、b、c、A、B、1、2、3、@、#······单个英文字符键。
- Enter 回车键。
- f1、f2、f3 等 键盘上的 F1、F2、F3 键等。
- up、down、left、right 上、下、左、右键。
- winleft、winright 键盘左侧和右侧的 win 键。
- shift Shift 键。
- esc 键盘上的 Esc 键。
- ctrl 键盘上的 Ctrl 键。
- backspace、delete 键盘上的 Backspace 和 Delete 键。

例如：自动在文本中写入内容，然后全选，复制，按向下键，粘贴。

```
import time
import pyautogui


# 强制休息 3s,便于手动将光标移动到文本框中
time.sleep(3)
# 在光标处写入内容
pyautogui.typewrite("hello world 123",interval=0.5)
# 按一下 Enter 键
pyautogui.press('Enter')
```

```
# 全选
pyautogui.hotkey("Ctrl","a")
# time.sleep(1)
# 复制
pyautogui.hotkey("Ctrl","c")

# time.sleep(1)
# 按向下键
pyautogui.press('down')

pyautogui.hotkey("Ctrl","v")
```

演示输入如图 12-7 所示。

图 12-7　演示输入

键盘快捷键自动化实现的缺点是不支持中文，遇到中文会自动跳过，我们引入 pyperclip 模块来解决这个问题。

例如：在文档中写入"我爱 python"。

```
# 中文支持
import pyautogui
import pyperclip
import time

time.sleep(3)
pyperclip.copy('我爱 python')
pyautogui.hotkey('Ctrl','v')
```

演示结果如图 12-8 所示。

图 12-8　演示结果

pyperclip 模块的语法很简单，它的 pyperclip.copy( )函数能够复制字符串，然后用 pyautogui.hotkey( )粘贴即可。

如果你想要实现 press 连续按几次，可以添加 presses 参数。

例如：按 3 下数字 1。

```
import time
import pyautogui


# 强制休息 3s,便于手动将光标移动到文本框中
time.sleep(3)
pyautogui.press('1',presses=3)
```

刷新网页,也就是按一下 F5 键

```
import time
import pyautogui
# 强制休息 3s,便于手动将光标移动到浏览器中
time.sleep(3)
pyautogui.press('f5')
```

例如：QQ 截屏快捷键的操作。

```
import time
import pyautogui


time.sleep(1)
pyautogui.hotkey('ctrl','alt','a')
```

例如：QQ 录屏快捷键的操作。

```
import time
import pyautogui


time.sleep(1)
pyautogui.hotkey('ctrl','alt','s')
```

其他快捷键不再介绍,用户根据需求去使用。

12.3　消息框提示

消息框提示的函数包括 pyautogui.alert( )、pyautogui.confirm( )、pyautogui.prompt( )和 pyautogui. password( )。alert( )函数有定义标题、文本和要放置的按钮三个参数；confirm( )函数有文本、标题和按钮三个参数；prompt( )函数有文本、标题和默认值三个参数；password( )有文本、标题、默认值和掩码四个参数。

例如：制作一个简易的消息框。

```
import pyautogui


pyautogui.alert(text='python',title='p',button='确定')
pyautogui.confirm(text='java',title='j',buttons=['确定','取消'])
pyautogui.prompt(text='c',title='c' ,default='')
# 输入内容用星号掩盖(主要为密码)
pyautogui.password(text='c++',title='c+',default='',mask='*')
```

运行结果如图 12-9 所示。

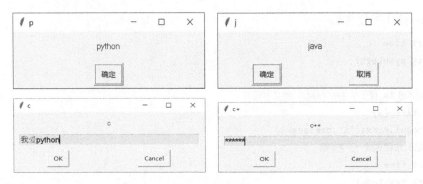

图 12-9   运行结果

12.4   截图功能

12.4.1   基本截图

使用 screenshot( )方法可实现全屏截图。例如：

```
import pyautogui
pyautogui.screenshot("1.png")  # 全屏截图
```

全屏截图如果不太适合，可以采用部分截图，这里添加 region 参数，它的前两个参数（403,127）为截屏区域的左上角坐标，后两个参数（1277,718）为截屏区域的右下角坐标，坐标可以使用 QQ 截屏的方法确定。

例如：

```
import pyautogui
pyautogui.screenshot('2.png',region=(403,127,1277,718))
```

12.4.2   图像定位

如果不想通过截屏功能来判断坐标，也可以通过识别图片的方式来实现坐标获取。例如，对桌面的微信图标做一个截屏，保存为 wei.png，如图 12-10 所示。如果需要识别它的具体坐标，可以使用 locateOnScreen( )方法，实现如下。

```
import pyautogui

# 添加 confidence 能更加精确,否则很难定位,需要安装 opencv 模块
a = pyautogui.locateOnScreen('wei.png',confidence=0.9)
print(a)
```

图 12-10   微信截图

注意

　　不要让运行界面挡住需要定位的图像，因为不管是定位还是鼠标指针控制，都是从我们能够看到的界面开始执行的。

12.5　案例实现

我们在学习自动化操作时，不能缺少 selenium 自动化测试模块。本节将结合常见的 selenium 自动化测试模块进行案例实践，仅对 selenium 做一个简单的搭建与介绍，关于 selenium 自动化测试的具体内容，读者可自行去了解。

selenium 是一个强大的工具，用于通过程序控制 Web 浏览器并实现浏览器自动化。它适用于所有浏览器及主要操作系统。其脚本是用各种语言编写的，如 Python、Java、C#等，下面将用 Python 进行介绍。selenium 支持多种浏览器，本节主要使用谷歌浏览器。

12.5.1　selenium 环境搭建与简单使用

第一步：安装 pip install selenium 模块。

第二步：驱动器配置。

在谷歌浏览器输入"Chrome://version/"命令，回车，查看 Chrome 版本（这里我们强烈推荐使用谷歌浏览器），如图 12-11 所示。可看到版本为"99.0.4844.51"，进入以下链接下载驱动器：

https://chromedriver.chromium.org/downloads

图 12-11　版本查看

选择与浏览器相同的版本驱动器，如图 12-12 所示。单击 Win32 的版本下载，如图 12-13 所示；解压缩得到 exe 文件，复制该路径，如图 12-14 所示；添加环境变量，如图 12-15 所示。

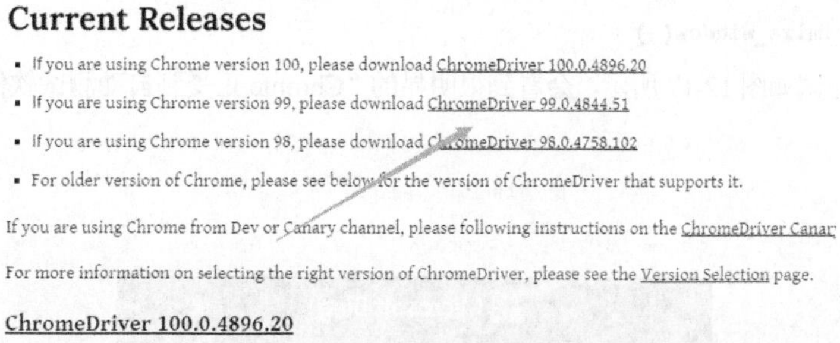

Current Releases

- If you are using Chrome version 100, please download ChromeDriver 100.0.4896.20
- If you are using Chrome version 99, please download ChromeDriver 99.0.4844.51
- If you are using Chrome version 98, please download ChromeDriver 98.0.4758.102
- For older version of Chrome, please see below for the version of ChromeDriver that supports it.

If you are using Chrome from Dev or Canary channel, please following instructions on the ChromeDriver Canar

For more information on selecting the right version of ChromeDriver, please see the Version Selection page.

ChromeDriver 100.0.4896.20

图 12-12　选择对应版本

图 12-13　Windows 版本下载

图 12-14　复制路径

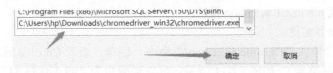

图 12-15　添加环境变量

若想查看配置是否成功，在 cmd 中输入"chromedriver"命令，出现如图 12-16 所示界面，则测试成功。

图 12-16　测试查看

下面介绍使用 selenium 打开搜索引擎网页，并使页面最大化。实现如下：

```python
from selenium import webdriver
# 谷歌驱动,把 chromedriver.exe 路径传入进去
driver = webdriver.Chrome(r'D:\360 安全浏览器下载\chromedriver.exe')
# 打开网站
driver.get('https://cn.bing.com/?mkt=zh-CN')
# 页面最大化
driver.maximize_window( )
```

网页打开测试如图 12-17 所示，会看到很明显的"Chrome 正受到自动测试软件的控制"信息。

图 12-17　网页打开测试

12.5.2　结合 selenium 模拟滑动

当在网页中阅读一本书时，可以使用 pyautogui 翻页。虽然 selenium 也能做到滚动翻页，但是稍微有点麻烦，首先需要定位元素，其次是定位滑动的位置，一旦确定位置它就会马上跳跃到定位处，实在不适合阅读，所以下面尝试结合 pyautogui 实现翻页。

这里以 CSDN 网站为例，现在想阅读热榜的内容，需要一点一点往下翻阅，只需要在中间添加时间间隔，代码实现如下。

```python
from selenium import webdriver
import time
import pyautogui

driver = webdriver.Chrome(r'D:\360安全浏览器下载\chromedriver.exe')

driver.get('https://blog.csdn.net/rank/list')
driver.maximize_window()

time.sleep(2)
pyautogui.scroll(-1000)
time.sleep(3)
pyautogui.scroll(-1000)
time.sleep(3)
pyautogui.scroll(-1000)
time.sleep(3)
pyautogui.scroll(-1000)
```

12.5.3　模拟微信发送消息

用 QQ 截屏功能确定微信图标的坐标为（394, 1068），模拟在微信里发送 3 次消息，代码实现如下：

```python
import pyautogui
import time
pyautogui.moveTo(394,1068,duration=0.5)
pyautogui.click(clicks=1,button='left')

for i in range(3):
    pyautogui.typewrite('test')
    time.sleep(2)
    pyautogui.press('enter')
```

测试结果如图 12-18 所示。如果想要发中文，可以使用 pyperclip 模块，方法很简单，主要用于复制。

```python
import pyautogui
import pyperclip
import time
```

215

```
pyautogui.moveTo(394,1068,duration=0.5)
pyautogui.click(clicks=1,button='left')
for i in range(2):
    time.sleep(2)
    pyperclip.copy('这是一个测试!')
    pyautogui.hotkey('Ctrl','v')  # 组合键
    pyautogui.press('Enter')
```

中文测试如图 12-19 所示。

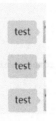

图 12-18　测试结果　　　　　　　　　　　　　　图 12-19　中文测试

如果想要设计一个隔一段时间夸赞对方一下的功能，可以提前设置一个列表。例如：

```
import pyautogui
import time
import pyperclip
pyautogui.moveTo(394,1068,duration=0.5)
pyautogui.click(clicks=1,button='left')

li=['你知道吗?你很特别,和别人不一样','你身上散发出的气质很独特','这件衣服很普通,但穿在你身上很别']
for i in range(3):
    for j in li:
        pyperclip.copy(j)
        pyautogui.hotkey('Ctrl','v')  # 组合键
        time.sleep(2)
        pyautogui.press('Enter')
```

实际情况下，可能需要将 time.sleep( )设置长一点，列表内容多添加一点。

12.5.4　模拟表单填写

目标表单网址：https://formsmarts.com/html-form-example。
首先用 selenium 打开表单网址，实现如下。

```
import time
import pyautogui
import pyperclip
from selenium import webdriver

options = webdriver.ChromeOptions( )
options.add_experimental_option("excludeSwitches",['enable-automation'])  # 去除 inforbars 的
```
具体配置

```
driver = webdriver.Chrome(r'D:\360安全浏览器下载\chromedriver.exe',options=options)
```

```
driver.get("https://formsmarts.com/html-form-example")
driver.maximize_window( )  # 最大化方便定位
time.sleep(5)  # 强制休息 5s,方便加载页面,以免定位失败
```

进入这个页面后，因为表格在下面，看不到表格，所以需要调节，让鼠标向下滚动，保证能够看到表格内容。鼠标向下滚动（这个值可能要调节几次）：

```
pyautogui.scroll(-550)
```

下面依然使用 QQ 截屏功能来定位第一个输入框的位置，如图 12-20所示。然后填写第一个内容：

图 12-20　截屏获取

```
pyautogui.moveTo(x=630,y=660,duration=1)  # 移动到目标位置
pyautogui.click( ) # 左击一下,才可以填写
pyperclip.copy('张')  # 复制内容
pyautogui.hotkey('Ctrl','v')  # 粘贴快捷键,把内容粘贴进去
```

运行结果如图 12-21 所示。使用相同的方法来确定第二个输入框的坐标，填写内容，如图 12-22 所示。

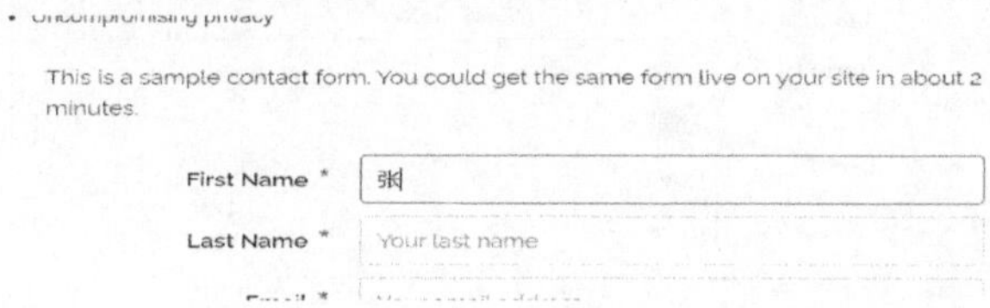

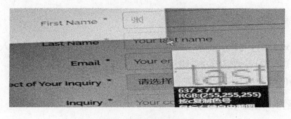

图 12-21　填写姓

图 12-22　截屏定位法

这一部分代码如下：

```
pyautogui.click(x=637,y=712,duration=1,button='left')  # 也可以直接在 click 中填写单击的坐标
pyperclip.copy('三')
pyautogui.hotkey('Ctrl','v')  # 粘贴快捷键,把内容粘贴进去
```

输入名如图 12-23 所示。接着以同样的道理继续填写邮箱。

图 12-23　输入名

```
pyautogui.click(x=630,y=775,duration=1,button='left')  # 邮箱
pyperclip.copy('123456789@qq.com')
pyautogui.hotkey('Ctrl','v')  # 组合键,输入内容
```

这时遇到一个选择，需要先单击"请选择"，才会弹出来，如图 12-24 所示。

图 12-24 选择界面

方法依然不变，依次继续单击即可。

```
pyautogui.click(x=637,y=836,duration=1,button='left')
pyautogui.click(x=637,y=920,duration=1,button='left')
```

填写最后一个文本框内容，如图 12-25 所示。

图 12-25 介绍框

依然用截屏方法确定输入框的位置坐标。

```
pyautogui.click(x=670,y=980,duration=1,button='left')  # 单击一下输入框
pyperclip.copy('这只是一个测试')  # 复制字符串
pyautogui.hotkey('Ctrl','v')  # 粘贴快捷键
```

填写介绍框的内容，如图 12-26 所示。

图 12-26 填写介绍框

此时如果还想要单击继续，但是继续按钮看不见了，所以需要鼠标再向下滚动一点，再单击：

```
pyautogui.scroll(-200)
pyautogui.click(x=630,y=920,duration=1,button='left')  # 单击继续
```

pyautogui 模块能处理桌面，而 selenium 能处理网页，把它们结合起来使用能更加自动化，这就要根据具体需求来编写。如果本节内容的代码在读者的计算机中运行后无法正确定位，只需要用 QQ 截屏法来确定对应位置并调整一下参数即可。

MySQL 数据库

13.1　为什么要学习数据库

数据库是结构化信息或数据（一般以电子形式存储在计算机系统中）的有组织的集合，通常由数据库管理系统（DBMS）控制。在现实中，数据、DBMS 及关联应用一起被称为数据库系统，通常简称数据库。

使用数据库的好处有哪些呢？列举以下几点。

① 数据库可以有效地存储大量记录，并且占用的空间很小。

② 使用数据库，可以从海量的数据中很容易找到需要的信息。

③ 容易添加新的数据以及编辑或删除已有的数据。

④ 数据可以轻松排序。

⑤ 多人可以同时访问同一个数据库，这样可以多人管理，而且每个人的权限可能不一样，一个大型数据库应该是每个人负责一部分。

⑥ 安全性可能比纸质文件更好，至少比存储到本地的文档好。

13.2　MySQL 下载与安装

这里安装 5.7 版本的 MySQL，打开官网，单击"Download"按钮，选择"No thanks, just start my download."，如图 13-1、图 13-2 所示。下载好后双击，选择"Custom"单选按钮，单击"Next"按钮，如图 13-3 所示。选择 x64，然后单击中间的箭头，就可以将 x64 加入右边框中，如图 13-4 所示。单击"Execute"按钮，如图 13-5 所示。单击"Next"按钮，如图 13-6 所示。

图 13-1　下载

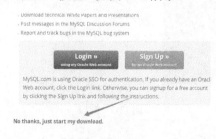

图 13-2　选择

此时端口被占用，所以需要修改端口号，默认端口号为3306，如图 13-7 所示。这里设置密码为 "133456"，因为仅是练习，不用把密码弄得太复杂，如图 13-8 所示。

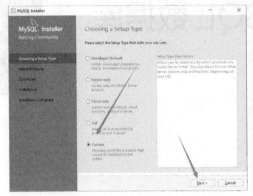

图 13-3　选择 "Next" 按钮

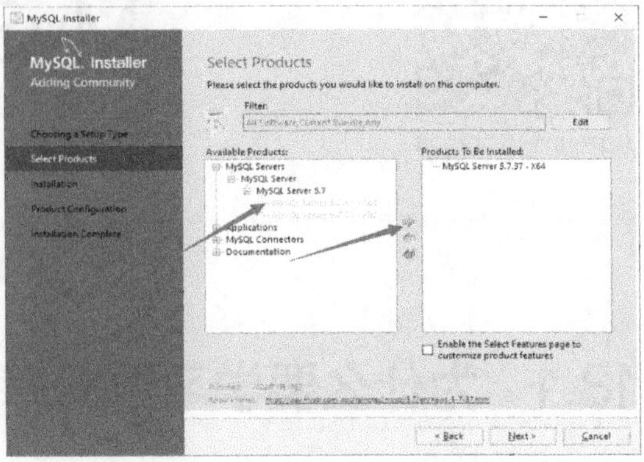

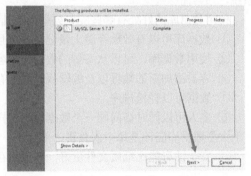

图 13-4　选择版本

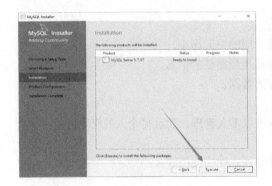

图 13-5　执行

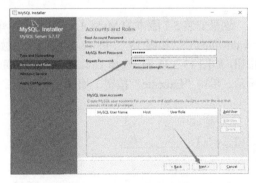

图 13-6　选择

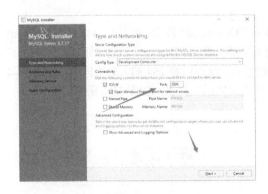

图 13-7　端口

图 13-8　密码设置

单击 "Execute" 按钮，如图 13-9 所示。单击 "Finish" 按钮，如图 13-10 所示。

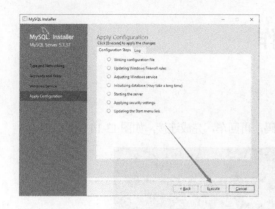

图 13-9　选择

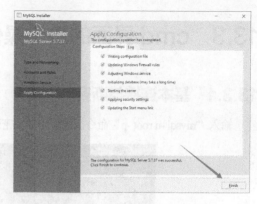

图 13-10　选择"Finish"按钮

默认安装在：C:\Program Files\MySQL 文件夹，进去后复制 bin 目录路径，如图 13-11 所示。然后添加到环境变量，如图 13-12 所示。

图 13-11　路径复制

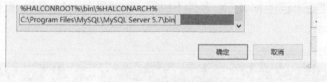

图 13-12　添加环境变量

打开 cmd，输入命令"mysql -u root -p"，回车，输入密码"133456"，安装成功，如图 13-13 所示。

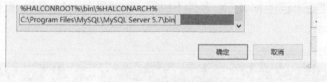

图 13-13　测试成功

13.3　cmd 界面的基本操作

13.3.1　基本连接与断开

输入"mysql -u root -p"命令后回车，填写密码，再回车，完成连接，如图 13-14 所示。

图 13-14　连接成功

输入退出命令"quit"，如图 13-15 所示。如果想要修改密码，也很简单。例如现在的密码是"133456"，需要改成新密码"133"，输入命令（注意：退出后再执行）如下：

```
mysqladmin –u root -p133456 password 133
```

图 13-15　退出

　　该命令需要在非连接 MySQL 条件下执行，也就是退出 MySQL 条件下执行，演示如图 13-16 所示。

图 13-16　修改密码

如果想看一下数据库文件保存的位置，可以查看数据库文件存放目录，命令如下，演示如图 13-17 所示。

```
SHOW VARIABLES LIKE '%datadir%';
```

```
mysql> SHOW VARIABLES LIKE '%datadir%';
+---------------+-------------------------------------------------------+
| Variable_name | Value                                                 |
+---------------+-------------------------------------------------------+
| datadir       | C:\Users\hp\Downloads\mysql-8.0.11-winx64\data\       |
+---------------+-------------------------------------------------------+
1 row in set, 1 warning (0.00 sec)
```

图 13-17　目录查询

13.3.2　基本的输入查询

例如：查看当前日期和安装的 MySQL 版本，命令为 "SELECT VERSION( ), CURRENT_DATE;"。

注意

> 以大写和小写输入关键词查询是等价的，例如 SELECT 等效于 select，标准是用大写，但是可以根据个人习惯选择大写或者小写。

select 还可以做四则运算。例如：

select 2+3;

演示如图 13-18 所示。也可以在一行输入多条语句，只需要以一个分号间隔开各语句。例如：

select now( );select 5+6;

演示如图 13-19 所示。

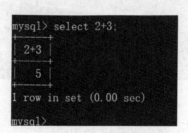

图 13-18　加法运算

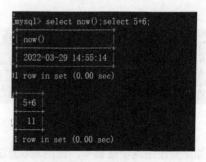

图 13-19　单行多句

MySQL 接受自由格式的输入，它收集输入行，遇到分号才会执行结束命令，这是基础，也是初学者容易忽略的地方。例如：

```
mysql> select user( )
    -> ,
    -> now( )
    -> ;
```

演示如图 13-20 所示。

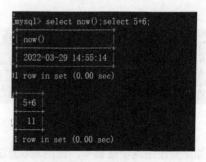

图 13-20　分号结尾

查看服务器所有数据库，代码如下，演示如图 13-21 所示。

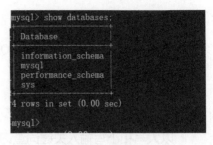

图 13-21　数据库查询

```
show databases;
```

13.3.3　数据库简单使用

创建一个数据库，名字为 test，代码如下，演示如图 13-22 所示。

```
create database test;
```

再来查看一下数据库中是不是多了一个叫作 test 的数据库，使用 show 插件即可，代码如下，演示如图 13-23 所示。

```
show databases;
```

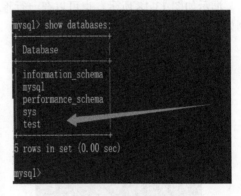

图 13-22　创建数据库　　　　　　　　　　　图 13-23　查看数据库

如果要使用这个数据库，使用 use 方法，代码如下，演示如图 13-24 所示。

```
use test;
```

查看 test 数据库中有哪些表，代码如下，演示如图 13-25 所示（显示为空列表）。

```
show tables;
```

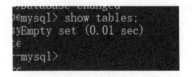

图 13-24　使用数据库　　　　　　　　　　图 13-25　显示表

如果要删除数据库，可以执行"drop database 数据库名"命令。

13.3.4　表的创建与删除

创建表的前提是选择使用哪个数据库，这里继续在 test 数据库中创建一个表，表的名字为 zhang，内容是一个人的名字、年龄、性别、爱好。

```
create table zhang(name varchar(10),age int,sex varchar(1),hobby varchar(10));
```

演示如图 13-26 所示。

```
mysql> create table zhang(name varchar(10),age int,sex varchar(1),hobby varchar(10));
Query OK, 0 rows affected (0.07 sec)

mysql>
```

图 13-26　创建表

现在再来查看一下所有表，演示如图 13-27 所示。查看表 zhang 的描述，使用 describe 方法。

```
describe zhang;
```

演示如图 13-28 所示（表内容目前为空）。

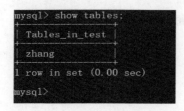

图 13-27　查看表　　　　　　　　　图 13-28　表的描述

如果想要把表中内容全部清除，使用 delete from 方法（注意清空不代表删除该表）。

```
delete from zhang;
```

如果想要删除这个表，可以使用 drop 方法。

```
drop table zhang;
```

13.3.5　数据类型

使用 describe 查看表的数据结构会返回一个表每个字段的类型，表 13-1 列举了一些数据库中常用的数据类型。

表 13-1　数据库中常用的数据类型

符号	含义
int	整型，数字中最常用
float	浮点型，可以表示小数，也较常用
char	定长字符串
varchar	变长字符串，极其常用

13.3.6　数据插入表中

前面完成了表的创建，但是表的内容为空，所以需要把信息填写进去。例如，插入信息：名字为张三，年龄为 20，性别为男，爱好为游戏。

```
mysql> insert into zhang
    -> values('张三',20,'男','游戏');
```

演示如图 13-29 所示（如果命令比较长，可以分段写）。

再来查看表的具体内容，使用 select* 方法查看所有内容。

select * from zhang;

演示如图 13-30 所示。

图 13-29　插入单行数据　　　　　　　　　　　图 13-30　查询表的具体内容

上面插入的是单行数据，如果插入多行数据，用逗号分隔每个元组。

```
mysql> insert into zhang values
    -> ('小强',20,'男','学习'),
    -> ('小红',20,'女','学习'),
    -> ('小明',19,'男','游戏');
```

演示如图 13-31 所示。再来查看数据表内容。

select * from zhang;

演示如图 13-32 所示。

图 13-31　插入多行数据　　　　　　　　　　　图 13-32　查询表所有内容

13.3.7　表的更改

修改表的名字、字段也是可以的。例如：修改表 zhang 为表 info。

alter table zhang rename info;

图 13-33　更改表名

演示如图 13-33 所示。如果还想在 hoby 后面添加一个字段信息，如学号，则输入：

alter table info add id int(10) after hobby;

然后查看一下表。

select * from info;

演示如图 13-34 所示（新添加的字段为空，用 NULL 表示）。现在把这里面的空值修改为数字 01、02、03、04，使用 update 函数中的 set 方法（结果见图 13-35）。

update info set id=01 where name='张三';

update info set id=02 where name='小强';

```
update info set id=03 where name='小红';
update info set id=04 where name='小明';
```

图 13-34　查看表所有信息　　　　　　　图 13-35　查询表所有内容

删除表的某一行语法如下：

```
delete from 表名 where 字段=值
```

例如，删除"小明"这一条信息，并查看（结果见图 13-36）。

```
delete from info where id=4;
select * from info;
```

13.3.8　表的查询

数据那么多，如果只想要某一部分，使用 select 查询。查询某一行数据。例如，查询小强信息，代码如下，演示如图 13-37 所示。

```
select * from info where id=2;
```

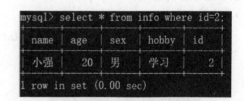

图 13-36　删除一行　　　　　　　　　图 13-37　选择查询

我们也可以用大于或小于号筛选。例如，筛选 ID 小于 3 的人的信息，代码如下，演示如图 13-38 所示。

```
select * from info where id<3;
```

如果只想知道 ID 小于 3 的名字，则输入：

```
select name from info where id<3;
```

筛选演示如图 13-39 所示。

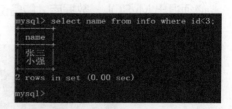

图 13-38　筛选演示　　　　　　　　　图 13-39　筛选演示（ID 小于 3）

为了提高筛选的准确性，可以多个条件同时筛选。例如，筛选性别为男、爱好为学习的男生名字，代码如下，演示如图 13-40 所示。

```
select name from info  where  (sex='男' and hobby='学习');
```

图 13-40　筛选演示（爱好学习的男生）

如果只想得到某一列的信息，不要用星号，直接选择列。例如，选所有名字，代码如下，演示如图 13-41 所示。

```
select name from info;
```

13.3.9　数据库的备份与恢复

实际应用中，需要对数据库进行适当的备份和恢复，这里以 test 数据库为例。先查看一下自己有哪些数据库，代码如下，查询数据库如图 13-42 所示。

```
show databases;
```

退出 MySQL 后进行备份，退出如图 13-43 所示。目前数据库中只有 info 表，所以备份这个表，先手动创建一个 info.sql 表（也可以是别的名字），路径为 D:/info.sql（也可以是别的路径），执行命令：

```
mysqldump -u root  -p test info > D:/info.sql
```

图 13-41　筛选演示（选择某一列）　　　　　　　图 13-42　查询数据库

注意

必须退出 MySQL，数据库才能备份！退出后执行命令，末尾不要加分号。

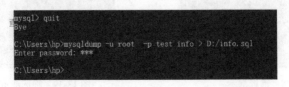

图 13-43　退出

以文本形式查看备份的数据库文件，如图 13-44 所示。

```
CREATE TABLE `info` (
  `name` varchar(10) DEFAULT NULL,
  `age` int(11) DEFAULT NULL,
  `sex` varchar(1) DEFAULT NULL,
  `hobby` varchar(10) DEFAULT NULL,
  `id` int(10) DEFAULT NULL
) ENGINE=InnoDB DEFAULT CHARSET=utf8;
/*!40101 SET character_set_client = @saved_cs_client */;

--
-- Dumping data for table `info`
--

LOCK TABLES `info` WRITE;
/*!40000 ALTER TABLE `info` DISABLE KEYS */;
INSERT INTO `info` VALUES
('张三',20,'男','游戏',1),('小强',20,'男','学习',2),('小红',20,'女','学习
',3);
```

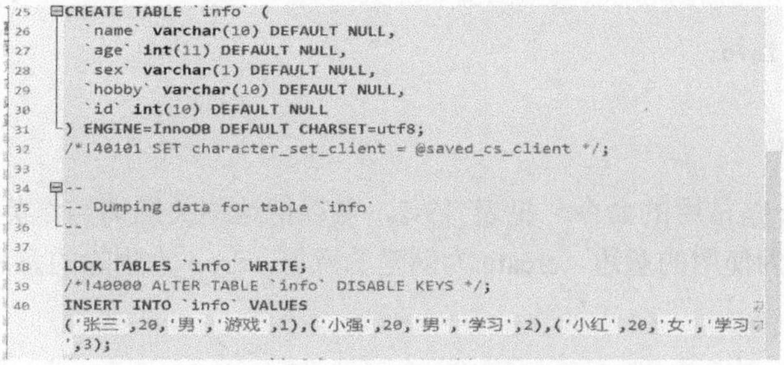

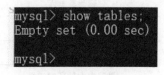

图 13-44　备份文件

为了演示，先进入数据库把这个数据表删除，然后再查看，代码如下，运行结果如图 13-45 所示。

```
use test
show tables;
drop table info;

show tables;
```

```
mysql> show tables;
Empty set (0.00 sec)

mysql>
```

图 13-45　查看表

删除后再把它备份回来，一般来说，恢复到另外一个空数据库中，所以先创建一个数据库，命名为 test2，然后输入“quit”命令退出数据库，将刚才的表恢复到数据库 test2 中。

```
mysql -h localhost -u root -p test2<D:/info.sql
```

注意

退出后，末尾没有分号。

退出演示如图 13-46 所示。再回到数据库查看一下 test2，代码如下，演示如图 13-47 所示。可以看到数据库已经恢复完毕。

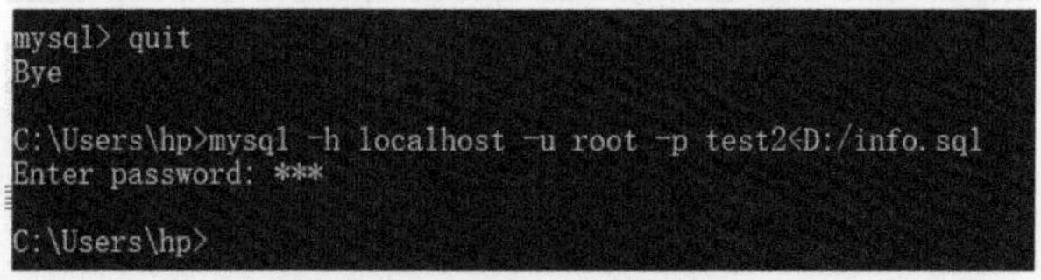

```
mysql> quit
Bye

C:\Users\hp>mysql -h localhost -u root -p test2<D:/info.sql
Enter password: ***

C:\Users\hp>
```

图 13-46　退出

```
mysql> use test2;
Database changed
mysql> show tables;
+-----------------+
| Tables_in_test2 |
+-----------------+
| info            |
+-----------------+
1 row in set (0.00 sec)

mysql> select * from info;
+------+------+------+-------+------+
| name | age  | sex  | hobby | id   |
+------+------+------+-------+------+
| 张三 |   20 | 男   | 游戏  |    1 |
| 小强 |   20 | 男   | 学习  |    2 |
| 小红 |   20 | 女   | 学习  |    3 |
+------+------+------+-------+------+
3 rows in set (0.00 sec)
```

图 13-47　演示

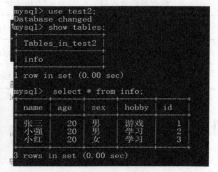

```
 use test2;
 show tables;
 select * from info;
```

13.3.10 小结

我们需要记住一些常用的命令，见表 13-2，可以把这些关键词当作英文来理解，如 show 为展示的意思，use 为使用的意思，create 为创建的意思，drop 为删除的意思，rename 为重命名的意思。

表 13-2 常用命令用途及格式

用途	命令格式
显示数据库列表	show databases;
显示库中的数据表	use 数据库名；show tables;
显示数据表的结构	describe 表名;
创建数据库	create database 库名;
创建数据表	use 库名；create table 表名（字段设定列表）;
删除数据库	drop database 库名;
删除数据表	drop table 表名;
将表中记录清空	delete from 表名;
显示表中的所有记录	select * from 表名;
连接 MySQL	mysql:mysql -u root –p;
修改连接密码	mysqladmin -uroot -p 原来密码 password 新密码;
选择（使用）数据库	use 数据库名;
增加表的字段	alter table 表名 add 字段名 数据类型;
更改表名	alter table 原来名字 rename 新名字;
插入数据到表中	insert into 表名 values( );
修改数据表内容	update 表名 set 字段名='值',字段名='值' where 字段（一般使用主键）=值;
删除表的一条数据	delete from 表名 where 字段（一般为主键）=值;
删除表的全部数据	delete from 表名;
删除整个表	drop table 表名

13.4 单表查询

在 cmd 中练习实在不方便，如果有一个 UI 界面来操作就太好了，幸运的是，我们有很多 UI 界面的 MySQL 软件，下面以 navicat 软件为例进行介绍。

13.4.1　navicat 的连接

这里不演示 navicat 的安装过程，大家可以在网上搜索下载，版本不做要求，本书中使用的是 navicat 13。下载好后打开软件，单击"连接"按钮，选择"MySQL"选项，如图 13-48 所示。

填写相应信息，如图 13-49 所示。

- 连接名：自定义一个名字即可。
- 主机：默认 localhost。
- 端口：默认 3306，这里安装 MySQL 的时候选择 3307。
- 用户名：默认 root。
- 密码：注册时的密码为 133456。

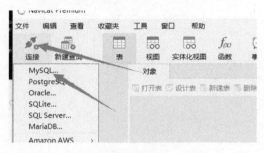

图 13-48　连接

图 13-49　信息填写

连接成功后单击"新建查询"按钮，如图 13-50 所示。在这个界面写命令，比在 cmd 下写语句轻松很多。

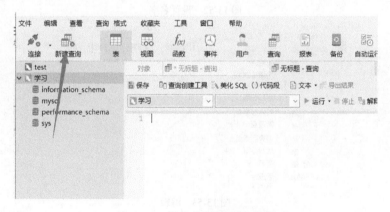

图 13-50　单击"新建查询"按钮

13.4.2　创建数据表

在 navicat 中创建一个数据库 info，然后创建一个学生信息表 student。具体操作演示如下。

使用鼠标右键单击文件夹，在弹出的快捷菜单中选择"新建数据库"选项，如图 13-51 所示。输入数据库名为"info"，如图 13-52 所示。设置编码方式，使用鼠标右键单击，在弹出的快捷菜单中选择"编辑连接"选项，如图 13-53 所示。为了支持中文，选择 UTF-8 编码方式，如图 13-54 所示。

图 13-51　新建数据库

图 13-52　设置名字

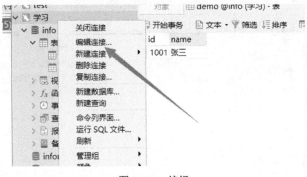

图 13-53　编辑

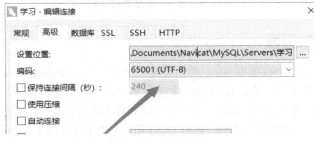

图 13-54　编码修改

接着创建表，在"info"下选择"表"，用鼠标右键单击，选择"新建表"选项，如图 13-55
所示。

图 13-55 新建表

创建的字段如图 13-56 所示。单击"保存"按钮，表名设置为"student"，双击保存的 student
学生信息表，手动添加信息。

图 13-56 创建的字段

添加完一条信息，如果想要增加下一条信息，单击最下面的加号，如图 13-57 所示。

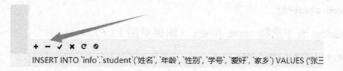

INSERT INTO `info`.`student`(`姓名`,`年龄`,`性别`,`学号`,`爱好`,`家乡`) VALUES ('张三')

图 13-57 添加

最终编辑如图 13-58 所示。同理，再创建一个超市商品的数据表 super，如图 13-59 所示。
这比起在 cmd 界面用命令创建数据表轻松多了。

name	age	sex	ID	hobby	hometown
张三	20	男	1001	数学	上海
张四	19	男	1002	语文	上海
王明	16	男	1003	编程	北京
菲雪儿	21	女	1004	吉他	北京
周顺	18	男	1005	数学	深圳
李明	22	男	1006	编程	成都
玲珑	23	女	1007	吉他	北京
王红	18	女	1008	语文	成都
周志华	20	男	1009	数学	深圳
王菲	23	女	1010	唱歌	上海
阡陌	24	女	1011	唱歌	北京

图 13-58 完整表

13.4.3 select 选择语句

select 语法如下：

select column1,column2,……

此处，column1、column2……是要从中选择数据的表的字段名称。例如，查看数据表中的名字，代码如下，运行输出如图 13-60 所示。

select name from student;

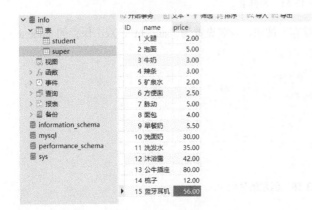

图 13-59　super 表　　　　　　　图 13-60　选择结果（查看名字）

如果选择表中的所有可用字段，使用以下语法：

select * from table_name;

例如，查看数据表 student 的所有数据（结果见图 13-61）。

select * from student;

例如：从 student 表中选择 name 和 sex（结果见图 13-62）。

select name,sex from student;

信息	结果 1	结果 2	剖析	状态	
name	age	sex	ID	hobby	hometown
▶张三	20	男	1001	数学	上海
张四	19	男	1002	语文	上海
王明	16	男	1003	编程	北京
菲雪儿	21	女	1004	吉他	北京
周顺	18	男	1005	数学	深圳
李明	22	男	1006	编程	成都
玲珑	23	女	1007	吉他	北京
王红	18	女	1008	语文	成都
周志华	20	男	1009	数学	深圳
王菲	23	女	1010	唱歌	上海
阡陌	24	女	1011	唱歌	北京

信息	结果 1	结果 2	结果 3	
name	sex			
▶张三	男			
张四	男			
王明	男			
菲雪儿	女			
周顺	男			
李明	男			
玲珑	女			
王红	女			
周志华	男			
王菲	女			
阡陌	女			

图 13-61　选择结果（查看学生所有数据）　　　图 13-62　选择结果（选择 name 和 sex）

注意

如果一个查询表里的内容太多，可以使用"Ctrl+/"快捷键进行注释。

13.4.4 select distinct 语句

select distinct 语句仅用于返回不同的值。在表中，一列通常包含许多重复值，有时只需要列出不同的值。例如，hometown 为上海的有三个，只需要列举一个即可。

select distinct 的语法如下：

```
select distinct column1,column2……
from  table_name;
```

例如：查询 hometowm 不同的城市，代码如下，运行结果如图 13-63 所示。

```
select distinct hometown from student;
```

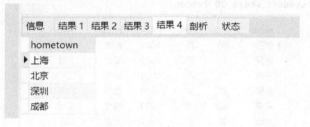

图 13-63　不重复数据

例如：查询爱好不同的人的数量，代码如下，运行结果如图 13-64 所示。

```
select count(distinct hobby) from student;
```

图 13-64　数量

13.4.5 where 查询子句

where 子句用于过滤记录，可提取满足指定条件的记录。语法如下：

```
select column1,column2……
from  table_name
where  condition;
```

例如：选择城市在上海的学生信息，代码如下，查询结果如图 13-65 所示。

```
select * from student where hometown='上海';
```

选择的条件中，如果为文本，要用引号，而数字不需要用引号。例如，获取 ID 为 1005 的学生信息，代码如下，选择结果如图 13-66 所示。

```
select * from student where ID=1005;
```

name	age	sex	ID	hobby	hometown
▶ 张三	20	男	1001	数学	上海
张四	19	男	1002	语文	上海
王菲	23	女	1010	唱歌	上海

图 13-65　查询结果

信息	结果 1	剖析	状态		
name	age	sex	ID	hobby	hometown
▶ 周顺	18	男	1005	数学	深圳

图 13-66　选择结果

例如：查询 ID 不等于 1005 的所有学生信息。代码如下，选择结果如图 13-67 所示。

```
select * from student where ID !=1005;
```

name	age	sex	ID	hobby	hometown
▶ 张三	20	男	1001	数学	上海
张四	19	男	1002	语文	上海
王明	16	男	1003	编程	北京
菲雪儿	21	女	1004	吉他	北京
李明	22	男	1006	编程	成都
玲珑	23	女	1007	吉他	北京
王红	18	女	1008	语文	成都
周志华	20	男	1009	数学	深圳
王菲	23	女	1010	唱歌	上海
阡陌	24	女	1011	唱歌	北京

图 13-67　选择结果（ID 不为 1005）

where 的相关操作符见表 13-3。

表 13-3　where 的相关操作符

操作符	含义	操作符	含义
=	等于	<=	小于或等于
! =	不等于	between…and	取范围
>	大于	like	关键词搜索
<	小于	in	在某个元组范围
>=	大于或等于		

例如：查询 ID 在 1002～1006 之间的所有学生信息。代码如下，选择结果如图 13-68 所示。

```
select * from student where ID between 1002 and 1006;
```

例如：查询 ID 大于 1008 的所有学生的名字。代码如下，选择结果如图 13-69 所示。

```
select name from student where ID>1008;
```

name	age	sex	ID	hobby	hometown
▶ 张四	19	男	1002	语文	上海
王明	16	男	1003	编程	北京
菲雪儿	21	女	1004	吉他	北京
周顺	18	男	1005	数学	深圳
李明	22	男	1006	编程	成都

信息　结果 1　剖析　状态

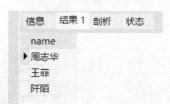

图 13-68　选择结果（ID 为 1002～1006）　　　　图 13-69　选择结果（ID 大于 1008）

例如：查询年龄大于或等于 21 的所有学生信息。代码如下，选择结果如图 13-70 所示。

```
select * from student where age>=21;
```

例如：查询年龄小于 19 的学生的名字。代码如下，选择结果如图 13-71 所示。

```
select name from student where age <19;
```

信息　结果 1　剖析　状态

name	age	sex	ID	hobby	hometown
▶ 菲雪儿	21	女	1004	吉他	北京
李明	22	男	1006	编程	成都
玲珑	23	女	1007	吉他	北京
王菲	23	女	1010	唱歌	上海
阡陌	24	女	1011	唱歌	北京

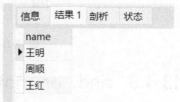

图 13-70　选择结果（年龄大于或等于 21）　　　图 13-71　选择结果（年龄小于 19）

例如：查询名字以"王"开头的所有学生信息。代码如下，查询结果如图 13-72 所示。

```
select * from student where name like '王%';
```

信息　结果 1　剖析　状态

name	age	sex	ID	hobby	hometown
▶ 王明	16	男	1003	编程	北京
王红	18	女	1008	语文	成都
王菲	23	女	1010	唱歌	上海

图 13-72　查询结果（王某）

例如：查询名字以"明"结尾的所有学生信息。代码如下，选择结果如图 13-73 所示。

```
select * from student where name like '%明';
```

信息　结果 1　剖析　状态

name	age	sex	ID	hobby	hometown
▶ 王明	16	男	1003	编程	北京
李明	22	男	1006	编程	成都

图 13-73　选择结果（某明）

例如：查询城市在成都和北京的所有学生信息。代码如下，选择结果如图 13-74 所示。

```
select * from student where hometown in ('成都','北京');
```

name	age	sex	ID	hobby	hometown
王明	16	男	1003	编程	北京
菲雪儿	21	女	1004	吉他	北京
李明	22	男	1006	编程	成都
玲珑	23	女	1007	吉他	北京
王红	18	女	1008	语文	成都
阡陌	24	女	1011	唱歌	北京

图 13-74　选择结果（城市在成都和北京的学生）

例如：查询爱好为吉他和唱歌的所有学生信息。代码如下，选择结果如图 13-75 所示。

```
select * from student where hobby in ('吉他','唱歌');
```

name	age	sex	ID	hobby	hometown
菲雪儿	21	女	1004	吉他	北京
玲珑	23	女	1007	吉他	北京
王菲	23	女	1010	唱歌	上海
阡陌	24	女	1011	唱歌	北京

图 13-75　选择结果（爱好为吉他和唱歌的学生）

13.4.6　and、or、not 使用

where 子句可以结合 and、or 和 not 操作，筛选数据更加灵活。
- and 表示都，要两者都满足才会返回。
- or 表示或，只要两者条件满足其一就可以返回。
- not 表示不，不在条件范围内的返回。

例如：查询所有城市为北京并且年龄小于 22 的学生信息。代码如下，选择结果如图 13-76 所示。

```
select * from student where hometown='北京' and age<22;
```

例如：查询爱好为编程或唱歌的所有学生信息。代码如下，选择结果如图 13-77 所示。

```
select * from student where hobby='编程' or hobby='唱歌';
```

信息	结果1	剖析	状态		
name	age	sex	ID	hobby	hometown
王明	16	男	1003	编程	北京
菲雪儿	21	女	1004	吉他	北京

图 13-76　选择结果（城市为北京且年龄小于 22）

name	age	sex	ID	hobby	hometown
王明	16	男	1003	编程	北京
李明	22	男	1006	编程	成都
王菲	23	女	1010	唱歌	上海
阡陌	24	女	1011	唱歌	北京

图 13-77　选择结果（爱好为编程或唱歌）

例如：查询所有不在上海的学生信息。代码如下，选择结果如图 13-78 所示。

```
select * from student where  not hometown='上海';
```

信息	结果 1	剖析	状态			
name	age	sex	ID	hobby	hometown
王明	16	男	1003	编程	北京
菲雪儿	21	女	1004	吉他	北京
周顺	18	男	1005	数学	深圳
李明	22	男	1006	编程	成都
玲珑	23	女	1007	吉他	北京
王红	18	女	1008	语文	成都
周志华	20	男	1009	数学	深圳
阡陌	24	女	1011	唱歌	北京

图 13-78　选择结果（不在上海）

我们也可以把 and、not、or 结合起来筛选数据。例如，查询选择年龄小于 21 并且所在城市必须为北京或者深圳的学生信息。代码如下，选择结果如图 13-79 所示。

```
select * from student where age<21 and (hometown='北京' or hometown='深圳');
```

信息	结果 1	剖析	状态			
name	age	sex	ID	hobby	hometown
王明	16	男	1003	编程	北京
周顺	18	男	1005	数学	深圳
周志华	20	男	1009	数学	深圳

图 13-79　选择结果（年龄小于 21 且城市为北京或深圳）

例如：查询所有名字以"王"开头并且爱好必须为编程或者数学的学生信息。代码如下，选择结果如图 13-80 所示。

```
select * from student where name like '王%' and (hobby='编程' or  hobby='数学');
```

信息	结果 1	剖析	状态			
name	age	sex	ID	hobby	hometown
王明	16	男	1003	编程	北京

图 13-80　选择结果（爱好为编程或数学的王某）

注意

引号和括号要在英文状态下输入，不要在中文状态下输入，否则会报错。这一点适用于所有编程语言和数据库。

13.4.7　order by 子句使用

order by 用于按升序或降序对结果集进行排序。 order by 默认情况下按升序对记录进行排序。如要按降序对记录进行排序，需要使用 desc 关键字。基本语法为：

```
select column1,column2,…
from table_name
order by  column1,column2,…asc|desc;
```

这里以超市数据为例。例如：对所有商品按照价格从低到高排序。代码如下，选择结果如图 13-81 所示。

```
select * from super order by price;
```

例如：按照价格从高到低对所有商品排序。代码如下，选择结果如图 13-82 所示。

```
select * from super order by price  desc;
```

信息	结果 1	剖析	状态
name	price	ID	
辣条	3.00	4	
面包	4.00	8	
泡面	5.00	2	
▶ 脉动	5.00	7	
早餐奶	5.50	9	
梳子	12.00	14	
洗面奶	30.00	10	
洗发水	35.00	11	
沐浴露	42.00	12	
蓝牙耳机	56.00	15	
公牛插座	80.00	13	

图 13-81　选择结果（价格由低到高）

信息	结果 1	剖析	状态
name	price	ID	
▶ 公牛插座	80.00	13	
蓝牙耳机	56.00	15	
沐浴露	42.00	12	
洗发水	35.00	11	
洗面奶	30.00	10	
梳子	12.00	14	
早餐奶	5.50	9	
泡面	5.00	2	
脉动	5.00	7	
面包	4.00	8	
牛奶	3.00	3	

图 13-82　选择结果（价格从高到低）

我们也可以多列选择来排序。例如，根据价格和 ID 来排序，如果价格一样，则按照 ID 进行排序。

```
select * from super order by price,ID;
```

选择结果如图 13-83 所示（例如，泡面和脉动价格都为 5，根据 ID 大小决定它们的先后顺序）。

13.4.8　insert into 插入语句

insert into 语句用于在表中插入新的记录。它的基本语法如下。

```
insert into table_name  (value1,value2,value3,...);
```

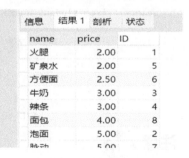

信息	结果 1	剖析	状态
name	price	ID	
火腿	2.00	1	
矿泉水	2.00	5	
方便面	2.50	6	
牛奶	3.00	3	
辣条	3.00	4	
面包	4.00	8	
泡面	5.00	2	
脉动	5.00	7	

图 13-83　选择结果

这里以超市数据表为例，添加一个新的商品——卤蛋，价格为 2，ID 为 16。

```
insert into super  values ('卤蛋',2,16);
select * from super;
```

如果是插入多个商品，只需要用逗号分隔每一个元组即可。代码如下，选择结果如图 13-84 所示。

```
insert into super  values ('蛋糕',10,17),('鸡腿',6.5,18);
select * from super;
```

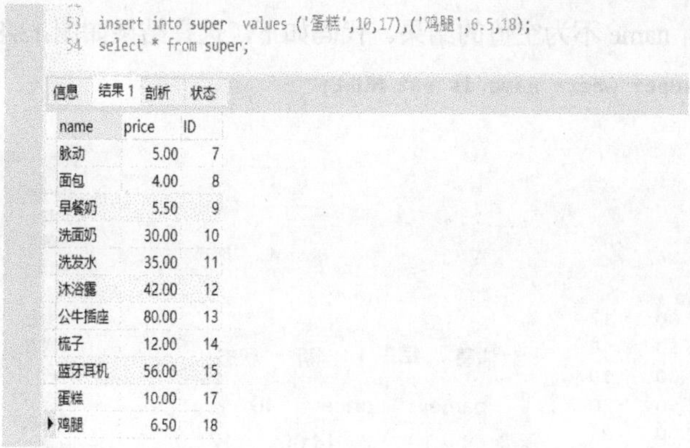

```
53  insert into super values ('蛋糕',10,17),('鸡腿',6.5,18);
54  select * from super;
```

信息	结果1	剖析	状态

name	price	ID
脉动	5.00	7
面包	4.00	8
早餐奶	5.50	9
洗面奶	30.00	10
洗发水	35.00	11
沐浴露	42.00	12
公牛插座	80.00	13
梳子	12.00	14
蓝牙耳机	56.00	15
蛋糕	10.00	17
鸡腿	6.50	18

图 13-84　选择结果（插入多个商品）

如果想要指定列插入数据，需要指定列，它的基本语法如下。

insert into　table_name (column1,column2,column3,...)
values (value1,value2,value3,...);

例如：插入多条关于书籍的数据。代码如下，选择结果如图 13-85 所示。

insert into super (name,ID,price) values ('计算机网络',19,35),('数据库原理',20,37.5),("大数据",21,37);

select * from super;

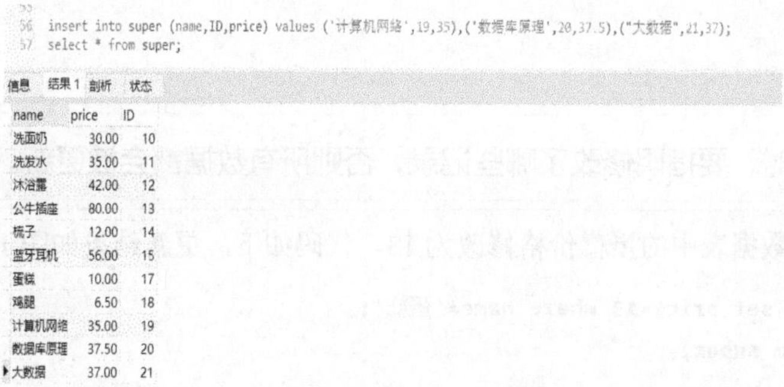

```
56  insert into super (name,ID,price) values ('计算机网络',19,35),('数据库原理',20,37.5),("大数据",21,37);
57  select * from super;
```

信息	结果1	剖析	状态

name	price	ID
洗面奶	30.00	10
洗发水	35.00	11
沐浴露	42.00	12
公牛插座	80.00	13
梳子	12.00	14
蓝牙耳机	56.00	15
蛋糕	10.00	17
鸡腿	6.50	18
计算机网络	35.00	19
数据库原理	37.50	20
大数据	37.00	21

图 13-85　选择结果（插入多条书籍）

13.4.9　NULL 空值

NULL 表示没有值。注意：NULL 值不同于零值或包含空格的字段。如何测试有没有 NULL 值？如果数据过多，不可能用眼观察，这里用到 is NULL 语法和 is not NULL 语法判断。首先插入一条空值到超市数据表，这里插入商品名称为空值。代码如下，插入选择结果如图 13-86 所示。

insert into super　(price,ID) values (14,17),(13,5);
select * from super;

例如：检测 name 为空值的所有结果。代码如下，选择结果如图 13-87 所示。

select * from super where name is NULL;

例如：查询所有 name 不为空值的结果。代码如下，选择结果如图 13-88 所示。

```
select * from super where name is not NULL;
```

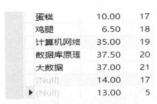

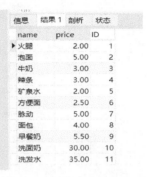

图 13-86 插入选择结果　　图 13-87　选择结果（name 为空）　图 13-88　选择结果（name 不为空）

13.4.10　update 更新语句

update 用于修改表中的数据，它的基本语法如下。

```
update table_name
set column1 = value1,column2 = value2,...
where condition;
```

> 更新数据时，要指明修改了哪些记录，否则所有数据都会被更新。

例如：super 数据表中的蛋糕价格修改为 13。代码如下，更新结果如图 13-89 所示。

```
update super set price=13 where name='蛋糕';
select * from super;
```

例如：鸡腿的 ID 修改为 8。代码如下，更新结果如图 13-90 所示。

```
update super set ID=8  where name='鸡腿';
select * from super;
```

例如：蓝牙耳机的名称修改为蓝牙，价格修改为 80。代码如下，更新结果如图 13-91 所示。

```
update super set name='蓝牙',price=80 where ID=15;
select * from super;
```

图 13-89　更新结果（价格改为 13）　　图 13-90　更新结果（ID 改为 8）　　　图 13-91　更新结果

13.4.11 delete 删除语句

delete 语句用于删除表中已有数据。它的基本语法如下。

```
delete  from table_name where condition;
```

例如：删除刚刚的查询 name 为 NULL 的数据。

```
delete from super where name is NULL;
select * from super;
```

例如：删除第一条 ID=1 的数据。

```
delete from super where ID=1;
select * from super;
```

如果要清空数据表，在不删除表的情况下删除表中的所有行（一般不这样做）。

```
delete from table_name;
```

13.4.12 limit 限制语句

在 MySQL 中，限制输出数据使用 limit 方法，它的基本语法如下。

```
select condition from table_name limit num;
```

例如：查询学生表 student 前 5 个学生的信息。代码如下，查询结果如图 13-92 所示。

```
select  * from student limit  5;
```

可以用 where 增加筛选的效果。例如：查询前两条在上海的学生数据。代码如下，查询结果如图 13-93 所示。

```
select * from student where hometown='上海' limit 2;
```

信息	结果 1	剖析	状态		
name	age	sex	ID	hobby	hometown
张三	20	男	1001	数学	上海
张四	19	男	1002	语文	上海
王明	16	男	1003	编程	北京
菲雪儿	21	女	1004	吉他	北京
周顺	18	男	1005	数学	深圳

图 13-92　查询结果（前 5 个学生）

信息	结果 1	剖析	状态		
name	age	sex	ID	hobby	hometown
张三	20	男	1001	数学	上海
张四	19	男	1002	语文	上海

图 13-93　查询结果（前 2 条在上海的学生）

13.4.13 max、min 最值查询

max 用于求最大值，返回所选列的最大值；min 用于求最小值，返回所选列的最小值。

例如：查询 super 表价格最低为多少。代码如下，查询结果如图 13-94 所示。

```
select min(price) from super
```

例如：可以给表头取一个别名，使用 as 即可。代码如下，查询结果如图 13-95 所示。

```
select min(price) as '最低价' from super
```

例如：查询价格最低的全部信息，先查询到最低的价格，再用这个价格查出对应的数据。代码如下，选择结果如图 13-96 所示。

```
select * from super where price = (select min(price) from super)
```

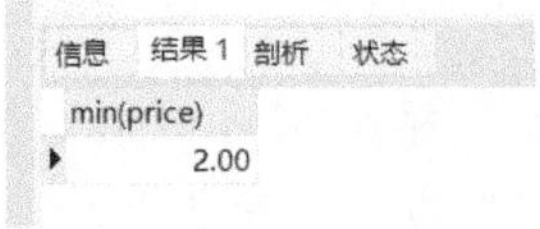

图 13-94 查询结果（价格最低） 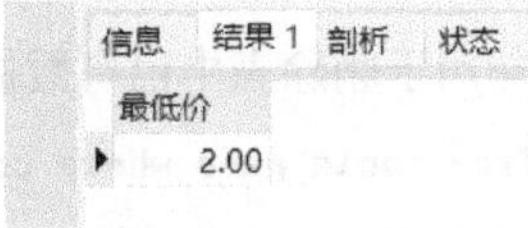　　　　　　图 13-95 查询结果

同理，可以求价格最高的商品信息。代码如下，选择结果如图 13-97 所示。

```
select * from super where price = (select max(price) from super);
```

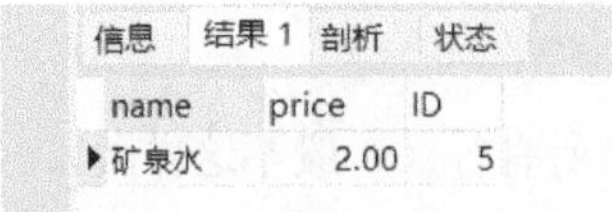

图 13-96 选择结果（价格最低） 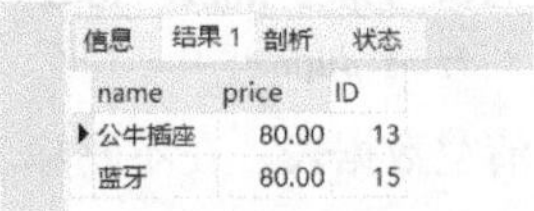　　　　　　图 13-97 选择结果（价格最高）

13.4.14　count、avg、sum 计数查询

count 返回与指定条件匹配的行数；avg 返回指定数字列的平均值；sum 返回指定数字列的和。
count 基本语法：

```
select count(column_name)
from table_name
where condition;
```

avg 和 sum 函数的使用方法与 count 类似。

例如：查询 super 表的行数。代码如下，计算结果如图 13-98 所示。

```
select count(ID) from super;
```

同样也可以给它修改一个名称，使用 as。代码如下，计算结果如图 13-99 所示。

```
select count(ID)  as "数量"  from super;
```

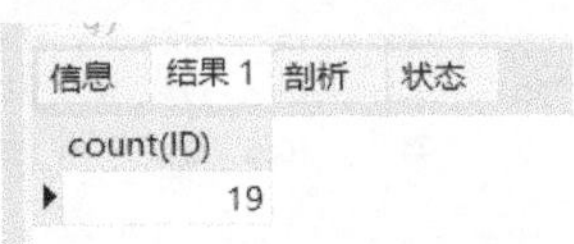

图 13-98 计算结果（行数） 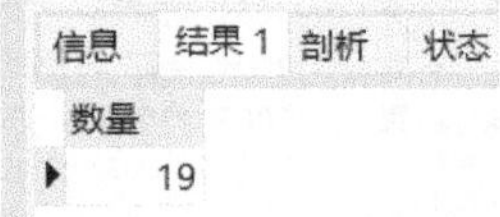　　　　　　图 13-99 计算结果（数量）

例如：求商品的平均价格。代码如下，计算结果如图 13-100 所示。

```
select avg(price) as "平均价格"  from super;
```

例如：如果每个商品都买一个，求总价。代码如下，计算结果如图 13-101 所示。

```
select sum(price) as "总共价格" from super;
```

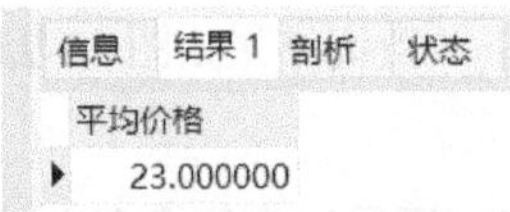

图 13-100 计算结果（平均价格） 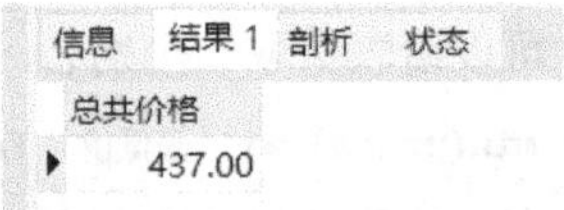　　　　　　图 13-101 计算结果（总共价格）

13.4.15　like 模糊查询

在介绍 where 时，我们已经简单接触过 like，下面对其进行系统介绍。like 的基本用法见表 13-4。

表 13-4　like 的基本用法

运算符	含义
'a%'	匹配任何以 a 开头的字段
'%a'	匹配任何以 a 结尾的字段
' %hello%'	匹配任何具有 hello 的字段
'%_h%'	查找第二个位置有字母“h”的任何值
'a__%'	查询任何以“a”开头且长度至少为两个字符的值（一个下划线表示一个字符）
'a%z'	查询任何以 a 开头、z 结尾的值

下面以学生表为例，先来查看一下 student 表的内容。代码如下，查询结果如图 13-102 所示。

```
select * from student;
```

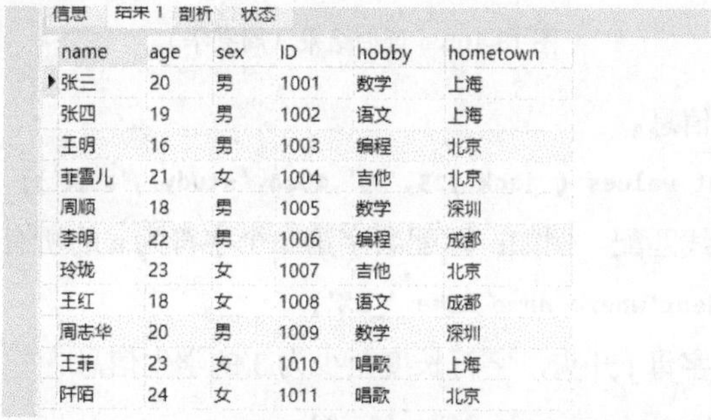

name	age	sex	ID	hobby	hometown
张三	20	男	1001	数学	上海
张四	19	男	1002	语文	上海
王明	16	男	1003	编程	北京
菲雪儿	21	女	1004	吉他	北京
周顺	18	男	1005	数学	深圳
李明	22	男	1006	编程	成都
玲珑	23	女	1007	吉他	北京
王红	18	女	1008	语文	成都
周志华	20	男	1009	数学	深圳
王菲	23	女	1010	唱歌	上海
阡陌	24	女	1011	唱歌	北京

图 13-102　查询结果

例如：查询名字以李开头的所有学生信息。代码如下，查询结果如图 13-103 所示。

```
select * from student where name like '李%';
```

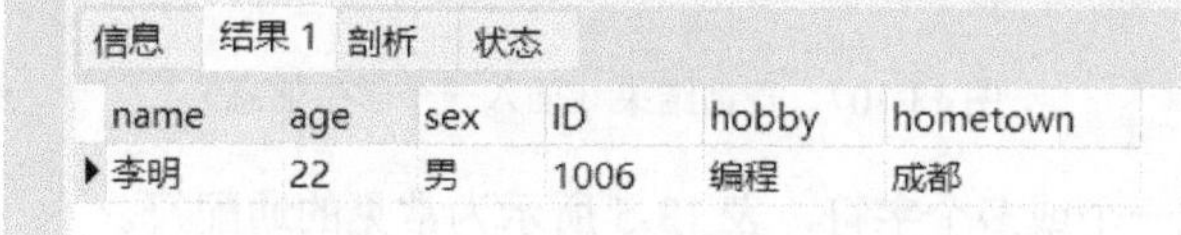

name	age	sex	ID	hobby	hometown
李明	22	男	1006	编程	成都

图 13-103　查询结果（李某）

例如：查询名字以“红”结尾的所有学生信息。代码如下，查询结果如图 13-104 所示。

```
select * from student where name like '%红';
```

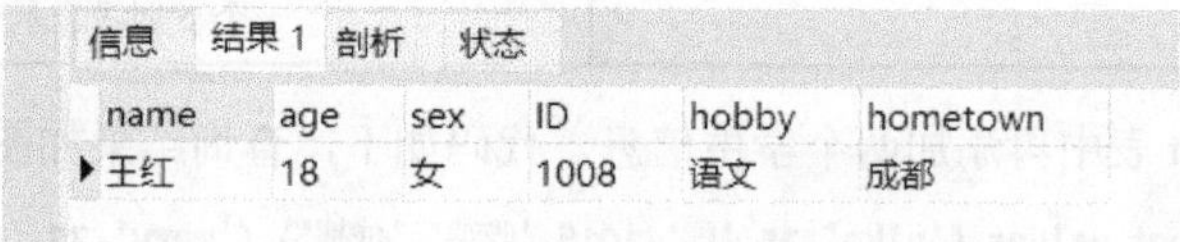

name	age	sex	ID	hobby	hometown
王红	18	女	1008	语文	成都

图 13-104　查询结果（某红）

例如：查询名字中任何位置有"王"的所有学生信息。代码如下，查询结果如图 13-105 所示。

```
select * from student where name like '%王%';
```

图 13-105　查询结果（王某）

例如：查询名字以"周"开头、"华"结尾的所有学生信息。代码如下，查询结果如图 13-106 所示。

```
select * from student where name like '周%华';
```

图 13-106　查询结果（周某华）

下面插入一个学生信息。

```
insert into student values ('jack',25,'男',1014,'study','北京');
```

最好用英文与下划线匹配。例如：匹配名字第二个字符为 a 的所有学生信息。

```
select * from student where name like '_a%';
```

例如：匹配名字以字母 j 开头，字符长度至少为 3 的学生信息。

```
select * from student where name like 'j__%';
```

查询结果如图 13-107 所示。

图 13-107　查询结果（插入一个学生信息）

通配符可以替代一个或多个字符，表 13-5 所示为常见的通配符。

表 13-5　常见的通配符

符号	含义
%	0 个或者多个
_	一个下划线表示一个字符

例如：在 student 表中再添加两个学生信息。代码如下，查询结果如图 13-108 所示。

```
insert into student values ('nike',25,'男',1016,'吃鸡','成都'),('mary',25,'女',1017,'英语','北京');
select * from student;
```

name	age	sex	ID	hobby	hometown
菲雪儿	21	女	1004	吉他	北京
周顺	18	男	1005	数学	深圳
李明	22	男	1006	编程	成都
玲珑	23	女	1007	吉他	北京
王红	18	女	1008	语文	成都
周志华	20	男	1009	数学	深圳
王菲	23	女	1010	唱歌	上海
阡陌	24	女	1011	唱歌	北京
jack	25	男	1014	study	北京
nike	25	男	1016	吃鸡	成都
▶ mary	25	女	1017	英语	北京

图 13-108　查询结果（插入 2 个学生）

例如：使用%查询所有名字以 n 开头的学生信息。代码如下，查询结果如图 13-109 所示。

```
select * from student where name like 'n%';
```

信息	结果 1	剖析	状态		
name	age	sex	ID	hobby	hometown
▶ nike	25	男	1016	吃鸡	成都

图 13-109　查询结果（一）

例如：使用下划线匹配名字第二个字为 a 的所有学生信息。代码如下，查询结果如图 13-110 所示。

```
select * from student where name like '_a%';
```

信息	结果 1	剖析	状态		
name	age	sex	ID	hobby	hometown
▶ jack	25	男	1014	study	北京
mary	25	女	1017	英语	北京

图 13-110　查询结果（二）

13.4.16　in 符号

in 操作符允许在 where 子句中规定多个值。它的基本语法如下。

```
select column_name(s)
from table_name
where column_name in  (value1,value2……)
```

例如：选择深圳和成都的所有学生信息。下面两种方法效果是一样的。查询结果如图 13-111 所示。

```
select * from student where hometown in ('成都','深圳');
select * from student where hometown='成都' or hometown='深圳';
```

信息	结果 1	结果 2	剖析	状态	
name	age	sex	ID	hobby	hometown
▶ 周顺	18	男	1005	数学	深圳
李明	22	男	1006	编程	成都
王红	18	女	1008	语文	成都
周志华	20	男	1009	数学	深圳
nike	25	男	1016	吃鸡	成都

图 13-111　查询结果（位于深圳和成都）

例如：选择不在北京和上海的所有学生信息。代码如下，查询结果如图 13-112 所示。

```
select * from student where hometown not in ('北京','上海');
```

信息	结果 1	剖析	状态		
name	age	sex	ID	hobby	hometown
▶ 周顺	18	男	1005	数学	深圳
李明	22	男	1006	编程	成都
王红	18	女	1008	语文	成都
周志华	20	男	1009	数学	深圳
nike	25	男	1016	吃鸡	成都

图 13-112　查询结果（不在北京和上海）

例如：选择与"张三"在同一个城市的所有学生信息，先选城市，再选学生信息。代码如下，查询结果如图 13-113 所示。

```
select * from student where
hometown in (select hometown from student where name='张三');
```

信息	结果 1	剖析	状态		
name	age	sex	ID	hobby	hometown
▶ 张三	20	男	1001	数学	上海
张四	19	男	1002	语文	上海
王菲	23	女	1010	唱歌	上海

图 13-113　查询结果（与张三在同一城市的学生）

13.4.17　as 取别名

别名在这三种情况下很有用：一个查询涉及多个表；列名很大或不太可读；两列或更多列组合在一起。

例如：name 取别名为"fullname"。代码如下，结果如图 13-114 所示。

```
select name as fullname from  student ;
```

我们也可以进行多个列的修改。例如：name 改为 fullname，age 改为 sage。代码如下，结果如图 13-115 所示。

```
select name as fullname,age as sage from student;
```

信息	结果 1	剖析	状态
fullname			
▶ 张三			
张四			
王明			
菲雪儿			
周顺			
李明			

图 13-114　别名（一）

信息	结果 1	剖析	状态
fullname	sage		
▶ 张三	20		
张四	19		
王明	16		
菲雪儿	21		
周顺	18		

图 13-115　别名（二）

13.4.18　group by 分组查询

我们把分组查询也归类到单表查询，group by 语句将具有相同值的行分组为汇总行，它的基本语法如下。

```
select  column_name(s)
from table_name
where  condition
group by column_name(s);
```

例如：查询 student 学生表中，每个城市的学生数量。代码如下，分组查询如图 13-116 所示。

```
select count(name) as '数量',hometown as '家乡'
from student group by hometown;
```

例如：查询 student 学生表中每个城市的学生数量，并且从高到低排序。代码如下，分组排序如图 13-117 所示。

```
select count(name) as '数量',hometown as '家乡'
from student group by hometown
order by count(name) DESC;
```

13.4.19　having 条件

having 的查询效率要高于 where，它们的区别如下。

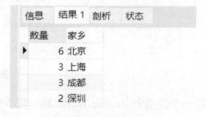

图 13-116　分组查询　　　　　　　图 13-117　分组排序

• where：设置查询的条件，字段必须是存在的。

• having：设置查询的条件，条件字段必须在结果集中。

having 条件的基本使用语法如下。

```
select column_name(s)
from table_name
where condition
group by  column_name(s)
having condition
oeder by column_name(s);
```

例如：查询每个城市的学生数量，并且只显示数量大于 2 的城市。代码如下，查询结果如图 13-118 所示。

```
select count(name) as '数量',hometown as '家乡'  from student
group by hometown
having count(name) >2;
```

同理，列举出每个城市的学生人数并且从低到高排序。代码如下，查询结果如图13-119所示。

```
select count(name) as '数量',hometown as '家乡' from student
group by hometown
having count(name) >2
order by count(name);
```

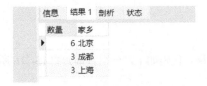

图 13-118　查询结果

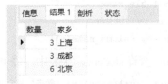

图 13-119　查询结果

13.4.20　union 联合查询

union 操作符用于合并两个或多个 select 语句的结果集。使用时需要注意以下事项：

- 每个 select 语句中，union 必须具有相同数量的列。
- 列必须具有相似的数据类型。
- 每个语句中的列 select 必须是相同的顺序。

为了完成该例子的样式，创建两个数据表，设计结构如图 13-120 所示。

图 13-120　结构

第一个数据表中，one 为计算机一班学生，sum 为总成绩，account 为户口，如图 13-121 所示。

图 13-121　数据表

第二个数据表中，two 为计算机二班学生的成绩，如图 13-122 所示。

图 13-122　数据表

例如：查询 one 和 two 表中所有学生信息。代码如下，查询结果如图 13-123 所示。

```
select name  as '名字' from one union select name from  two;
```

union 还有自动去重功能。例如：两次都选择一班的学生。代码如下，查询结果如图 13-124 所示。

```
select name  as '名字' from one
union
select name from one ;
```

如果不想去重，则需要使用 union all。代码如下，查询结果如图 13-125 所示。

```
select name  as '名字' from one
union  all
select name from one ;
```

图 13-123　查询所有学生结果

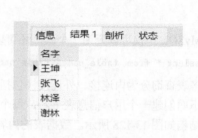

图 13-124　查询结果

例如：选择一班和二班户口为 "city" 的学生 ID 和名字 name。代码如下，查询结果如图 13-126 所示。

```
select ID,name from one  where account='city'
union
select ID,name from two  where account='city';
```

图 13-125　查询结果（一）

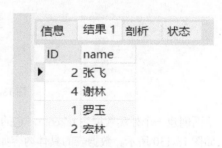

图 13-126　查询结果（二）

union 是一种简单的多表查询操作符，它可以直接查询两个表的所有信息。代码如下，查询结果如图 13-127 所示。

```
select * from one,two
```

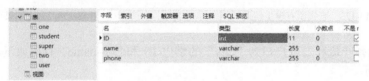

ID	name	sum	account	ID(1)	name(1)	sum(1)	account(1)
1	王坤	97	country	1	罗玉	74	city
2	张飞	87	city	1	罗玉	74	city
3	林泽	94	country	1	罗玉	74	city
4	谢林	76	city	1	罗玉	74	city
1	王坤	97	country	2	宏林	84	city
2	张飞	87	city	2	宏林	84	city
3	林泽	94	country	2	宏林	84	city
4	谢林	76	city	2	宏林	84	city
1	王坤	97	country	3	林徐	89	country
2	张飞	87	city	3	林徐	89	country
3	林泽	94	country	3	林徐	89	country

图 13-127　查询结果

13.5　多表查询

MySQL 不仅可以查询一个表，还可以查询多个表，多表查询的基本语法如下。

```
select * from  table_name1,table_name2
```

多表查询分为内连接、外连接（包括左外连接、右外连接）、交叉连接。

下面创建一个用户信息表 user，每个人的 ID 不一样，name 为名字，phone 为电话号码，设计结构如图 13-128 所示。数据表的内容如图 13-129 所示。

图 13-128　设计结构

图 13-129　数据表

下面创建一个外卖数据表 takeout，它的 ID 与 user 表中的 ID 一样，goods 为相应的外卖食品，如图 13-130 所示。数据表的具体内容如图 13-131 所示。

图 13-130　数据表设计

图 13-131　数据表具体内容

13.5.1　内连接

inner join…on 用于根据两个或多个表中的列之间的关系，从这些表中查询数据。内连接要求两个表具有共同匹配值的字段。

上面两个表的关系为有相同的 ID。注意：两个表都设置 ID 为键，它一般叫作主键，每一行的 ID 值都是唯一的。在表中，每个主键的值都是唯一的，这样做的目的是在不重复每个表中所有数据的情况下，把表与表之间的数据交叉捆绑在一起。用图表示这样的关系，如图 13-132 所示。

例如：根据 user 和 takeout 表，查询购买人的 ID、名字、食物。代码如下，查询结果如图 13-133 所示。

```
select  user.ID ,user.name,takeout.goods
from user
inner join  takeout
on user.ID=takeout.ID;
```

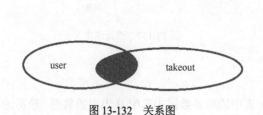

图 13-132　关系图

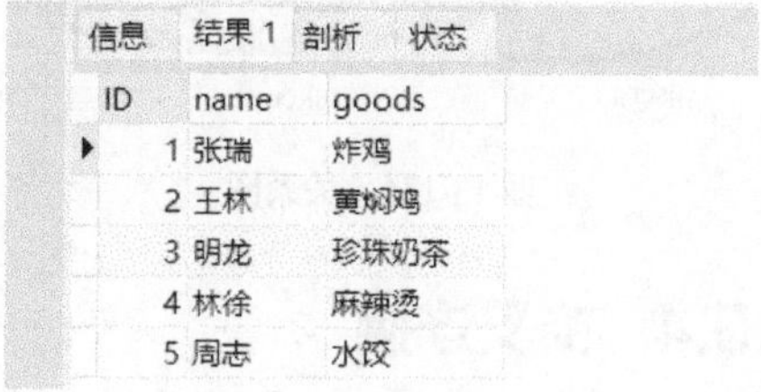

图 13-133　查询结果

inner 可以省略不写，但是为了区分，建议还是写上。内连接用得比较少，熟悉即可，但一定要掌握左、右连接。

13.5.2　左连接

左连接以左边的表为准，查询符合条件的所有记录，右边表中没有的记录用 NULL 表示。用图表示，如图 13-134 所示。

例如：查询所有用户对应的外卖。代码如下，查询结果如图 13-135 所示。

```
select user.name as '名字',user.phone as  '电话号码',takeout.goods  as '购买'
from user
left join takeout on
user.ID=takeout.ID;
```

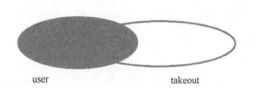

图 13-134　关系图

图 13-135　查询结果

13.5.3　右连接

右连接以右边的表为准，左边表中没有的记录用 NULL 表示，右连接用 right join。用图表示，如图 13-136 所示。

例如：查询所有外卖对应的用户。代码如下，查询结果如图 13-137 所示。

```
select user.name as '名字',user.phone as  '电话号码',takeout.goods  as '购买'
from user
right join takeout on
user.ID=takeout.ID;
```

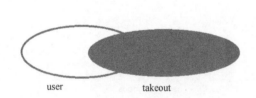

图 13-136　关系图

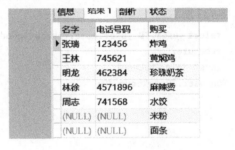

图 13-137　查询结果

13.5.4　交叉连接

交叉连接会返回一个笛卡儿积，也就是用 A 表中的每条数据去匹配 B 表中的数据，获得的结果往往不是需要的，一般较少使用交叉连接。

例如：查询所有用户购买外卖的可能性。

```
select user.name,takeout.goods
from user
cross join takeout;
```

13.5.5　自然连接

通过 MySQL 自己的判断完成连接过程，不需要指定连接条件。MySQL 会将表内的相同的字段作为连接条件。自然连接有内、外之分。

- natural join：自然内连接。
- natural left join：自然左外连接。

• natural right join：自然右外连接。

例如：使用自然连接查询用户和外卖信息。代码如下，查询结果如图 13-138 所示。

```
select * from user natural join takeout;
```

例如：使用自然左连接查询用户与外卖信息。代码如下，查询结果如图 13-139 所示。

```
select * from user natural left  join takeout;
```

图 13-138　使用自然连接查询结果　　　　图 13-139　使用自然左连接查询结果

例如：使用右连接查询用户和外卖信息。代码如下，查询结果如图 13-140 所示。

```
select * from user natural right  join takeout;
```

可以看出，自然连接与内连接、外连接（左右连接）非常相似。

图 13-140　使用右连接查询结果

13.6　Python 对接 MySQL

在学习 MySQL 的基础知识后，可将它与 Python 结合起来，这里使用 mysql.connector 这个连接器进行对接。

模块安装：输入"pip install mysql.connector"命令。

13.6.1　连接数据库

Python 连接数据库很简单，只需使用 connect( )方法。

例如：连接本地数据库。代码如下，执行结果如图 13-141 所示。

```
import mysql.connector

db = mysql.connector.connect(
    host="localhost", # 默认用主机名
    user="root", # 默认用用户名
    password="133456", # MySQL 密码
    charset='utf8'  # 编码方式
)
print(db)
db.close( )
```

255

图 13-141　执行结果

参数说明：

- mysql.connector.connect( )方法表示进行连接。
- close( )方法表示关闭连接，它一般加到最后一行。

13.6.2　数据库创建与检查

创建数据库的常用方法如下。

① 使用 connect 方法连接数据库。

② 使用 cursor 方法创建一个对象。

③ 使用 execute 方法执行 MySQL 语句。

④ 使用 close 方法关闭连接。

例如：创建一个 student 数据库，代码如下。

```python
import mysql.connector
db = mysql.connector.connect(
    host="localhost", # 默认用主机名
    user="root", # 默认用户名
    password="133456"  # MySQL 密码
    ,charset='utf8'  # 编码方式
)
cursor = db.cursor( )
cursor.execute("create database student")
db.close( )
```

例如：检查并打印已有数据库。代码如下，查询结果如图 13-142 所示。

```python
import mysql.connector
mydb = mysql.connector.connect(
    host="localhost", # 默认用主机名
    user="root", # 默认用户名
    password="133456", # MySQL 密码
    charset='utf8'  # 编码方式
)
cursor = mydb.cursor( )
cursor.execute("show databases")
for x in cursor:
    print(x)
```

在 cmd 上登录 MySQL 查看数据库，代码如下，显示数据库如图 13-143 所示。

```
show databases;
```

由此可见，cmd 和 PyCharm 操作效果一样。例如：创建一个数据库，代码如下，再回到 PyCharm 中打印已有数据库，如图 13-144 所示。

```
book:create database book;
```

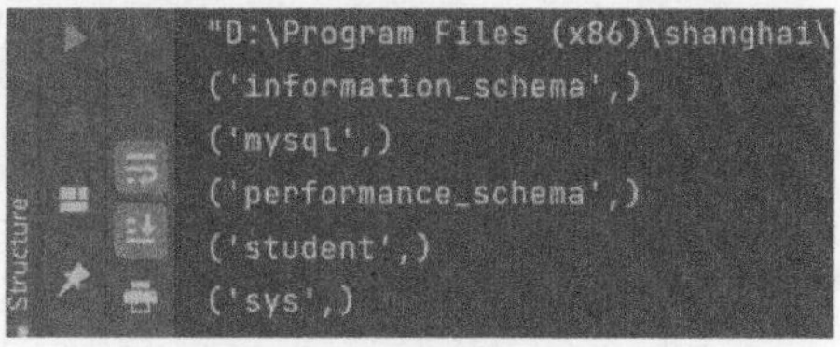

图 13-142　查询结果（一）

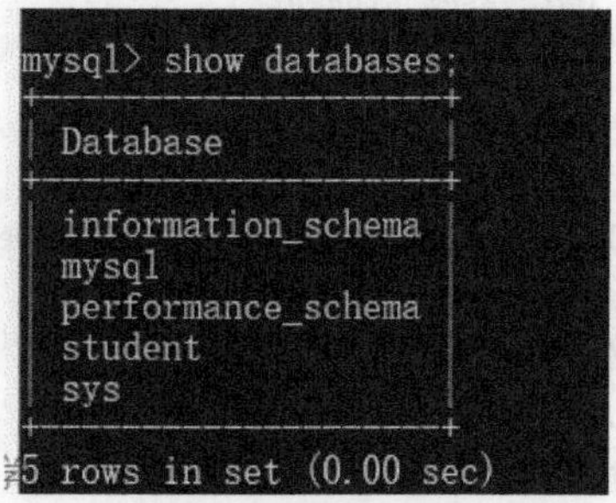

图 13-143　显示数据库

13.6.3　表的创建与插入

我们每执行一个命令都要创建一个文件吗？显然不是的。下面在数据库 student 中创建一个表进行说明，表的结构为 name、sex、age。

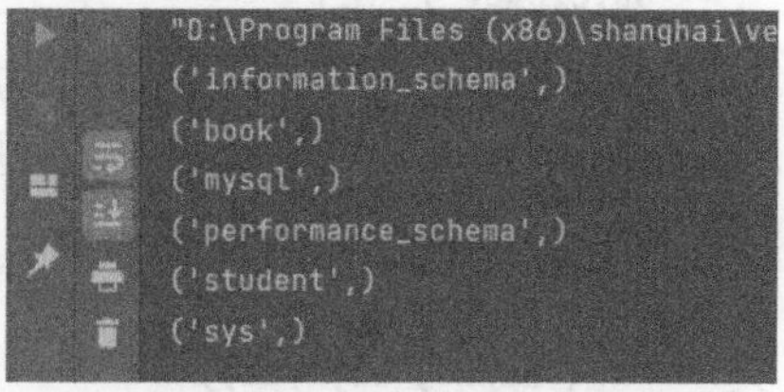

图 13-144　查询结果（二）

```python
import mysql.connector

db = mysql.connector.connect(
    host="localhost", # 默认用主机名
    user="root", # 默认用户名
    password="133456", # MySQL 密码
    charset='utf8', # 编码方式
    database="student"  # 数据库名称
)
cursor = db.cursor( )
cursor.execute('create table information(name varchar(255),sex varchar(255),age int(3))')
# 执行操作后需要,commit 提交数据库发生变更
db.commit( )
print('创建成功…')
db.close( )
```

注意

在连接数据库时，我们直接注明了 database="student"，表示使用该数据库。在执行 MySQL 语句后，还执行了一个方法 commit，表示对数据库提交发生的变更。

接着在表中插入一条数据。

```python
db = mysql.connector.connect(
    host="localhost", # 默认用主机名
    user="root", # 默认用户名
    password="133456", # MySQL 密码
```

257

```
        charset='utf8', # 编码方式
        database="student"
)
cursor = db.cursor( )
''' 单个数据插入'''
sql="insert into information values ('jack','boy',20)"
cursor.execute(sql)
# 在数据库中提交你的更改
db.commit( )
# 打印数据的行数
print(cursor.rowcount,"全部添加成功.")

db.close( )
```

如果想插入多条数据，怎么办呢？由于 execute 只能执行一次 sql 语句，这里使用 executemany 方法，它可以一次执行多次 sql 语句。

```
sql = "insert into information (name,sex,age) values (%s,%s,%s)"
val = (
    ('mark','boy',21),
    ('json','boy',20),
    ('mary','girl',18)
)
cursor.executemany(sql,val)
# 在数据库中提交你的更改
db.commit( )
# 打印数据的行数
print(cursor.rowcount,"全部添加成功.")
db.close( )
```

在 cmd 上查看结果，输出如下。当然也可以执行多条 execute 来插入。

```
mysql> select  * from information;
+------+------+------+
| name | sex  | age  |
+------+------+------+
| jack | boy  |  20  |
| mark | boy  |  21  |
| json | boy  |  20  |
| mary | girl |  18  |
+------+------+------+
4 rows in set (0.00 sec)
```

13.6.4　数据选择

例如：选择 information 表中的所有数据。代码如下，选择结果如图 13-145 所示。

```
import mysql.connector
db = mysql.connector.connect(
```

```
        host="localhost", # 默认用主机名
        user="root", # 默认用户名
        password="133456", # MySQL 密码
        charset='utf8', # 编码方式
        database="student"
)
cursor = db.cursor( )
sql = 'select name,age from information'
cursor.execute(sql)
res = cursor.fetchall( )
db.commit( )
print('选择结果如下: ')
for i in res:
    print(i)
db.close( )
```

注意

执行语句后需要使用 fetchall 方法来获取对象的所有数据。res 是一个列表，所以需要遍历输出，其他与 MySQL 语句没有区别。

例如：获取 name 这一列数据。代码如下，选择结果如图 13-146 所示。

```
sql='select name from information'
cursor.execute(sql)
res = cursor.fetchall( )
db.commit( )
print('选择结果如下:')
for i in res:
    print(i)
db.close( )
```

图 13-145　选择结果

图 13-146　选择 "name" 列数据结果

13.6.5　where 筛选

例如：查询名字为 "mark" 所在的行。

```
sql="select * from information where name='mark'"
```

```
cursor.execute(sql)
res = cursor.fetchall( )
db.commit( )
print('选择结果如下:')
for i in res:
    print(i)
db.close( )
```

输出如下:

选择结果如下:

('mark','boy',21)

接着使用通配符，匹配名字以 j 开头的所有数据，只需要修改变量 sql 即可。

```
sql="select * from information where name like 'j%' "
```

输出如下:

选择结果如下:

('jack','boy',20)

('json','boy',20)

13.6.6 表的更新

例如：更新 jack 的年龄为 30 岁。

```
cursor = db.cursor( )
sql="update information set age=30 where name='jack'"
cursor.execute(sql)
db.commit( )
db.close( )
# 直接在 cmd 上查看结果。
select * from information;
```

输出如下:

```
mysql> select * from information;
+------+------+------+
| name | sex  | age  |
+------+------+------+
| jack | boy  |  30  |
| mark | boy  |  21  |
| json | boy  |  20  |
| mary | girl |  18  |
+------+------+------+
4 rows in set (0.00 sec)
```

语法与 MySQL 差不多，就不再重复演示了。

13.7　实战

前面介绍了基础知识，本节以标准的 sql 规范进行演练。为初学者更好地理解，我们使用英文小写，但在实际的工作中，更多需要大写对应的关键字，还要有一定的语句排版。当写好完整的语句后，可以单击"美化 SQL"按钮，语句自动排版为规范的形式，如图 13-147 所示。

图 13-147　语句优化

13.7.1　表的设计

首先连接好 MySQL，新建一个名为"practice"的数据库，如图 13-148 所示。

图 13-148　新建数据库

新建一个设计表 score，如图 13-149 所示。

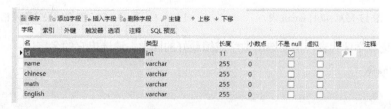

图 13-149　设计表 score

编辑填写 score 表，如图 13-150 所示。可以建立查询，查看整个数据。代码如下，运行结果如图 13-151 所示。

```
select * from score
```

id	name	chinese	math	English
1	小明	57	78	95
2	小王	68	85	92
3	小张	85	92	88
4	小红	88	59	93
5	小强	81	84	86

图 13-150　数据填写

id	name	chinese	math	English
1	小明	57	78	95
2	小王	68	85	92
3	小张	85	92	88
4	小红	88	59	93
5	小强	81	84	86

图 13-151　填写表

再新建一个 email 表，设计如图 13-152 所示。填写表中数据，如图 13-153 所示。

名	类型	长度	小数点	不是 null	虚拟	键	注释
id	int	11	0	☑	☐	🔑1	
email	varchar	255	0	☐	☐		

图 13-152　设计表

13.7.2　案例实践（一）

例如：选出 score 表中存在不及格科目的学生名字。代码如下，查询结果如图 13-154 所示。

```
select name
from
    score
where
    chinese < 60
    or math < 60
    or English < 60
```

id	email
1	211@qq.com
2	25@qq.com
3	821@qq.com
4	211@qq.com

图 13-153　填写 email 表

name
小明
小红

图 13-154　查询结果（不及格）

例如：选数学课代表，需要选出数学成绩最好的同学，请选出它的名字。

```
select name
from
    score
where
    math = (select max( math ) from score );
```

例如：为了评选优秀学生，需要查询 score 表中各科目成绩都大于 80 分的学生名字。代码如下，查询结果如图 13-155 所示。

```
select name
from
    score
where
    chinese > 80
    and math > 80
    and English > 80
```

例如：查询英语成绩第二高的学生所有信息。代码如下，查询结果如图 13-156 所示。

```
select
    ifNULL ( (
    select distinct English
    from score
    order by English desc limit 1,1 ),NULL )
AS '英语成绩第二'
```

图 13-155　查询结果（大于 80 分）

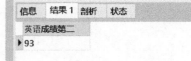

图 13-156　查询结果（英语成绩第二）

13.7.3　案例实践（二）

例如：查询 email 表中重复的邮箱。思路是通过 group by 对 email 分组，再使用 having 将重复的 email 筛选出来。代码如下，查询结果如图 13-157 所示。

```
select email as '重复邮箱'
from email
group by email
having count(email) > 1;
```

例如：删除 email 表中重复的邮箱。思路是采用内连接，形成笛卡儿积；记录中如果存在 email 相同，但是 id 不同，说明有重复。id 大的 email 需要删除，从而保留小 id 的数据。代码如下，删除结果如图 13-158 所示。

```
delete a
from
    email a
    inner join email b
where
    a.email = b.email
    and a.id > b.id;
select
*
```

```
from
    email
```

图 13-157　查询结果（重复的邮箱）

图 13-158　删除结果

扫码获取电子资源

机器学习

本章主要介绍 Sklearn，它是 scikit-learn 的缩写。这是一个开源的机器学习库，它是用于数据挖掘、数据分析和机器学习的简单而有效的工具，在实际应用中，并不需要我们去手写每一个算法，该库已经为我们封装好了，但是我们也需要掌握这些算法的基本原理，这样才能进行模型的调参、选择、设计、修改等。

我们以尽可能直白的方式进行介绍，主要讲解算法的核心思想，以实战为主，对于数学的推理，不做介绍。本书中部分内容用到 numpy，由于没有涉及太多这方面的案例，因此没有单独对该模块进行讲解，只使用少部分的函数创建矩阵。

Sklearn 模块安装：输入"pip install -U scikit-learn"命令。

14.1　机器学习基础

Sklearn 可以实现以下应用。

① 数据预处理：训练集和测试集拆分；缺失值插补；数据转换；特征工程。

② 模型创建：监督学习；非监督学习。

③ 模型的超参数优化。

14.1.1　什么是机器学习

顾名思义，机器学习就是希望机器（计算机）能够像人一样进行思考、学习。简单地对它进行描述：计算机程序（代码）通过对某些经验的学习，在某个任务上发挥作用并有提升（性能提升）。

14.1.2　机器学习的分类

经典机器学习通常按照算法如何学习使其预测更准确来分类，可以分为两类：监督学习（又叫有监督学习）和无监督学习。

监督学习：从已经标记的训练数据来推断（预测）一个新的同类型数据的对应标签。在监督学习中，每个数据（实例）都由一个输入对象和一个期望的输出值（也就是对应标签）组成。以猫和狗这个经典分类为例，我们对猫、狗的图片都打上标签，例如所有猫的图片都标签为 0，所有狗的图片都标签为 1，对这些数据进行学习，然后建立模型，用该模型对一个新的数据进行测试，能判断出该图片是猫（0）还是狗（1），这就是一个完整的监督学习。监督学习主要分为两个类型：回归和分类。如果数据预测的结果为离散的，则选择分类。例如，猫或狗两个离散的值。如果数据预测的值为连续的，则选择回归。例如，根据历年的 GDP 来预测未来的 GDP。

无监督学习：与监督学习不同，所有的数据都是没有被标记的，并不需要对数据做标签。它能根据数据的特征去学习，找到数据的相似特征，然后把已知的数据集划分成不同的类别。我们还是以猫和狗的分类作为例子，开始并不知道哪一张图片是猫还是狗，模型可以去学习猫和狗的不同特征，例如猫和狗的耳朵、头部形状等各种特征，根据不同的特征学习后能够自动划分出猫与狗两个类别。无监督学习主要分为聚类和关联两个类型。

14.1.3 机器学习的搭建步骤

机器学习模型是如何搭建的呢？我们以机器学习的生命周期来进行描述，机器学习的生命周期是构建高效机器学习项目的循环过程，其主要目的是找到问题或项目的解决方案。

机器学习生命周期分为以下几个主要阶段。

① 数据的采集、整理（主要涉及网络爬虫方面的知识，本书不做阐述）。

② 数据清洗并探索数据隐藏规律（前面的章节有所介绍）。

③ 模型选择与建立。

④ 评估模型好坏。

⑤ 预测。

以上步骤需要在了解业务问题的前提下进行。数据的采集和整理作为机器学习的第一步，承担着最基础也是很关键的责任，所收集数据的数量和质量将决定模型的准确性。数据越多，预测就越准确。这一部分主要通过爬虫或者下载一些公开的数据并对数据的缺失值、重复数据等进行整理来实现的。

pandas 用于探索数据的一些基本规律和隐藏信息。如果数据已经入数据库，还需要结合 MySQL 来查看数据，只需要使用 pandas 中的 read_sql( )方法即可。

首先我们要根据业务的需求来选择模型，这个需求是什么样的问题，选择回归还是分类，该选择具体哪一个算法等。一次可能很难选择到最佳的算法，后面我们会遇到集成学习方法，可以同时建立几个算法并评估，根据评估结果选择一个最佳的算法。在确认某一个模型对该类型数据具有较好的性能后，可以使用该模型进行预测。例如我们给模型"喂"了大量猫和狗的图片，使用模型对一个新的猫（或者狗）的图片进行识别，让模型输出这张图片是猫还是狗，这就是预测。

在正式开始写代码之前，首先要了解机器学习相关的概念，否则无法变通，甚至根本不知道模型是如何建立的。

14.1.4 常用术语

机器学习是对数据的学习，下面以心脏病数据集（heart.csv）为例，该数据集中的每一行都是一个人的相关信息，target 表示是否患有心脏病，如图 14-1 所示。

数据的一些基本概念如下。

① 数据的整体叫作数据集。

② 每一条（行）数据叫作实例、样本。

③ 每一列的开头叫作特征，例如，"age" "sex"分别为一个特征。特征的数量叫作维度。该数据的维度为 13（target 相当于标签，不当作特征）。

在对数据进行学习并生成模型时，需要将已有的数据进行划分，分为两个部分：测试集和训练集。模型先对训练集部分进行学习，训练好后，再通过测试集测试模型的性能。

	A	B	C	D	E	F	G	H	I	J	K	L	M	N
1	age	sex	cp	trestbps	chol	fbs	restecg	thalach	exang	oldpeak	slope	ca	thal	target
2	52	1	0	125	212	0	1	168	0	1	2	2	3	0
3	53	1	0	140	203	1	0	155	1	3.1	0	0	3	0
4	70	1	0	145	174	0	1	125	1	2.6	0	0	3	0
5	61	1	0	148	203	0	1	161	0	0	2	1	3	0
6	62	0	0	138	294	1	1	106	0	1.9	1	3	2	0
7	58	0	0	100	248	0	0	122	0	1	1	0	2	1
8	58	1	0	114	318	0	2	140	0	4.4	0	3	1	0
9	55	1	0	160	289	0	0	145	1	0.8	1	1	3	0
10	46	1	0	120	249	0	0	144	0	0.8	2	0	3	0
11	54	1	0	122	286	0	0	116	1	3.2	1	2	2	0
12	71	0	0	112	149	0	1	125	0	1.6	1	0	2	1
13	43	0	0	132	341	1	0	136	1	3	1	0	3	0
14	34	0	1	118	210	0	1	192	0	0.7	2	0	2	1
15	51	1	0	140	298	0	1	122	1	4.2	1	3	3	0
16	52	1	0	128	204	1	1	156	1	1	1	0	0	0
17	34	0	1	118	210	0	1	192	0	0.7	2	0	2	1
18	51	0	2	140	308	0	0	142	0	1.5	2	1	2	1
19	54	1	0	124	266	0	0	109	1	2.2	1	1	3	0
20	50	0	1	120	244	0	1	162	0	1.1	2	0	2	1

图 14-1　心脏病数据集

我们将使用模型适应新样本数据的能力叫作泛化能力，可以根据对新样本的测试准确率来评估泛化能力的好坏。度量泛化能力的好坏，最直观的表现就是模型的过拟合（overfitting）和欠拟合（underfitting）。过拟合的理解：模型在训练集上表现很好，但在测试集上却表现很差，因此泛化能力差。欠拟合的理解：模型复杂度低，模型在训练集上就表现很差，没法学习到数据背后的规律。

14.1.5　常用性能指标

构建机器学习模型的想法基于建设性反馈原则。首先建立一个模型，从指标中获得反馈，然后根据反馈的结果进行改进，直到达到理想的准确性。评估指标解释了模型的性能。在此先介绍 NLP 定律，假设有一个二元分类问题，它有两类情况：YES 和 NO。以下是该定律中的相关术语。

- TP（True Positives）：预测为 YES 且实际输出也为 YES 的情况。
- TN（True Negatives）：预测为 NO 且实际输出为 NO 的情况。
- FP（False Positives）：预测为 YES 而实际输出为 NO 的情况。
- FN（False Negatives）：预测为 NO 而实际输出为 YES 的情况。

大多数情况下，我们使用分类准确度来衡量模型的性能，但这还不足以真正判断模型。下面是一些常见的指标，可以对比 TP、TN、FP、FN 的说明进行理解。

① 准确度。准确度是指正确预测的数量占所有预测数量的比率。这是分类问题最常见的评估指标。用公式表示为 $\text{accuracy}=\frac{TP+TN}{TP+TN+FP+FN}$。

② 精确率（precision）。表示在被识别为正类别的样本中，为正类别的比例。用公式表示为 $\text{precision}=\frac{TP}{TP+FP}$。

③ 召回率（recall）。它表示在所有正类别样本中，被正确识别为正类别的比例。用公式表示为 $\text{recall}=\frac{TP}{TP+FN}$。

④ F1 分数（F1-measure）。F1 分数用于衡量测试的准确性，是准确率和召回率的加权平均值。用公式表示为 $F1=\frac{2\text{precision}\times\text{recall}}{\text{precision}+\text{recall}}$。

⑤ 均方根误差 (RMSE)。它是回归问题中最常用的评估指标。用公式表示为

$$RMSE=\sqrt{\frac{\sum_{1}^{N}(predicted_i-actual_i)^2}{N}} 。$$

⑥ 均方误差（MSE）。它是 RMSE 的平方。

⑦ 其他评价指标，例如：计算速度，表示分类器训练和预测需要的时间；鲁棒性，表示处理缺失值和异常值的能力；可扩展性，表示处理大数据集的能力；可解释性，表示分类器的预测标准的可理解性，像决策树产生的规则就是很容易理解的，不像神经网络那样是黑盒处理（只知道输入和输出）。

14.2 线性回归

线性回归是指特征与结果之间是一次函数的关系，能用一条线去表示。非线性回归是指特征与结果之间不是一次函数的关系，如二次函数、三次函数、幂函数等。本节主要学习线性回归，对于不同的回归算法，只不过是把对应的函数进行替换，把线性方程替换成非线性方程。

线性回归的优点：可解释性强；运算速度快；对线性关系的数据拟合效果好。缺点：预测的精确度较低；不相关的特征会影响结果，所以需要对不相关的特征进行剔除；容易出现过拟合。

14.2.1 简单线性回归基本思想

线性回归模型可表示为 $y=ax+b$，a 为各个特征的权重（重要性）；x 为对应的特征。从数学角度看，a 是斜率，b 是截距，y 是因变量。线性回归是一种使用单一特征预测响应（因变量）的方法，前提是两个变量是线性相关的。因此，可以找到一个线性函数，尽可能准确地预测响应值 y 和自变量 x 的关系。以表 14-1 所示数据为例。

表 14-1 假设数据

x	1	2	3	4	5	6	7	8	9
y	20	29	41	55	64	76	85	87	105

可以定义：x 为特征向量，即 $x=[x\_1, x\_2, \cdots, x\_n]$；$y$ 为响应向量，即 $y=[y\_1, y\_2, \cdots, y\_n]$。

对数据集进行可视化，代码如下，线性回归如图 14-2 所示。

```
import matplotlib.pyplot as plt
import numpy as np
x = np.array([1,2,3,4,5,6,7,8,9])
    #创建 x 数组
y = np.array([25,29,41,55,64,76,85,87,105])
    #创建 y 数组
plt.scatter(x,y)
plt.show( )
```

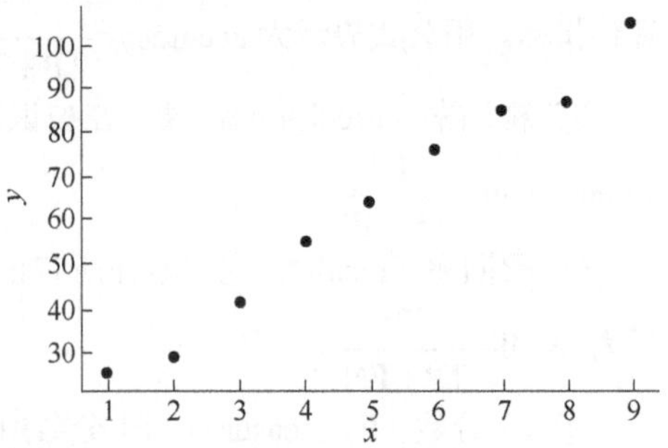

图 14-2 线性回归

线性回归的任务是在上面的散点图中找到一条最适合的线，该线应尽可能包含已有数据（或者与已有数据最近），以便可以预测任何新特征值的响应（不是已知的 x 特征），这条线称为回归线。

14.2.2　案例：学习时间与分数预测

sklearn.linear_model.LinearRegression 是用于实现线性回归的模块。例如：假设有数据集“student.xlsx”，该数据集表示学生每天学习时间与期末分数的对应关系（本数据集为我们自定义），如图 14-3 所示。

第一步：导入相关库，并读取数据。代码如下，读取结果如图 14-4 所示。

```
import pandas as pd
from sklearn.linear_model import LinearRegression
data=pd.read_excel('student.xlsx')
data
```

	A	B
1	学习时间	期末分数
2	1	10
3	2	22
4	3	29
5	4	44
6	5	52
7	6	59
8	7	71
9	8	83
10	9	91

图 14-3　学习时间与期末分数数据集

	学习时间	期末分数
0	1	10
1	2	22
2	3	29
3	4	44
4	5	52
5	6	59
6	7	71
7	8	83
8	9	91

图 14-4　读取结果

第二步：提取自变量与因变量。

```
x=data[['学习时间']] # 读取成二维形式
y=data['期末分数']
```

第三步：把数据集拆分为训练集和测试集。

使用 train_test_split 函数进行划分，它的语法如下。

```
sklearn.model_selection.train_test_split(x,y,test_size=None,
train_size=None,random_state=None,shuffle=True,stratify=None)
```

参数说明：

• x 和 y：具有相同长度/形状的可索引序列，x 表示待划分的样本特征集合；y 表示待划分的样本标签。

• test_size：如果是浮点数，则应介于 0.0 和 1.0 之间，表示要包含在测试拆分中的数据集的比例；若为整数，则是测试集样本的数目；如果不设置该参数，则默认为 0.25。

• random_state：随机数种子，默认无。

• shuffle：在拆分数据前是否对数据进行“洗牌”，默认为 True。

• stratify：表示拆分方式，默认以分层方式拆分数据。

这里以 8∶2 的比例进行拆分，代码如下。

```
from sklearn.model_selection import train_test_split #导入分隔函数
x_train,x_test,y_train,y_test=train_test_split(x,y,test_size=0.2) #0.2 表示测试比例为 20%
```

```
print(x_train.shape) #查看训练集维度
print(x_test.shape) #查看测试集维度
print(y_train.shape)
print(y_test.shape)
```

参数说明：

• 返回值：x_train 表示划分出的训练集数据；x_test 表示划分出的测试集数据；y_train 表示划分出的训练集标签；y_test 表示划分出的测试集标签。

第四步：建立模型并对数据进行拟合，查看模型的拟合结果。

```
model = LinearRegression( ) #建立线性模型
model.fit(x,y) # 使用 fit 函数对数据 x 和 y 进行拟合（意味着拟合成某个函数）
#回归系数（斜率）
a=model.intercept_
#截距
b=model.coef_[0]
print('拟合线截距 b=',b,',回归系数 a=',a)
```

运行结果：拟合线截距 b= 10.100000000000003 ，回归系数 a= 0.7222222222222072。因此可以根据结果得到拟合的一元线性回归方程为 y=0.722x+10.100。使用 predict( )函数进行预测，例如预测 x=10 的结果，输入 model.predict([[9]])，执行结果为 array([91.62222222])。

第五步：模型评估。

对线性回归模型，常用的评价方案是均方误差（MSE）或均方根差（RMSE）。代码如下。

```
from sklearn import metrics
import numpy as np
y_pred=model.predict(x_test)
#用 scikit-learn 计算 MSE
mse=metrics.mean_squared_error(y_test,y_pred)
print('MSE=',mse)
#计算 RMSE
rmse=np.sqrt(metrics.mean_squared_error(y_test,y_pred))
print('RMSE=',rmse)
```

执行结果如下：

```
MSE= 2.7854938271605096
RMSE= 1.6689798761999828
```

我们还可以对该模型的决定系数的平方进行计算，输入 model.score(x_test , y_test)，执行结果为 0.9226251714677636，这个数据显然符合要求。

第六步：模型可视化。

```
from matplotlib import pyplot as plt
# 用来正常显示中文标签
plt.rcParams['font.sans-serif'] = ["SimHei"]

#绘制训练数据的散点图
plt.scatter(x_train,y_train,color='blue',label="训练数据 a")
#predict 得到训练数据的预测值
y_pred = model.predict(x_train)
#绘制最佳拟合线,标签用的是训练数据的预测值 y_pred
```

```
plt.plot(x_train,y_pred,color='red',linewidth=2,label="最佳拟合线")
plt.scatter(x_test,y_test,color='yellow',label="测试数据")
#添加图标标签
plt.legend(loc=2)
plt.xlabel("时间(小时)")
plt.ylabel("期末分数")
plt.title('学习时间与期末分数关系')
#显示图像
plt.show( )
```

拟合结果如图 14-5 所示。

14.2.3　多项式回归基本思想

如果数据点不适合线性回归，那么多项式回归可能是理想的选择。多项式回归可以弥补线性回归的缺点。像线性回归一样，多项式回归通过变量 x 和 y 之间的关系来找到绘制数据点线的最佳方法，如图 14-6 所示。

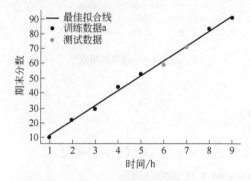

图 14-5　学习时间与期末分数关系拟合结果　　　　图 14-6　多项式拟合

多项式回归的定义：研究一个因变量（目标变量）与一个或多个自变量之间多项式的回归分析方法。如果自变量只有一个，称为一元多项式回归；如果自变量有多个，称为多元多项式回归。在一元回归分析中，如果因变量 y 与自变量 x 的关系是非线性的，但是又找不到适当的函数曲线来拟合，则可以采用一元多项式回归，通用公式为 $y=b_0+b_1x+b_2x^2+\cdots+b_mx^m$。

多项式回归的最大优点是可以通过增加 x 的高次项对实测点进行逼近，直至满意为止。缺点就是如果数据太多，则需要耗更多时间。事实上，多项式回归可以处理相当一类非线性问题，它在回归分析中占有重要的地位，因为任一函数都可以分段用多项式来逼近。在通常的实际问题中，不论因变量与其他自变量的关系如何，我们总可以用多项式回归来进行分析，所以线性回归可以认为是多项式回归的特殊情况。

14.2.4　案例：职位薪金预测

目标：根据团队成员在公司的职位级别预测他们的薪金。数据集如图 14-7 所示。
数据说明：
① Position：具体职位。
② Level：该公司团队成员的级别，一共十个职位级别。
③ Salary：团队成员的薪金。对于不同的级别，薪金有显著差异。

第一步：读取数据。代码如下，读取结果如图 14-8 所示。

```python
# 导入相关库
import numpy as np
import matplotlib.pyplot as plt
import pandas as pd
# 读取数据集
dataset = pd.read_csv('Salaries.csv')
dataset
```

	A	B	C	D
1	Position	Level	Salary	
2	Business Analyst	1	45000	
3	Junior Consultant	2	50000	
4	Senior Consultant	3	60000	
5	Manager	4	80000	
6	Country Manager	5	110000	
7	Region Manager	6	150000	
8	Partner	7	200000	
9	Senior Partner	8	300000	
10	C-level	9	500000	
11	CEO	10	1000000	
12				

图 14-7　数据集

	Position	Level	Salary
0	Business Analyst	1	45000
1	Junior Consultant	2	50000
2	Senior Consultant	3	60000
3	Manager	4	80000
4	Country Manager	5	110000
5	Region Manager	6	150000
6	Partner	7	200000
7	Senior Partner	8	300000
8	C-level	9	500000
9	CEO	10	1000000

图 14-8　读取的数据

第二步：提取自变量和因变量。

```python
X = dataset.iloc[:,1:-1].values # 自变量(特征)
y = dataset.iloc[:,-1].values # 目标变量(标签)
```

第三步：为了对比多项式回归与线性回归对数据的适用性，训练线性回归模型。

```python
from sklearn.linear_model import LinearRegression # 导入线性回归模型
lin_reg = LinearRegression( ) # 实例化模型
lin_reg.fit(X,y) # 训练(拟合)
```

第四步：训练多项式回归模型。

```python
from sklearn.preprocessing import PolynomialFeatures #导入多项式回归模型
poly_regr = PolynomialFeatures(degree = 4) # 设置为四阶
X_poly = poly_regr.fit_transform(X) # 将特征转换为多项式形式
lin_reg_2 = LinearRegression( ) # 创建模型
lin_reg_2.fit(X_poly,y)
```

第五步：可视化线性回归效果。

```python
# 线性回归可视化
plt.rcParams['font.sans-serif'] = ['SimHei'] # 支持中文
plt.scatter(X,y,color = 'red') #绘制训练集
plt.plot(X,lin_reg.predict(X),color = 'blue') # 绘制线性回归线
plt.title('线性回归——薪金预测')
plt.xlabel('Position Level') # 添加横坐标的标签
plt.ylabel('Salary') # 添加纵坐标的标签
plt.show( )
```

由图 14-9 可知，线性回归模型不能很好地拟合数据。

第六步：可视化多项式回归效果。

```
plt.scatter(X,y,color = 'red') #绘制训练集
plt.plot(X,lin_reg_2.predict(poly_reg.fit_transform(X)),color = 'blue') # 绘制多项式回归线
plt.title('多项式回归——薪金预测')
plt.xlabel('Position level')
plt.ylabel('Salary')
plt.show( )
```

由图 14-10 可知，多项式回归拟合效果很好。

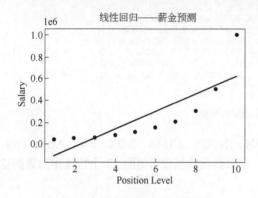

图 14-9　线性回归模型的可视化　　　　图 14-10　多项式回归模型的可视化

第七步：使用线性回归模型预测级别为 6.5 时的薪金。

```
lin_reg.predict([[6.5]])
```

结果为 330378.78787879，它超出了实际薪金很多，表明线性回归不适用于这个问题。

第八步：使用多项式回归模型来预测级别为 6.5 时的薪金。

```
lin_reg_2.predict(poly_reg.fit_transform([[6.5]]))
```

结果为 158862.45265155，这个值在我们的预期范围内。因此可以得出结论：多项式回归适合这个问题。

14.2.5　多元线性回归基本思想

多元线性回归试图通过将方程拟合到观察到的数据来模拟两个或多个特征与响应之间的关系。这与简单的线性回归比起来更具有多元性，更能适应复杂环境，它是简单线性回归的一个拓展。

多元线性回归可以表示为 y=a1*x1+a2*x2+a3*x3+a4*x4+⋯+a(i)*x(i)+b 形式，其中参数 a(i) 表示特征 x(i) 的回归系数，也可以理解为权重，权重大小间接表示该变量的影响大小。例如，小明的身高与爸爸和妈妈的身高相关，假设父亲的身高的重要性较高（60%），则母亲的身高的重要性为 40%，那么可以列出表达式为 y=0.6*父亲的身高+0.4*母亲的身高+b。通过这个简单的例子能够了解什么是多元线性回归，它的数学推导过程不做介绍，同样是基于最小二乘法原理。

14.2.6　案例：波士顿房价预测

根据历史房价数据建立回归模型，预测不同类型房屋的价格。数据集如图 14-11 所示（数

据没有标出列名，文件为 house.csv，数据集来源于 kaggle）。

	A	B	C	D	E	F	G	H	I					
1	0.00632	18.00	2.310	0	0.5380	6.5750	65.20	4.0900	1	296.0	15.30	396.90	4.98	24.00
2	0.02731	0.00	7.070	0	0.4690	6.4210	78.90	4.9671	2	242.0	17.80	396.90	9.14	21.60
3	0.02729	0.00	7.070	0	0.4690	7.1850	61.10	4.9671	2	242.0	17.80	392.83	4.03	34.70
4	0.03237	0.00	2.180	0	0.4580	6.9980	45.80	6.0622	3	222.0	18.70	394.63	2.94	33.40
5	0.06905	0.00	2.180	0	0.4580	7.1470	54.20	6.0622	3	222.0	18.70	396.90	5.33	36.20
6	0.02985	0.00	2.180	0	0.4580	6.4300	58.70	6.0622	3	222.0	18.70	394.12	5.21	28.70
7	0.08829	12.50	7.870	0	0.5240	6.0120	66.60	5.5605	5	311.0	15.20	395.60	12.43	22.90
8	0.14455	12.50	7.870	0	0.5240	6.1720	96.10	5.9505	5	311.0	15.20	396.90	19.15	27.10
9	0.21124	12.50	7.870	0	0.5240	5.6310	100.00	6.0821	5	311.0	15.20	386.63	29.93	16.50
10	0.17004	12.50	7.870	0	0.5240	6.0040	85.90	6.5921	5	311.0	15.20	386.71	17.10	18.90
11	0.22489	12.50	7.870	0	0.5240	6.3770	94.30	6.3467	5	311.0	15.20	392.52	20.45	15.00
12	0.11747	12.50	7.870	0	0.5240	6.0090	82.90	6.2267	5	311.0	15.20	396.90	13.27	18.90
13	0.09378	12.50	7.870	0	0.5240	5.8890	39.00	5.4509	5	311.0	15.20	390.50	15.71	21.70
14	0.62976	0.00	8.140	0	0.5380	5.9490	61.80	4.7075	4	307.0	21.00	396.90	8.26	20.40
15	0.63796	0.00	8.140	0	0.5380	6.0960	84.50	4.4619	4	307.0	21.00	380.02	10.26	18.20
16	0.62739	0.00	8.140	0	0.5380	5.8340	56.50	4.4986	4	307.0	21.00	395.62	8.47	19.90
17	1.05393	0.00	8.140	0	0.5380	5.9350	29.30	4.4986	4	307.0	21.00	386.85	6.58	23.10

图 14-11　波士顿房价数据

该数据每一列需要人为添加列名（CRIM、ZN、INDUS、CHAS、NOX、RM、AGE、DIS、RAD、TAX、PTRATIO、B、LSTAT、MEDV），根据数据的属性将前面 13 个特征作为数据特征，最后一个房价作为预测的结果。

① CRIM：城镇人均犯罪率。

② ZN：住宅用地超过 25000 平方英尺[❶]的比例。

③ INDUS：城镇非零售商用土地的比例。

④ CHAS：与查尔斯河之间距离（在河边为 1；否则为 0）。

⑤ NOX：一氧化氮浓度。

⑥ RM：住宅平均房间数。

⑦ AGE：1940 年前建成的自用房屋居住比例。

⑧ DIS：到波士顿五个中心区域的加权距离。

⑨ RAD：上高速路的难易程度

⑩ TAX：每 10000 美元的全值财产税率。

⑪ PTRATIO：城镇小学教师比例。

⑫ B：1000 $(Bk-0.63)^2$，其中，Bk 为城镇中黑人的比例。

⑬ LSTAT：低收入人口比例。

⑭ MEDV：自住房的平均价格，以千美元计。

第一步：读取数据，添加列名。代码如下，读取结果如图 14-12 所示。

```
import pandas as pd

column_names = ['CRIM','ZN','INDUS','CHAS','NOX','RM','AGE','DIS','RAD','TAX','PTRATIO',
'B','LSTAT','MEDV']
data = pd.read_csv('house.csv',sep="\s+",names = column_names) #sep 表示以什么分隔,\s+ 意思
就是至少有一个空白字符存在
data
```

❶ 1 平方英尺≈929.0304 平方厘米。

	CRIM	ZN	INDUS	CHAS	NOX	RM	AGE	DIS	RAD	TAX	PTRATIO	B	LSTAT	MEDV
0	0.00632	18.0	2.31	0	0.538	6.575	65.2	4.0900	1	296.0	15.3	396.90	4.98	24.0
1	0.02731	0.0	7.07	0	0.469	6.421	78.9	4.9671	2	242.0	17.8	396.90	9.14	21.6
2	0.02729	0.0	7.07	0	0.469	7.185	61.1	4.9671	2	242.0	17.8	392.83	4.03	34.7
3	0.03237	0.0	2.18	0	0.458	6.998	45.8	6.0622	3	222.0	18.7	394.63	2.94	33.4
4	0.06905	0.0	2.18	0	0.458	7.147	54.2	6.0622	3	222.0	18.7	396.90	5.33	36.2
...	...	...	...	...	...	...	...	...	...	...	...	...	...	...
501	0.06263	0.0	11.93	0	0.573	6.593	69.1	2.4786	1	273.0	21.0	391.99	9.67	22.4
502	0.04527	0.0	11.93	0	0.573	6.120	76.7	2.2875	1	273.0	21.0	396.90	9.08	20.6
503	0.06076	0.0	11.93	0	0.573	6.976	91.0	2.1675	1	273.0	21.0	396.90	5.64	23.9
504	0.10959	0.0	11.93	0	0.573	6.794	89.3	2.3889	1	273.0	21.0	393.45	6.48	22.0
505	0.04741	0.0	11.93	0	0.573	6.030	80.8	2.5050	1	273.0	21.0	396.90	7.88	11.9

506 rows × 14 columns

图 14-12　读取结果

第二步：数据探索。例如，查看数据基本描述。代码如下，结果如图 14-13 所示。

```
data.describe( )
```

```
data.describe()
```

	CRIM	ZN	INDUS	CHAS	NOX	RM	AGE	DIS	RAD	TAX	PTRATIO	B	L
count	506.000000	506.000000	506.000000	506.000000	506.000000	506.000000	506.000000	506.000000	506.000000	506.000000	506.000000	506.000000	506.0C
mean	3.613524	11.363636	11.136779	0.069170	0.554695	6.284634	68.574901	3.795043	9.549407	408.237154	18.455534	356.674032	12.65
std	8.601545	23.322453	6.860353	0.253994	0.115878	0.702617	28.148861	2.105710	8.707259	168.537116	2.164946	91.294864	7.14
min	0.006320	0.000000	0.460000	0.000000	0.385000	3.561000	2.900000	1.129600	1.000000	187.000000	12.600000	0.320000	1.73
25%	0.082045	0.000000	5.190000	0.000000	0.449000	5.885500	45.025000	2.100175	4.000000	279.000000	17.400000	375.377500	6.95
50%	0.256510	0.000000	9.690000	0.000000	0.538000	6.208500	77.500000	3.207450	5.000000	330.000000	19.050000	391.440000	11.36
75%	3.677083	12.500000	18.100000	0.000000	0.624000	6.623500	94.075000	5.188425	24.000000	666.000000	20.200000	396.225000	16.95
max	88.976200	100.000000	27.740000	1.000000	0.871000	8.780000	100.000000	12.126500	24.000000	711.000000	22.000000	396.900000	37.97

图 14-13　数据描述

例如，查看房价的最大值、最低值、平均值。

```
print("房价最大值:",data['MEDV'].max( ))
print("房价最低值:",data['MEDV'].min( ))
print("房价平均值:",data['MEDV'].mean( ))
```

执行结果如下：

```
房价最大值: 50.0
房价最低值: 5.0
房价平均值: 22.532806324110698
```

例如，计算各列之间的相关性系数。代码如下，执行如图 14-14 所示。

```
from matplotlib import pyplot as plt
cor_data = data[:].corr( )
cor_data
```

	CRIM	ZN	INDUS	CHAS	NOX	RM	AGE	DIS	RAD	TAX	PTRATIO	B	LSTAT	MEDV
CRIM	1.000000	-0.200469	0.406583	-0.055892	0.420972	-0.219247	0.352734	-0.379670	0.625505	0.582764	0.289946	-0.385064	0.455621	-0.388305
ZN	-0.200469	1.000000	-0.533828	-0.042697	-0.516604	0.311991	-0.569537	0.664408	-0.311948	-0.314563	-0.391679	0.175520	-0.412995	0.360445
INDUS	0.406583	-0.533828	1.000000	0.062938	0.763651	-0.391676	0.644779	-0.708027	0.595129	0.720760	0.383248	-0.356977	0.603800	-0.483725
CHAS	-0.055892	-0.042697	0.062938	1.000000	0.091203	0.091251	0.086518	-0.099176	-0.007368	-0.035587	-0.121515	0.048788	-0.053929	0.175260
NOX	0.420972	-0.516604	0.763651	0.091203	1.000000	-0.302188	0.731470	-0.769230	0.611441	0.668023	0.188933	-0.380051	0.590879	-0.427321
RM	-0.219247	0.311991	-0.391676	0.091251	-0.302188	1.000000	-0.240265	0.205246	-0.209847	-0.292048	-0.355501	0.128069	-0.613808	0.695360
AGE	0.352734	-0.569537	0.644779	0.086518	0.731470	-0.240265	1.000000	-0.747881	0.456022	0.506456	0.261515	-0.273534	0.602339	-0.376955
DIS	-0.379670	0.664408	-0.708027	-0.099176	-0.769230	0.205246	-0.747881	1.000000	-0.494588	-0.534432	-0.232471	0.291512	-0.496996	0.249929
RAD	0.625505	-0.311948	0.595129	-0.007368	0.611441	-0.209847	0.456022	-0.494588	1.000000	0.910228	0.464741	-0.444413	0.488676	-0.381626
TAX	0.582764	-0.314563	0.720760	-0.035587	0.668023	-0.292048	0.506456	-0.534432	0.910228	1.000000	0.460853	-0.441808	0.543993	-0.468536
PTRATIO	0.289946	-0.391679	0.383248	-0.121515	0.188933	-0.355501	0.261515	-0.232471	0.464741	0.460853	1.000000	-0.177383	0.374044	-0.507787
B	-0.385064	0.175520	-0.356977	0.048788	-0.380051	0.128069	-0.273534	0.291512	-0.444413	-0.441808	-0.177383	1.000000	-0.366087	0.333461
LSTAT	0.455621	-0.412995	0.603800	-0.053929	0.590879	-0.613808	0.602339	-0.496996	0.488676	0.543993	0.374044	-0.366087	1.000000	-0.737663
MEDV	-0.388305	0.360445	-0.483725	0.175260	-0.427321	0.695360	-0.376955	0.249929	-0.381626	-0.468536	-0.507787	0.333461	-0.737663	1.000000

图 14-14　数据的相关性

使用 seaborn 对相关系数进行可视化。代码如下，执行结果如图 14-15 所示。

```
import seaborn as sns

plt.subplots(figsize = (7,6)) #c 创建子图并设定长和宽大小
ax = sns.heatmap(cor_data,linewidth=0.2) #传入相关系数 cor_data,设置线条大小为 0.2
plt.show( )
```

第三步：提取自变量与因变量。

```
x = data.drop(columns=['MEDV'])
y = data[['MEDV']]
```

第四步：拆分数据集为训练集和测试集，这里以 7∶3 比例划分。

```
from sklearn.model_selection import train_test_split
X_train,X_test,y_train,y_test=train_test_split(x,y,test_size=0.3,random_state=1)
```

第五步：数据标准化。

特征缩放是机器学习中数据预处理的最后一步，也是很重要的一步，如果遇到多特征之间较大差异的，例如一个特征的变化为 1～10，另一个特征为 1～100，则需要对其进行标准化，很显然本数据需要标准化。

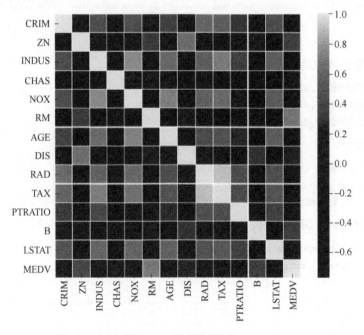

图 14-15　相关性可视化

标准化公式为 $x' = \dfrac{x - \mathrm{mean}(x)}{a}$，式中 x 为原始值；mean 为平均值；a 为标准差；x' 为标准化后的值。在 Sklearn 中可以使用 StandardScaler 方法进行数据的标准化，以下便是对波士顿数据集的标准化。

```
from sklearn.preprocessing import StandardScaler        #数据标准化模块
st= StandardScaler( )                                   #实例化
```

```
X_train= st.fit_transform(X_train)
X_test = st.fit_transform(X_test)
```

第六步：建立模型并评估模型。

```
from sklearn.linear_model import LinearRegression        #线性模型导入线性回归
from sklearn.metrics import r2_score
import sklearn.metrics as metrics
import numpy as np
model = LinearRegression( )                              #实例化模型
model.fit(X_train,y_train)                              #采用 fit 方法，拟合回归系数和截距
y_pred = model.predict(X_test)                          #模型预测

print('截距:',model.intercept_[0])                       #输出截距
print('回归系数:',model.coef_[0])                         #输出系数
print('R^2: {}'.format(model.score(X_test,y_test)))      # 使用 score 函数计算 R^2 值
print("R2=",r2_score(y_test,y_pred))#使用 r2_score 计算模型评价，r² 决定系数值。
print('平均绝对误差:',metrics.mean_absolute_error(y_test,y_pred)) #MAE
print('均方误差:',metrics.mean_squared_error(y_test,y_pred))  #MSE
print('均方根误差:',np.sqrt(metrics.mean_squared_error(y_test,y_pred))) #EMSE,开平方
```

输出结果如图 14-16 所示。

```
截距: 22.33983050847458
回归系数: [-0.83884271  1.42840065  0.40532651  0.67942473 -2.53039124  1.93381643
  0.10090715 -3.23615418  2.70318306 -1.91729896 -2.15578621  0.58227649
 -4.13433172]
R^2: 0.7815872322862855
R2= 0.7815872322862855
平均绝对误差: 3.288817396874969
均方误差: 20.018510201285206
均方根误差: 4.474204979802021
```

图 14-16　评价结果

根据返回结果可以构建出一个回归方程，系数有正有负，如果系数为正，则表明这个属性对房价提升有帮助；如果系数为负，则表明这个属性导致房价下跌。从 R^2 的值可以看出，该模型的效果并不是很好，如果对数据进行降维处理，可能会有一个更好的效果。

对数据进行可视化，代码如下，执行如图 14-17 所示。

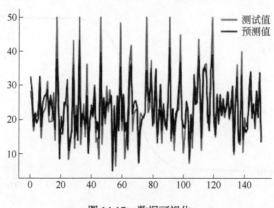

图 14-17　数据可视化

```
plt.rcParams["font.sans-serif"]=["SimHei"]  #设置字体,支持中文
plt.plot(y_test.values,c="r",label="测试值")
plt.plot(y_pred,c="b",label="预测值")
plt.legend( )
```

14.3 逻辑回归

简单线性回归和多元线性回归都属于线性回归,前面已进行了介绍。这里介绍一种经典的非线性回归——逻辑回归。

14.3.1 逻辑回归基本思想

逻辑回归(LR)是一种类似于线性回归的统计方法,因为 LR 也是从一个或多个响应变量 x 中找到一个预测二元变量 y 的结果的方程。然而,与线性回归不同,响应变量可以是分类的或连续的,因为模型并不严格要求连续数据。线性回归使用普通最小二乘法(OLS),而逻辑回归使用最大似然估计(MLE)方法。

逻辑回归可用于各种分类问题,例如,垃圾邮件检测(是否为垃圾邮件);糖尿病预测(是否患有糖尿病);用户是否会点击给定的广告链接。逻辑回归模型不是拟合直线或超平面,而是使用逻辑函数将线性方程的输出压缩在 0~1 之间。逻辑函数定义为 $f(x)=\dfrac{1}{1+e^{-x}}$,绘制出一条 S 形曲线,它可以取任何实数值,并将其映射为 0~1 的值。编写绘制该函数的代码如下,可视化逻辑函数曲线如图 14-18 所示。

```
import numpy as np
import matplotlib.pyplot as plt


# 起点,终点,间距
x = np.arange(-10,10,0.2)
y=1/(1+np.exp(-x)) #逻辑函数
plt.plot(x,y) # 绘制
plt.show( )
```

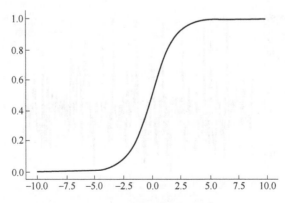

图 14-18 可视化逻辑函数曲线

如果 x 为正无穷大，则预测的 y 将变为 1；如果 x 趋于负无穷大，预测的 y 将变为 0。如果 sigmoid 函数的输出大于 0.5，可以将结果归为 1 或 YES；如果小于 0.5，可以将其归为 0 或 NO。也可以用输出的概率来表示，例如输出为 0.75，表示患者患癌症的概率为 75%。

14.3.2 案例：糖尿病预测

① 数据描述。数据集由几个医学预测（独立）变量和一个目标（因）变量 Outcome 组成。自变量包括患者的 Pregnancies（怀孕次数）、BMI（体重指数）、Insulin（胰岛素水平）、Age（年龄）、SkinThickness（肱三头肌皮褶厚度）、Glucose（葡萄糖浓度）、BloodPressure（血压）等。因变量 Outcome 为分类变量，0 表示不患病，1 表示患病（数据集来源于 kaggle）。

首先使用 pandas 读取数据。代码如下，读取结果如图 14-19 所示。

```
import pandas as pd
import matplotlib.pyplot as plt


data = pd.read_csv("tang.csv",encoding="gbk")
data
```

	Pregnancies	Glucose	BloodPressure	SkinThickness	Insulin	BMI	DiabetesPedigreeFunction	Age	Outcome
0	6	148	72	35	0	33.6	0.627	50	1
1	1	85	66	29	0	26.6	0.351	31	0
2	8	183	64	0	0	23.3	0.672	32	1
3	1	89	66	23	94	28.1	0.167	21	0
4	0	137	40	35	168	43.1	2.288	33	1
...	...	...	...	...	...	...	...	...	...
763	10	101	76	48	180	32.9	0.171	63	0
764	2	122	70	27	0	36.8	0.340	27	0
765	5	121	72	23	112	26.2	0.245	30	0
766	1	126	60	0	0	30.1	0.349	47	1
767	1	93	70	31	0	30.4	0.315	23	0

768 rows × 9 columns

图 14-19 读取结果

② 数据清洗。读取数据后，在建立机器学习模型之前，需要对数据进行探索。如果数据有明显的错误，需要进行清洗。

例如，查看数据基本信息：data.info( )，如图 14-20 所示，数据没有空值。

```
: data.info()

<class 'pandas.core.frame.DataFrame'>
RangeIndex: 768 entries, 0 to 767
Data columns (total 9 columns):
 #   Column                    Non-Null Count  Dtype
---  ------                    --------------  -----
 0   Pregnancies               768 non-null    int64
 1   Glucose                   768 non-null    int64
 2   BloodPressure             768 non-null    int64
 3   SkinThickness             768 non-null    int64
 4   Insulin                   768 non-null    int64
 5   BMI                       768 non-null    float64
 6   DiabetesPedigreeFunction  768 non-null    float64
 7   Age                       768 non-null    int64
 8   Outcome                   768 non-null    int64
dtypes: float64(2), int64(7)
memory usage: 54.1 KB
```

图 14-20 数据信息

查看数据整体描述：data.describe( )，运行如图 14-21 所示。

从这里可以看到，数据中有几个指标（特征）的最小值为 0，这是明显不符合实际情况的。例如，血压这个特征为 0 是不可能的，这不符合人的标准，而不是患病与否，所以推测值为 0 实际上是缺失值。对于缺失值需要填充，思路如下：将 0 替换为 NaN，再将其全部替换为这一列的平均值。

data.describe()

	Pregnancies	Glucose	BloodPressure	SkinThickness	Insulin	BMI	DiabetesPedigreeFunction	Age	Outcome
count	768.000000	768.000000	768.000000	768.000000	768.000000	768.000000	768.000000	768.000000	768.000000
mean	3.845052	120.894531	69.105469	20.536458	79.799479	31.992578	0.471876	33.240885	0.348958
std	3.369578	31.972618	19.355807	15.952218	115.244002	7.884160	0.331329	11.760232	0.476951
min	0.000000	0.000000	0.000000	0.000000	0.000000	0.000000	0.078000	21.000000	0.000000
25%	1.000000	99.000000	62.000000	0.000000	0.000000	27.300000	0.243750	24.000000	0.000000
50%	3.000000	117.000000	72.000000	23.000000	30.500000	32.000000	0.372500	29.000000	0.000000
75%	6.000000	140.250000	80.000000	32.000000	127.250000	36.600000	0.626250	41.000000	1.000000
max	17.000000	199.000000	122.000000	99.000000	846.000000	67.100000	2.420000	81.000000	1.000000

图 14-21 数据描述

根据以上猜想，查看数据目前的缺失值数量：data.isnull( ).sum( )，执行结果如图 14-22 所示。可以看出每一列都没有缺失值，我们只需要考虑 0 这个值并对其进行替换即可。

将原始的数据复制到一个新的变量中，再将数据 0 替换为空值。

```
data.isnull().sum() # 检查是否有一些空值

Pregnancies                 0
Glucose                     0
BloodPressure               0
SkinThickness               0
Insulin                     0
BMI                         0
DiabetesPedigreeFunction    0
Age                         0
Outcome                     0
```

图 14-22 缺失值计数

```
data_copy = data.copy(deep = True) #深度完全
复制
data_copy[['Glucose','BloodPressure','SkinThic-
kness','Insulin','BMI']] = data_copy[['Glucose','BloodPressure','SkinThickness','Insulin',
'BMI']]. replace(0,np.NaN)
```

```
# 将 0 替换成 NaN,查看一下具体有多少缺失值

data_copy.isnull( ).sum( )
```

执行结果如图 14-23（a）所示，可以看到 Glucose、Blood Pressure、Skin Thickness、Insulin、BMI 这几列的缺失值数量。对全部数据进行填充平均值处理，并查看处理后的列缺失值数量。

```
data_copy['Glucose'].fillna(data_copy['Glucose'].mean( ),inplace = True)
data_copy['BloodPressure'].fillna(data_copy['BloodPressure'].mean( ),inplace = True)
data_copy['SkinThickness'].fillna(data_copy['SkinThickness'].median( ),inplace = True)
data_copy['Insulin'].fillna(data_copy['Insulin'].median( ),inplace = True)
data_copy['BMI'].fillna(data_copy['BMI'].median( ),inplace = True)
data_copy.isnull( ).sum( )
```

缺失值计数如图 14-23（b）所示，可见已经没有缺失值。

③ 数据可视化。

例如，查看数据的直方图。代码如下，直方图如图 14-24 所示（仅展示部分图形）。

```
p = data_copy.hist(figsize = (20,20))
```

```
: Pregnancies              0        : data_copy.isnull().sum()
  Glucose                  5
  BloodPressure           35        : Pregnancies              0
  SkinThickness          227          Glucose                  0
  Insulin                374          BloodPressure            0
  BMI                     11          SkinThickness            0
  DiabetesPedigreeFunction 0          Insulin                  0
  Age                      0          BMI                      0
  Outcome                  0          DiabetesPedigreeFunction 0
  dtype: int64                        Age                      0
                                      Outcome                  0
                                      dtype: int64
```

     (a) 有缺失值   (b) 无缺失值

图 14-23　缺失值计数

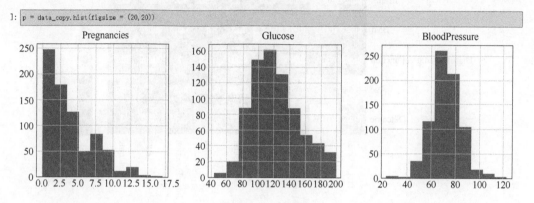

图 14-24　直方图

  例如：绘制矩阵散点图。代码如下，散点图如图 14-25 所示。

```
from pandas.plotting import scatter_matrix
p=scatter_matrix(data_copy,figsize=(20,20))
```

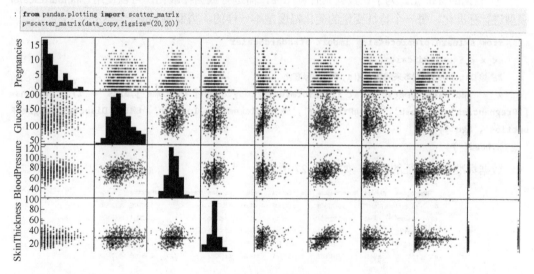

图 14-25　矩阵散点图

  例如：绘制数据的相关性热力图。代码如下，相关性可视化如图 14-26 所示。

```
plt.figure(figsize=(6,5))
p = sns.heatmap(data_copy.corr( ),annot=True,cmap ='RdYlGn')   # 所有特征之间的相关性
```

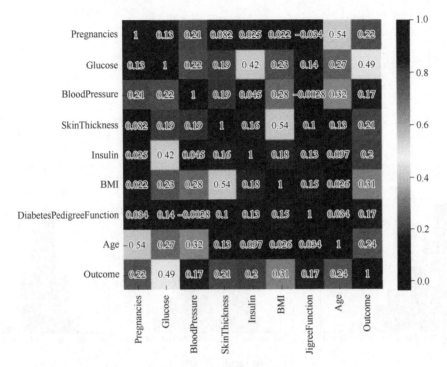

图 14-26　相关性可视化

可以清晰地看出各个特征与 Outcome 的相关性大小，首先 Glucose 与 Outcome 的相关性大小为 0.49，其次与 BMI 的相关性为 0.31。

④ 数据的标准化。为了让数据具有可比性，需进行数据标准化，可以使用 StandardScaler 模型进行标准化。每一个特征变量的变化幅度是不一样的，需要将其统一。

```
from sklearn.preprocessing import StandardScaler
sc_x = StandardScaler( )
#剔除 Outcome,数据本来就是 0 和 1,不需要标准化
x =   pd.DataFrame(sc_x.fit_transform(data_copy.drop(["Outcome"],axis = 1),),),columns=
['Pregnancies','Glucose','BloodPressure','SkinThickness','Insulin','BMI','DiabetesPedigreeF
unction','Age'])
x.head( )
```

数据标准化（特征的收缩）如图 14-27 所示。

	Pregnancies	Glucose	BloodPressure	SkinThickness	Insulin	BMI	DiabetesPedigreeFunction	Age
0	0.639947	0.865108	-0.033518	0.670643	-0.181541	0.166619	0.468492	1.425995
1	-0.844885	-1.206162	-0.529859	-0.012301	-0.181541	-0.852200	-0.365061	-0.190672
2	1.233880	2.015813	-0.695306	-0.012301	-0.181541	-1.332500	0.604397	-0.105584
3	-0.844885	-1.074652	-0.529859	-0.695245	-0.540642	-0.633881	-0.920763	-1.041549
4	-1.141852	0.503458	-2.680669	0.670643	0.316566	1.549303	5.484909	-0.020496

图 14-27　数据标准化

⑤ 提取自变量与因变量。一定要理清楚测试的是什么，Outcome 是预测目标，因此该特征为因变量，其他变量为自变量。提取如下：

```
y=data_copy[['Outcome']]
```

```
x = data.drop(columns=['Outcome'])
```

⑥ 拆分数据集。提取好自变量与因变量后，需要对数据进行拆分，分成训练集与测试集。一般来说，我们可以拆分数据集为 7 : 3、8 : 2、7.5 : 2.5 这三个比例。下面以 7.5 : 2.5 为例。

```
from sklearn.model_selection import train_test_split
x_train,x_test,y_train,y_test=train_test_split(x,y,test_size=0.25,random_state=0)
```

⑦ 建立模型。数据清洗和提取之后，就可以建立模型和预测了。

```
from sklearn.linear_model import LogisticRegression
# 实例化模型
lr = LogisticRegression( )
# 拟合训练出模型
lr.fit(x_train,y_train)
#预测
y_pred=lr.predict(x_test)
print(y_pred)
```

预测结果如图 14-28 所示，该矩阵给出了对测试集中的数据进行预测的结果。

```
[1 0 0 1 0 0 1 1 1 0 1 1 0 0 0 0 1 0 0 0 1 0 0 0 0 0 0 1 0 0 1 0 0 1 0 1 0
 0 1 0 0 0 1 1 0 0 0 0 0 0 1 1 0 0 0 0 0 0 1 0 0 1 1 1 1 0 0 0 0 0 0 1
 1 0 0 1 0 0 0 0 0 0 0 1 0 0 0 0 0 1 0 0 0 1 0 0 0 0 0 0 1 0 0 0 0 1 0
 0 1 1 1 1 0 1 0 1 0 0 0 0 0 0 0 0 1 0 0 0 0 1 0 0 1 0 1 0 0 0
 0 0 0 1 0 0 1 0 1 0 0 1 1 1 0 0 1 0 0 0 0 0 0 0 0 0 1 0 0 0 0 0 1 0 1 1
 0 1 0 0 0 0 0]
```

图 14-28 预测结果

⑧ 评估模型。模型好不好，需要对模型进行度量。这里采取准确度、精度、召回率作为评价的指标。

```
print("准确率:",metrics.accuracy_score(y_test,y_pred))
print("精度:",metrics.precision_score(y_test,y_pred))
print("召回率:",metrics.recall_score(y_test,y_pred))
```

执行结果如下。

准确率: 0.7916666666666666

精度: 0.7115384615384616

召回率: 0.5967741935483871

特别说明，ROC 曲线是真阳性率与假阳性率的关系图，它显示了敏感性和特异性之间的权衡，可以对它进行可视化绘制。

```
plt.rcParams['font.sans-serif']=['SimHei'] #用来正常显示中文标签
y_pred_proba = lr.predict_proba(X_test)[::,1]
fpr,tpr,_ = metrics.roc_curve(y_test, y_pred_proba)
auc = metrics.roc_auc_score(y_test,y_pred_proba)
plt.plot(fpr,tpr,label="数据 1,auc="+str(auc))
plt.legend(loc=4)
plt.show( )
```

ROC 曲线如图 14-29 所示，auc 得分为 0.86。auc 分数为 1 代表完美的分类器，为 0.5 代表毫无价值的分类器。

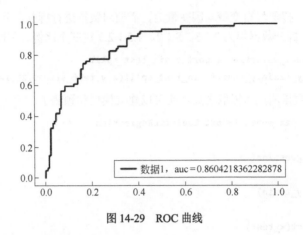

图 14-29　ROC 曲线

14.4　朴素贝叶斯分类

14.4.1　朴素贝叶斯基本思想

朴素贝叶斯方法是一组基于贝叶斯定理的监督学习算法，在给定类变量值的情况下，假设每对特征之间条件独立。贝叶斯定理实际上就是概率论的一个公式，简单地表示如下。

$$P(A|B) = \frac{P(B \mid A) \times P(A)}{P(B)}$$

式中，$P(A)$ 和 $P(B)$ 为两个独立的事件概率并且不等于零；$P(A \mid B)$ 为事件 A 发生的条件概率，假设 B 为真，它是给定预测变量（B）类别（A）的后验概率；$P(B \mid A)$ 为事件 B 发生的条件概率，假设 A 为真。

我们用一个好理解的公式解释上述原理：

$$P(类别 \mid 数据) = \frac{P(数据 \mid 类别) \times P(类别)}{P(数据)}$$

14.4.2　朴素贝叶斯分类与假设

朴素贝叶斯有着不同的变体类型，分类如下。

① 多项式朴素贝叶斯方法。自然语言处理中常见的贝叶斯学习方法。使用贝叶斯定理，程序评估文本的标签，例如电子邮件或报纸。它评估给定样本的每个标签的可能性，并返回可能性最高的标签。

② 伯努利朴素贝叶斯方法。它只接受二进制值。可能有多个特征，但每个特征都假定为二进制值（伯努利、布尔）变量。因此，需要将样本表示为二进制值特征向量。可以使用"词库"模型进行文本分类，其中 1 和 0 分别表示"单词出现在词库中"和"单词没有出现在词库中"。

③ 高斯朴素贝叶斯方法。朴素贝叶斯的一种变体，它遵循高斯正态分布并支持连续数据。

用于分类，假设特征服从正态分布。

在使用朴素贝叶斯分类器前，需要满足两个基本假设：

① 目标类相互独立。例如：吃饭和睡觉是相互独立的两个事件，每个事件都会有一个固定概率。

② 目标类的先验概率是相等的。也就是说，在计算每个类的后验概率之前，分类器会给每个目标类分配相同的先验概率。

14.4.3 案例：鸢尾花分类

高斯朴素贝叶斯模型非常适合分类问题。这里有鸢尾花数据集，一共有三种类型、150 个样本数据（数据集来源于 kaggle），如图 14-30 所示。

	A	B	C	D	E	F
1	Id	花萼长度	花萼宽度	花瓣长度	花瓣宽度	种类
2	1	5.1	3.5	1.4	0.2	Iris-setosa
3	2	4.9	3	1.4	0.2	Iris-setosa
4	3	4.7	3.2	1.3	0.2	Iris-setosa
5	4	4.6	3.1	1.5	0.2	Iris-setosa
6	5	5	3.6	1.4	0.2	Iris-setosa
7	6	5.4	3.9	1.7	0.4	Iris-setosa
8	7	4.6	3.4	1.4	0.3	Iris-setosa
9	8	5	3.4	1.5	0.2	Iris-setosa
10	9	4.4	2.9	1.4	0.2	Iris-setosa
11	10	4.9	3.1	1.5	0.1	Iris-setosa
12	11	5.4	3.7	1.5	0.2	Iris-setosa
13	12	4.8	3.4	1.6	0.2	Iris-setosa
14	13	4.8	3	1.4	0.1	Iris-setosa
15	14	4.3	3	1.1	0.1	Iris-setosa
16	15	5.8	4	1.2	0.2	Iris-setosa

图 14-30　鸢尾花数据集

该数据集的每一列属性描述如下。

① 花萼长度，以厘米为单位，用作输入。

② 花萼宽度，以厘米为单位，用作输入。

③ 花瓣长度，以厘米为单位，用作输入。

④ 花瓣宽度，以厘米为单位，用作输入。

⑤ 种类，表示这一行数据对应鸢尾花的类别，作为目标。

第一步：导入数据代码如下，读取结果如图 14-31 所示。

	Id	花萼长度	花萼宽度	花瓣长度	花瓣宽度	种类
0	1	5.1	3.5	1.4	0.2	Iris-setosa
1	2	4.9	3.0	1.4	0.2	Iris-setosa
2	3	4.7	3.2	1.3	0.2	Iris-setosa
3	4	4.6	3.1	1.5	0.2	Iris-setosa
4	5	5.0	3.6	1.4	0.2	Iris-setosa
...	...	...	...	...	...	...
145	146	6.7	3.0	5.2	2.3	Iris-virginica
146	147	6.3	2.5	5.0	1.9	Iris-virginica
147	148	6.5	3.0	5.2	2.0	Iris-virginica
148	149	6.2	3.4	5.4	2.3	Iris-virginica
149	150	5.9	3.0	5.1	1.8	Iris-virginica

150 rows × 6 columns

图 14-31　读取结果

```
import pandas as pd
data=pd.read_csv('Iris.csv',encoding='gbk')
data
```

第二步：分离属性 x 与目标 y。

```
x=data.drop('种类',axis=1) #提取自变量,axis=1 表示以列删除;默认删除行
y=data['种类'] # 提取目标变量
```

第三步：将数据拆分成训练集和测试集。

```
from sklearn.model_selection import train_test_split
X_train,X_test,y_train,y_test=train_test_split(x,y,test_size=0.3,random_state=0) #分隔数据
X_test # 查看测试集数据
```

第四步：构建与训练模型。朴素贝叶斯是一种针对二元（二类）和多类分类问题的分类算法。当使用二进制或分类输入值进行描述时，该方法效果很好。预测结果如图 14-32 所示。

```
from sklearn.naive_bayes import GaussianNB # 导入高斯贝叶斯模型
model = GaussianNB( ) # 构建模型
model.fit(X_train,y_train) # 拟合训练
predict=model.predict(X_test) # 预测我们的测试集
predict # 查看预测结果
```

```
: array(['Iris-virginica', 'Iris-versicolor', 'Iris-setosa',
         'Iris-virginica', 'Iris-setosa', 'Iris-virginica', 'Iris-setosa',
         'Iris-versicolor', 'Iris-versicolor', 'Iris-versicolor',
         'Iris-virginica', 'Iris-versicolor', 'Iris-versicolor',
         'Iris-versicolor', 'Iris-versicolor', 'Iris-setosa',
         'Iris-versicolor', 'Iris-versicolor', 'Iris-setosa', 'Iris-setosa',
         'Iris-virginica', 'Iris-versicolor', 'Iris-setosa', 'Iris-setosa',
         'Iris-setosa', 'Iris-setosa', 'Iris-setosa', 'Iris-versicolor',
         'Iris-versicolor', 'Iris-setosa', 'Iris-virginica',
         'Iris-versicolor', 'Iris-setosa', 'Iris-virginica',
         'Iris-virginica', 'Iris-versicolor', 'Iris-setosa',
         'Iris-versicolor', 'Iris-versicolor', 'Iris-versicolor',
         'Iris-virginica', 'Iris-setosa', 'Iris-virginica', 'Iris-setosa',
         'Iris-setosa'], dtype='<U15')
```

图 14-32　预测结果

第五步：为了解模型的好坏，需要对模型做一个评估，这里以准确度作为指标进行评估。

```
from sklearn.metrics import accuracy_score # 导入评估函数
accuracy_score=accuracy_score(y_test,predict)
print("测试集准确度为%.2f%%:"%(100 *accuracy_score))
```

执行结果：测试集准确度为 100.00%。根据最后的评估结果可以看出，使用该模型对鸢尾花分类有着很好的效果。

14.4.4　案例：文本分类

多项式朴素贝叶斯模型非常适合处理出现次数、出现比例之类的数据。例如：对农村与城市数据进行分类。

第一步：导入自定义数据，分别表示对应物的次数。

```
from sklearn.feature_extraction import DictVectorizer
```

```
# 第一个为城市,第二个为农村
data = [
{'房子': 100,'街': 50,'店铺': 25,'汽车': 100,'树木': 20},
{'房子': 5,'街': 5,'店铺': 1,'汽车': 10,'数目': 500,'河流': 1}
]
dv = DictVectorizer(sparse=False) # 转为向量
dv
```

其中，DictVectorizer 将特征值映射列表转换为向量：当特征值是字符串类型时，此转换器只会执行二进制 one-hot 编码。样本中未出现的特征（映射）将在结果数组/矩阵中具有零值。

第二步：提取 X 变量，字符数据映射为数字。

```
X = dv.fit_transform(data) # 学习特征名称列表 -> 索引映射并转换 X
X
```

第三步：自定义目标值，第一个字典数据表示为城市，第二个字典数据表示为农村，分别用 1 和 0 表示。

```
import numpy as np
Y = np.array([1,0]) #只有0和1两情况。1对应城市,0对应农村
Y
```

第四步：构建模型并训练模型。

```
from sklearn.naive_bayes import MultinomialNB # 导入多项式分布贝叶斯模型
model = MultinomialNB( ) # 模型实例化
model.fit(X,Y) # 模型训练
```

第五步：使用模型预测数据，这里构造一个新的数据集用来预测。

```
test_data = [
{'房子': 90,'街': 50,'店铺': 20,'汽车': 90,'树木': 20,"河流":1},
{'房子': 5,'街': 5,'店铺': 2,'汽车': 10,'树木': 400,'河流': 0}
]
model.predict(dv.fit_transform(test_data)) # 测试的字符类型也需要转换为向量
```

第六步：评估模型。

```
from sklearn.metrics import accuracy_score # 导入评估函数
accuracy_score=accuracy_score(y_test,predict)
print("测试集准确度为%.2f%%:"%(100 *accuracy_score))
```

输出结果：

```
测试集准确度为 100.00%
```

14.4.5　朴素贝叶斯的优缺点

高斯朴素贝叶斯的主要用于分类，不仅适用于二分类，还适用于多分类。多项式朴素贝叶斯更适合处理某些文本出现次数的问题，在文本分类上有着很好的发挥价值。

朴素贝叶斯的优点如下：

① 逻辑清晰、简单，易于实现，适合大规模数据集。

② 预测过程快，可用于实时预测。

③ 受噪声点和无关属性影响小。

④ 能够处理连续和离散数据。

朴素贝叶斯的缺点如下：

① 朴素贝叶斯假设所有预测变量（或特征）都是独立的，在现实生活中很少发生。

② 需要计算先验概率分类决策存在的错误率。

14.5 支持向量机

14.5.1 支持向量机介绍

支持向量机（SVM）是强大而灵活的监督机器学习方法，用于分类、回归和异常值检测。SVM 在高维空间中非常有效，通常用于分类问题。SVM 的主要目标是将数据集划分为多个类，以便找到最大边际超平面（MMH），可以通过两个步骤完成。

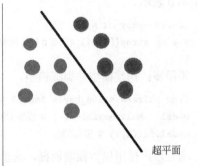

① 迭代生成超平面，以最佳方式分离类。

② 选择正确分离类的超平面。

SVM 中的一些重要概念如下。

① 支持向量。它们可以定义为最接近超平面的数据点。支持向量有助于确定分隔线。

② 超平面。划分具有不同类别的对象集的决策平面或空间。

③ 边距。不同类别的最接近的数据点上两条线之间的差距称为边距。

图 14-33 超平面

例如，将两个类别的数据进行划分，如图 14-33 所示。要将中间划分的线条看作一个面，这个面把两类数据划分开来，其中，距离这个面最近的点叫作支持向量，这个面叫作超平面。

14.5.2 最佳超平面

如图 14-34 所示，用于划分两个类别数据的超平面的数量可以有很多个，这里给出两个边缘的超平面与一个中间的超平面，可以看到 A、B、C 三个超平面都能对两类数据进行划分。最靠近的点叫作支持向量，支持向量与两个边缘超平面的距离叫作截距。

如何从以上三个超平面中选择最佳超平面？最佳超平面的一种合理选择是选择代表两个类之间最大分离或边距的超平面。从图 14-34 中可以比较清晰地看出，B 超平面的边距大于 A、C 的边距，因此选择 B 作为最佳超平面。选择最佳超平面的另一个原则是具有较高余量的平面稳健性好，如果我们选择一个边缘低的超平面，那么错误分类的可能性就很高。除了上述的线性划分，还有可能是环形、高维度的边距划分，它们的原理是一致的，这里便不再阐述。

14.5.3 案例：乳腺癌预测分类

根据乳腺癌患者的历史数据，医生能够在一个数据集中根据独立的属性区分恶性或良性病例。数据中每一列都是一个属性，可以预测病例是良性还是恶性。其中 diagnosis 属性为诊断的结果，即目标值（数据集来源于 kaggle）。数据集如图 14-35 所示。

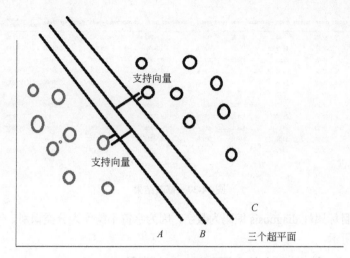

图 14-34　支持向量与超平面

	A	B	C	D	E	F	G	H	I	J	K	L	M	N	O	P	Q	R	S	T	U	V	W	
1	id	diagnosis	radius_me	texture_m	perimeter	area_mean	smoothne	compactn	concavity	concave p	symmetry	fractal_din	radius_se	texture_se	perimeter	area_se	smoothne	compactn	concavity	concave p	symmetry	fractal_din	radius_wo	tex
2	842302	M	17.99	10.38	122.8	1001	0.1184	0.2776	0.3001	0.1471	0.2419	0.07871	1.095	0.9053	8.589	153.4	0.006399	0.04904	0.05373	0.01587	0.03003	0.006193	25.38	
3	842517	M	20.57	17.77	132.9	1326	0.08474	0.07864	0.0869	0.07017	0.1812	0.05667	0.5435	0.7339	3.398	74.08	0.005225	0.01308	0.0186	0.0134	0.01389	0.003532	24.99	
4	84300903	M	19.69	21.25	130	1203	0.1096	0.1599	0.1974	0.1279	0.2069	0.05999	0.7456	0.7869	4.585	94.03	0.00615	0.04006	0.03832	0.02058	0.0225	0.004571	23.57	
5	84348301	M	11.42	20.38	77.58	386.1	0.1425	0.2839	0.2414	0.1052	0.2597	0.09744	0.4956	1.156	3.445	27.23	0.00911	0.07458	0.05661	0.01867	0.05963	0.009208	14.91	
6	84358402	M	20.29	14.34	135.1	1297	0.1003	0.1328	0.198	0.1043	0.1809	0.05883	0.7572	0.7813	5.438	94.44	0.01149	0.02461	0.05688	0.01885	0.01756	0.005115	22.54	
7	843786	M	12.45	15.7	82.57	477.1	0.1278	0.17	0.1578	0.08089	0.2087	0.07613	0.3345	0.8902	2.217	27.19	0.00751	0.03345	0.03672	0.01137	0.02165	0.005082	15.47	
8	844359	M	18.25	19.98	119.6	1040	0.09463	0.109	0.1127	0.074	0.1794	0.05742	0.4467	0.7732	3.18	53.91	0.004314	0.01382	0.02254	0.01039	0.01369	0.002179	22.88	
9	84458202	M	13.71	20.83	90.2	577.9	0.1189	0.1645	0.09366	0.05985	0.2196	0.07451	0.5835	1.377	3.856	50.96	0.008805	0.03029	0.02488	0.01448	0.01486	0.005412	17.06	
10	844981	M	13	21.82	87.5	519.8	0.1273	0.1932	0.1859	0.09353	0.235	0.07389	0.3063	1.002	2.406	24.32	0.005731	0.03502	0.03553	0.01226	0.02143	0.003749	15.49	
11	84501001	M	12.46	24.04	83.97	475.9	0.1186	0.2396	0.2273	0.08543	0.203	0.08243	0.2976	1.599	2.039	23.94	0.007149	0.07217	0.07743	0.01432	0.01789	0.01008	15.09	
12	845636	M	16.02	23.24	102.7	797.8	0.08206	0.06669	0.03299	0.03323	0.1528	0.05697	0.3795	1.187	2.466	40.51	0.004029	0.009269	0.01101	0.007591	0.0146	0.003042	19.19	
13	84610002	M	15.78	17.89	103.6	781	0.0971	0.1292	0.09954	0.06606	0.1842	0.06082	0.5058	0.9849	3.564	54.16	0.005771	0.04061	0.02791	0.01282	0.02008	0.004144	20.42	
14	846226	M	19.17	24.8	132.4	1123	0.0974	0.2458	0.2065	0.1118	0.2397	0.078	0.9555	3.568	11.07	116.2	0.003139	0.08297	0.0889	0.0409	0.04484	0.01284	20.96	
15	846381	M	15.85	23.95	103.7	782.7	0.08401	0.1002	0.09938	0.05364	0.1847	0.05338	0.4033	1.078	2.903	36.58	0.009769	0.03126	0.05051	0.01992	0.02981	0.003002	16.84	

图 14-35　乳腺病数据集

第一步：读取数据。

```
import pandas as pd
data=pd.read_csv("cancer.csv")
data.head( )
```

读取结果如图 14-36 所示，可以看出一共有 33 个属性。

	id	diagnosis	radius_mean	texture_mean	perimeter_mean	area_mean	smoothness_mean	compactness_mean	concavity_mean	concave points_mean	...	tex
0	842302	M	17.99	10.38	122.80	1001.0	0.11840	0.27760	0.3001	0.14710	...	
1	842517	M	20.57	17.77	132.90	1326.0	0.08474	0.07864	0.0869	0.07017	...	
2	84300903	M	19.69	21.25	130.00	1203.0	0.10960	0.15990	0.1974	0.12790	...	
3	84348301	M	11.42	20.38	77.58	386.1	0.14250	0.28390	0.2414	0.10520	...	
4	84358402	M	20.29	14.34	135.10	1297.0	0.10030	0.13280	0.1980	0.10430	...	

5 rows × 33 columns

图 14-36　读取结果

第二步：删除无关数据。 id 和 Unnamed: 32 两个属性没有意义，删除。代码如下，修改结果如图 14-37 所示。

```
data.drop(['Unnamed: 32','id'],axis = 1,inplace = True) # inplace 用于强制修改覆盖
data
```

	diagnosis	radius_mean	texture_mean	perimeter_mean	area_mean	smoothness_mean	compactness_mean	concavity_mean	concave points_mean	symmetry_mean
0	M	17.99	10.38	122.80	1001.0	0.11840	0.27760	0.30010	0.14710	0.2419
1	M	20.57	17.77	132.90	1326.0	0.08474	0.07864	0.08690	0.07017	0.1812
2	M	19.69	21.25	130.00	1203.0	0.10960	0.15990	0.19740	0.12790	0.2069
3	M	11.42	20.38	77.58	386.1	0.14250	0.28390	0.24140	0.10520	0.2597
4	M	20.29	14.34	135.10	1297.0	0.10030	0.13280	0.19800	0.10430	0.1809
...	...	...	...	...	...	...	...	...	...	...
564	M	21.56	22.39	142.00	1479.0	0.11100	0.11590	0.24390	0.13890	0.1726
565	M	20.13	28.25	131.20	1261.0	0.09780	0.10340	0.14400	0.09791	0.1752
566	M	16.60	28.08	108.30	858.1	0.08455	0.10230	0.09251	0.05302	0.1590
567	M	20.60	29.33	140.10	1265.0	0.11780	0.27700	0.35140	0.15200	0.2397
568	B	7.76	24.54	47.92	181.0	0.05263	0.04362	0.00000	0.00000	0.158

569 rows × 31 columns

图 14-37　修改结果

第三步：将目标属性 diagnosis 编码为数字，因为字符不能作为分类识别。代码如下，编码结果如图 14-38 所示。

```
diagnosis = data['diagnosis'] # 读取 diagnosis 属性列
target = pd.get_dummies(diagnosis,drop_first = True) # 使用
get_dummies 对这一列值进行编码
target
```

第四步：合并数据。虽然对这一列的值进行了编码，但是还没有添加到原始数据中，因此需要做一个合并。代码如下，合并处理后的数据如图 14-39 所示。

```
cancer = data.drop('diagnosis',axis = 1)#删除目标
new_data=pd.concat([cancer,target],axis = 1) # 合并列
new_data['target'] = new_data['M'] # 将 M 列复制到新的一列 target
new_data.drop('M',axis = 1,inplace = True) #删除 M 列
new_data
```

	...
0	1
1	1
2	1
3	1
4	1
...	...
564	1
565	1
566	1
567	1
568	0

569 rows × 1 columns

图 14-38　编码结果

第五步：可视化目标数据。下面以纹理平均值与半径平均值绘制散点图。代码如下，绘制结果如图 14-40 所示。

```
sns.scatterplot(x = 'texture_mean',y ='radius_mean',hue = 'target',data = new_data)
```

ture_worst	perimeter_worst	area_worst	smoothness_worst	compactness_worst	concavity_worst	concave points_worst	symmetry_worst	fractal_dimension_worst	target
17.33	184.60	2019.0	0.16220	0.66560	0.7119	0.2654	0.4601	0.11890	1
23.41	158.80	1956.0	0.12380	0.18660	0.2416	0.1860	0.2750	0.08902	1
25.53	152.50	1709.0	0.14440	0.42450	0.4504	0.2430	0.3613	0.08758	1
26.50	98.87	567.7	0.20980	0.86630	0.6869	0.2575	0.6638	0.17300	1
16.67	152.20	1575.0	0.13740	0.20500	0.4000	0.1625	0.2364	0.07678	1
...	...	...	...	...	...	...	...	...	...
26.40	166.10	2027.0	0.14100	0.21130	0.4107	0.2216	0.2060	0.07115	1
38.25	155.00	1731.0	0.11660	0.19220	0.3215	0.1628	0.2572	0.06637	1
34.12	126.70	1124.0	0.11390	0.30940	0.3403	0.1418	0.2218	0.07820	1
39.42	184.60	1821.0	0.16500	0.86810	0.9387	0.2650	0.4087	0.12400	1
30.37	59.16	268.6	0.08996	0.06444	0.0000	0.0000	0.2871	0.07039	0

图 14-39　合并处理后的数据

从图 14-36 可知，两个类别是线性可分的，因此，可以使用支持向量机算法模型，并找到一个最佳的超平面进行划分。查看数据的整体描述：new_data.describe( )。数据描述结果如图 14-41 所示。

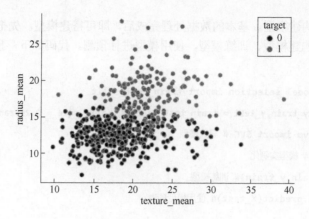

图 14-40　散点图

	radius_mean	texture_mean	perimeter_mean	area_mean	smoothness_mean	compactness_mean	concavity_mean	concave points_mean	symmetry_mean	fracta
count	569.000000	569.000000	569.000000	569.000000	569.000000	569.000000	569.000000	569.000000	569.000000	
mean	14.127292	19.289649	91.969033	654.889104	0.096360	0.104341	0.088799	0.048919	0.181162	
std	3.524049	4.301036	24.298981	351.914129	0.014064	0.052813	0.079720	0.038803	0.027414	
min	6.981000	9.710000	43.790000	143.500000	0.052630	0.019380	0.000000	0.000000	0.106000	
25%	11.700000	16.170000	75.170000	420.300000	0.086370	0.064920	0.029560	0.020310	0.161900	
50%	13.370000	18.840000	86.240000	551.100000	0.095870	0.092630	0.061540	0.033500	0.179200	
75%	15.780000	21.800000	104.100000	782.700000	0.105300	0.130400	0.130700	0.074000	0.195700	
max	28.110000	39.280000	188.500000	2501.000000	0.163400	0.345400	0.426800	0.201200	0.304000	

8 rows × 31 columns

图 14-41　数据描述

第六步：构建模型前的数据标准化处理。在决定采用 SVM 算法之前，需要对数据进行处理。根据上面数据描述，每一列的值变化范围是不同的。例如：radius_mean 属性的最大值为28.11，最小值为 6.981；area_mean 属性的最大值为 2501，最小值为 143.5。很明显看出这些值差距很大，如果不做标准化处理，构建出来的模型效果会很差。因为目标变量为 0 和 1，不需要再缩放，直接调用 Sklearn 中的 MinMaxScaler 来对数据进行标准化收缩，实现如下：

```
from sklearn.preprocessing import MinMaxScaler #导入缩放器
scaler = MinMaxScaler(feature_range =(0,1)) #实例化缩放器
X = new_data.iloc[:,: -1] #读取除了最后一列 target 的数据
y = new_data.iloc[:, -1]
new_x = scaler.fit_transform(X)# 先对 x 数据缩放
new_x
```

执行结果如图 14-42 所示，可以看到数据缩放到一个范围内了。

```
array([[0.52103744, 0.0226581 , 0.54598853, ..., 0.91202749, 0.59846245,
        0.41886396],
       [0.64314449, 0.27257355, 0.61578329, ..., 0.63917526, 0.23358959,
        0.22287813],
       [0.60149557, 0.3902604 , 0.59574321, ..., 0.83505155, 0.40370589,
        0.21343303],
       ...,
       [0.45525108, 0.62123774, 0.44578813, ..., 0.48728522, 0.12872068,
        0.1519087 ],
       [0.64456434, 0.66351031, 0.66553797, ..., 0.91065292, 0.49714173,
        0.45231536],
       [0.03686876, 0.50152181, 0.02853984, ..., 0.        , 0.25744136,
        0.10068215]])
```

图 14-42　标准化后结果

第七步：开始构建模型。基本的数据处理完成后，即可搭建模型。先把数据集切割成训练集和测试集，然后构建模型、训练模型，使用模型进行预测。代码如下，预测结果如图 14-43 所示。

```
from sklearn.model_selection import train_test_split

X_train,X_test,y_train,y_test = train_test_split(X,y,test_size = 0.25,random_state = 5)

from sklearn.svm import SVC # 导入模型

model = SVC( )# 模型实例化

model.fit(X_train,y_train)# 训练模型

y_pred = model.predict(X_test)# 使用模型预测

y_pred
```

```
: array([1, 0, 0, 0, 0, 1, 0, 0, 0, 0, 0, 0, 1, 0, 0, 0, 0, 0, 0, 0, 1, 0,
         0, 0, 0, 0, 0, 1, 0, 1, 1, 1, 0, 1, 0, 0, 1, 0, 0, 1, 0, 0, 0, 1,
         0, 0, 1, 1, 0, 0, 0, 0, 0, 0, 1, 0, 1, 0, 1, 1, 0, 0, 0, 0, 0,
         0, 0, 0, 1, 0, 1, 0, 0, 0, 0, 0, 1, 1, 1, 0, 1, 1, 1, 0, 1, 0,
         1, 1, 1, 1, 0, 0, 1, 1, 0, 0, 0, 0, 1, 0, 0, 1, 1, 0, 1, 0, 1,
         0, 1, 1, 1, 0, 1, 0, 1, 0, 0, 0, 1, 0, 1, 0, 1, 0, 0, 1, 0, 0,
         0, 0, 0, 1, 0, 0, 0, 0, 0, 0, 0], dtype=uint8)
```

图 14-43　预测结果

第八步：评价模型。构建模型并预测后，还不能直观地看出预测结果的好坏，因此需要采用评价指标进行评估。这里使用 classification_report 方法来评估，返回模型的准确率、召回率、F1 分数。评估结果如图 14-44 所示。

```
from sklearn.metrics import classification_report

print(classification_report(y_test,y_pred))
```

根据以上的结果可以看出，这是一个比较好的模型，当然还可以用其他方法来提升模型的性能，这里不再介绍。

	precision	recall	f1-score	support
0	0.93	1.00	0.96	88
1	1.00	0.87	0.93	55
accuracy			0.95	143
macro avg	0.96	0.94	0.95	143
weighted avg	0.95	0.95	0.95	143

图 14-44　评估结果

14.5.4　支持向量机优缺点

支持向量机的优点如下。

① 解决高维特征的分类问题和回归问题很有效。

② 只需要使用一部分支持向量来做超平面的决策，无需依赖全部数据。

③ 可以使用大量的核函数（内核会进行一些极其复杂的数据转换，然后根据定义的标签或输出找出分离数据的过程），从而能够很灵活地解决各种非线性的分类回归问题。

④ 样本量不是海量数据时，分类准确率高，泛化能力强。

支持向量机的缺点如下。

① 如果特征维度远大于样本数，则 SVM 表现一般。

② 样本量非常大时，SVM 不太适用。

③ 非线性问题的核函数的选择没有通用标准，难以选择一个合适的核函数。

④ 不能有缺失数据，SVM 对缺失数据敏感。

14.6　决策树

14.6.1　决策树的基本思想

顾名思义，决策树（DTs）就是构建树模型来帮助做决策、做判断。决策树遵循自上而下的方法，这意味着树的根节点始终位于结构的顶部，结果用树叶表示。决策树以信息熵为度量标准，构造一棵熵值下降最快的树，叶子节点的熵值是 0。决策树是一种用于分类和回归的非参数监督学习方法，可以解决分类和回归问题，但常用于解决分类问题。它是一个树形结构的分类器，内部节点代表数据集的特征，分枝代表决策规则，每个叶节点代表决策结果。例如，某公司正在招人，HR 收到了很多份简历，他需要筛选这些简历，选出适合公司的人再邀请面试，这个过程即为构建决策树的思路，如图 14-45 所示。

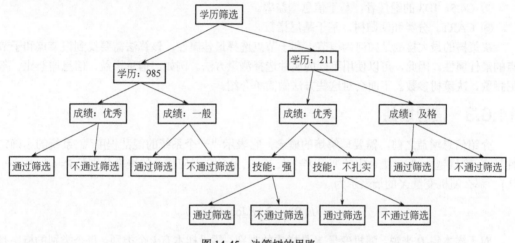

图 14-45　决策树的思路

下面介绍决策树的一些术语。

根节点：通常代表整个样本，并被分成两个或多个同质集。它是决策树的最顶层节点，例如以上决策树中的"学历筛选"。

叶子节点：不分裂的节点，是整个决策树的结果输出。例如最下面一层的"通过筛选""不通过筛选"。

决策节点：将数据拆分为更多子节点的节点或子节点。决策节点在决策树的中间部分。例如"成绩：优秀"等中间的节点都叫作决策节点。

父节点：一个节点，可以分为若干子节点。

子节点：父节点的任何子节点都称为子节点。

分裂：将一个节点划分为两个或多个子节点的过程。

修剪：一个决策节点的子节点被移除的过程。

基本思想原理：在已知的条件中，选取一个条件作为树根，然后看是否还需要其他判断条件，如果需要，继续构建一个新的分枝来判断第二个条件，依此类推，直到能够推出一个结果。最终的结果中，所有的叶子节点都是分类信息，所有的决策节点（非叶子节点）都是特征信息。

当决策树收到一个新的信息时，就根据对应的条件进行选择。

14.6.2　特征选择

特征选择是指选出那些有分类能力的特征，作为决策树划分的特征。好的特征选择能够提升模型性能，帮助使用者理解数据样本的特点和结构，有利于进一步优化模型或算法。采用特征选择主要有以下优势。

① 能够简化模型，缩短模型训练时间。

② 避免维度过多。

③ 减少过拟合，提高模型泛化能力。

前面提到需要选择具有分类能力的特征作为模型的输入，什么样的特征分类能力强呢？这里引入信息增益、信息增益比、基尼指数等方法，不同的决策树算法选择不同的方法作特征选择，常用的决策树算法有以下几种。

① ID3。D3 的扩展，基于信息增益。

② C4.5。ID3 的继任者，基于信息增益率。

③ CART。分类和回归树，基于基尼指数。

决策树的最大挑战是如何为根节点和子节点选择最佳属性，该算法需要找到根节点和子节点的最佳属性。因此，可以使用不同的属性选择测量方法。例如，信息增益、信息增益比、基尼指数、决策树参数。下面会对这些方法做简单介绍。

14.6.3　信息增益

介绍信息增益之前，需要理解熵的概念，它表示"一个系统的混乱程度"。系统的不确定性越高，熵就越大。假设集合中的变量 $X=\{X_1, X_2, \cdots, X_n\}$，它对应集合的概率分别是 $P=\{P_1, P_2, \cdots, P_n\}$。那么随机变量 X 的熵表示为

$$E(D)=-\sum_{1}^{n} P_i \log_2(P_i)$$

对于样本集 D 来说，随机变量 X 是样本的类别，假设样本有 k 个类别，每个类别的概率是 $\frac{|C_k|}{|D|}$。其中，C_k 为类别 k 的样本个数；$|D|$ 为样本总数。则对于样本集合 D 来说，熵（经验熵）为

$$H(D)=-\sum_{k=1}^{k} \frac{|C_k|}{|D|} \log_2 \frac{|C_k|}{|D|}$$

信息增益是指以某特征划分数据集前后的熵的差值。在前面已经了解熵的概念，熵可以表示样本集合的不确定性，熵越大，样本集合的不确定性就越大。因此可以使用划分前后集合熵的差值来衡量使用当前特征对于样本集合 D 划分效果的好坏。划分前样本集合 D 的熵是一定的，这里以 H（$D_{前}$）表示，使用某个特征 A 划分数据集 D，计算划分后的数据子集的熵 H（$D_{后}$）。因此可以简单表述为信息增益=$H(D_{前})-H(D_{后})$。用公式表示如下：

$$G(D, A)=H(D)-H(D-A)$$

信息增益有助于确定决策树节点中属性的顺序，它能衡量特征的重要性，根据它决定是否使用特定特征来拆分节点。它也能很好地度量样本数据集的纯度，如果某个特征的信息增益较大，则可以认为这个特征有较好的纯度，可以使用这个特征来继续划分节点。信息增益是针对一个具体特征的，某个特征的有无对整个系统、集合的影响程度可以用"信息增益"来描述，

不要混淆概念。

14.6.4　信息增益比

信息增益有一个缺点，就是它偏向取值较多的特征。因为当特征的取值较多时，根据此特征划分容易得到纯度更高的子集，划分之后的熵更低，由于划分前的熵是一定的，因此信息增益更大，故信息增益比较偏向取值较多的特征。为了解决信息增益的这个缺点，引入信息增益比的概念。

信息增益比 = 惩罚参数×信息增益。用公式表示如下：

$$g_R(D,A) = \frac{g(D,A)}{H_A(D)}$$

式中，$H_A(D)$ 为对于样本集合 D，将当前特征 A 作为随机变量求得的经验熵。

信息增益是把集合类别作为随机变量，现在把某个特征作为随机变量，按照此特征的特征取值对集合 D 进行划分，计算熵 $H_A(D)$。用公式表示如下：

$$H_A(D) = -\sum_{i=1}^{n} \frac{|D_i|}{|D|} \log_2 \frac{|D_i|}{|D|}$$

信息增益比的本质就是在信息增益的基础上乘以一个惩罚参数。特征个数较多时，惩罚参数较小；特征个数较少时，惩罚参数较大。这里对惩罚参数做一个简单的概述：数据集 D 以特征 A 作为随机变量熵的倒数。用公式表示如下：

$$惩罚参数 = \frac{1}{H_A(D)} = \frac{1}{-\sum_{i=1}^{n} \frac{|D_i|}{|D|} \log_2 \frac{|D_i|}{|D|}}$$

信息增益比刚好弥补了信息增益的缺点，信息增益比偏向于取值较少的特征，因为当特征较少时，$H_A(D)$ 的值较小，其倒数较大，从而信息增益比较大。

14.6.5　基尼指数

基尼指数，也称基尼杂质或基尼系数，它定义为在样本集合中一个随机选中的样本被分错的概率。基尼指数用于构建决策树的杂质度量，基尼指数越小，表示集合数据中选中的样本被分错的概率越小，也就是说集合数据的纯度越高；反之，集合数据越不纯。

基尼指数通过 1 减去每个类别的概率平方和来计算，因此，对于数据集 D 的纯度，用基尼指数公式表示如下：

$$\text{Gini}(D) = 1 - \sum_{i=1}^{n} (P_i)^2$$

式中，P_i 为分类 i 的出现概率；n 为分类的数目。

根据公式可以看出，基尼指数最大为 1，最小为 0。当集合中所有样本为一个类时，基尼指数为 0，也就是说样本的类别越少，纯度越高；当集合中样本类别很多的时候接近 1，也就是纯度不高。

14.6.6　决策树参数

scikit-learn 实现了决策树算法，它采用的是一种优化的 CART 版本，既可以解决分类问题，也可以解决回归问题。分类问题使用 Decision Tree Classifier 类，回归问题使用 Decision Tree

Regressor 类。两个类的参数相似，只有部分有所区别，这里对分类树的完整语法进行介绍，它的语法如下：

```
sklearn.tree.DecisionTreeClassifier(*,criterion='gini',splitter='best',max_depth=None,
min_samples_split=2,min_samples_leaf=1,min_weight_fraction_leaf=0.0,max_features=None,random_
state=None,max_leaf_nodes=None,min_impurity_decrease=0.0,class_weight=None,ccp_alpha=0.0)
```

下面是对决策树主要参数的说明。

① criterion：不纯度的计算方法，可选参数有 gini 和 entropy，分别表示基尼指数和信息熵，效果基本相同。默认为 gini。

② max_depth：决策树的最大深度。默认为不输入，如果不输入，决策树在建立子树的时候不会限制子树的深度。一般来说，数据少或者特征少的时候可以不必修改这个参数。如果模型样本量多、特征也多，推荐限制这个最大深度，具体的取值取决于数据的分布。常用取值范围为 10~100。

③ min_samples_split：表示内部节点再划分所需最小样本数。默认值为 2，如果数据量不大，建议默认；如果数据量很大（10000 个以上），可以适当增加。

④ min_samples_leaf：该参数限制了叶子节点最少的样本数，如果某叶子节点数目小于样本数，则会和兄弟节点一起被剪枝。默认是 1，可以输入最少的样本数（整数），或者最少样本数占样本总数的百分比。如果样本量不大，不需要修改这个值。如果样本量数量级非常大，则推荐增大这个值。

⑤ min_weight_fraction_leaf：叶子节点最小的样本权重和。该参数限制了叶子节点所有样本权重和的最小值，如果小于这个值，则会和兄弟节点一起被剪枝。默认是 0，就是不考虑权重问题。一般来说，如果有较多样本有缺失值，或者分类树样本的分布类别偏差很大，就会引入样本权重，这时就要注意这个值了。

⑥ max_feature：划分时考虑的最大特征数，用来限制高维度数据的过拟合的剪枝参数，一般不建议修改该参数。

⑦ max_leaf_nodes：表示最大叶子节点数。通过限制最大叶子节点数，可以防止过拟合。如果特征不多，可以不考虑该参数；如果特征多，可以加以限制，具体的值可以通过交叉验证得到。

⑧ class_weight：设置类别的权重。

14.6.7 案例：鸢尾花分类

前面用朴素贝叶斯算法对鸢尾花进行了分类，现在用决策树对鸢尾花进行分类。数据集中的列是 Id、花萼长度、花萼宽度、花瓣长度、花瓣宽度、种类。

第一步：读取数据。代码如下，读取结果如图 14-46 所示。

```
import pandas as pd
data=pd.read_csv("iris.csv",encoding='gbk')
data
```

第二步：剔除无关数据 Id，并分离输入变量 x（除种类以外，还有四个属性）和目标变量 y（即种类）。代码如下，可以看到 x 的输出如图 14-47 所示。

```
data.drop('Id',axis=1,inplace=True) # 删除 Id 列,没有实际意义
from sklearn.tree import DecisionTreeClassifier,export_graphviz
x=data.drop('种类',axis=1) #提取自变量,axis=1 表示以列删除;默认删除行
```

```
y=data['种类'] # 提取目标变量
x
```

	Id	花萼长度	花萼宽度	花瓣长度	花瓣宽度	种类
0	1	5.1	3.5	1.4	0.2	Iris-setosa
1	2	4.9	3.0	1.4	0.2	Iris-setosa
2	3	4.7	3.2	1.3	0.2	Iris-setosa
3	4	4.6	3.1	1.5	0.2	Iris-setosa
4	5	5.0	3.6	1.4	0.2	Iris-setosa
...	...	...	...	...	...	...
145	146	6.7	3.0	5.2	2.3	Iris-virginica
146	147	6.3	2.5	5.0	1.9	Iris-virginica
147	148	6.5	3.0	5.2	2.0	Iris-virginica
148	149	6.2	3.4	5.4	2.3	Iris-virginica
149	150	5.9	3.0	5.1	1.8	Iris-virginica

150 rows × 6 columns

图 14-46　读取结果

	花萼长度	花萼宽度	花瓣长度	花瓣宽度
0	5.1	3.5	1.4	0.2
1	4.9	3.0	1.4	0.2
2	4.7	3.2	1.3	0.2
3	4.6	3.1	1.5	0.2
4	5.0	3.6	1.4	0.2
...	...	...	...	...
145	6.7	3.0	5.2	2.3
146	6.3	2.5	5.0	1.9
147	6.5	3.0	5.2	2.0
148	6.2	3.4	5.4	2.3
149	5.9	3.0	5.1	1.8

150 rows × 4 columns

图 14-47　自变量数据

第三步：拆分数据集为训练集和测试集。

```
from sklearn.model_selection import train_test_split
X_train,X_test,y_train,y_test=train_test_split(x,y,test_size=0.25,random_state=0)
```

第四步：数据标准化。由于四个属性的变化范围有一些不同，可以对 x 数据进行缩放，使数据更加完美。

```
from sklearn.preprocessing import StandardScaler
sc = StandardScaler( )
# 只需要对输入的值 x 缩放
X_train = sc.fit_transform(X_train)
X_test = sc.transform(X_test)
```

第五步：构建模型并训练模型。

```
#导入决策树算法
from sklearn.tree import DecisionTreeClassifier
# entropy 参数表示信息增益。使用信息增益方法从数据集中构建一棵树
model = DecisionTreeClassifier(criterion='entropy',random_state=0)
# 训练
model.fit(X_train,y_train)
```

第六步：模型预测。既然训练好模型，就用模型去预测。代码如下，预测结果如图 14-48 所示。

```
y_pred = model.predict(X_test)# 预测
y_pred
```

第七步：评估模型。这里使用准确率、召回率、F1 评分作为指标。代码如下，评估结果如图 14-49 所示。

```
from sklearn.metrics import classification_report
print(classification_report(y_test,y_pred))
```

```
array(['Iris-virginica', 'Iris-versicolor', 'Iris-setosa',
       'Iris-virginica', 'Iris-setosa', 'Iris-virginica', 'Iris-setosa',
       'Iris-versicolor', 'Iris-versicolor', 'Iris-versicolor',
       'Iris-virginica', 'Iris-versicolor', 'Iris-versicolor',
       'Iris-versicolor', 'Iris-versicolor', 'Iris-setosa',
       'Iris-versicolor', 'Iris-versicolor', 'Iris-setosa', 'Iris-setosa',
       'Iris-virginica', 'Iris-versicolor', 'Iris-setosa', 'Iris-setosa',
       'Iris-virginica', 'Iris-setosa', 'Iris-setosa', 'Iris-versicolor',
       'Iris-versicolor', 'Iris-setosa', 'Iris-virginica',
       'Iris-versicolor', 'Iris-setosa', 'Iris-virginica',
       'Iris-virginica', 'Iris-versicolor', 'Iris-setosa',
       'Iris-virginica'], dtype=object)
```

图 14-48　预测结果

	precision	recall	f1-score	support
Iris-setosa	1.00	1.00	1.00	13
Iris-versicolor	1.00	0.94	0.97	16
Iris-virginica	0.90	1.00	0.95	9
accuracy			0.97	38
macro avg	0.97	0.98	0.97	38
weighted avg	0.98	0.97	0.97	38

图 14-49　评估结果

我们也可以直接使用 accuracy_score 来计算准确度。

```
# 导入准确度分数方法
from sklearn.metrics import accuracy_score
# 计算准确度
accuracy_score(y_pred,y_test)
```

第八步：可视化决策树。为了更加清晰地表示决策树过程，可以用 plot_tree 方法来表示这个训练过程。代码如下，训练集可视化决策树的过程如图 14-50 所示。

```
# 导入绘制树的方法
from sklearn.tree import DecisionTreeClassifier,plot_tree
clf = DecisionTreeClassifier( ) # 实例化
import matplotlib.pyplot as plt
plt.rcParams["font.sans-serif"]=["SimHei"] #设置字体
# 设置决策树的输出窗口大小
plt.figure(figsize=(40,20))
# 提供训练集来绘制
clf = clf.fit(X_train,y_train)
plot_tree(clf,filled=True)
plt.title("使用训练集训练决策树")
plt.show( )
```

除可视化训练过程外，还可以对测试集的训练进行可视化，代码如下，过程如图 14-51 所示。

```
from sklearn.tree import DecisionTreeClassifier,plot_tree
clf = DecisionTreeClassifier( )
```

```
plt.figure(figsize=(40,20))
# 提供测试集训练
clf = clf.fit(X_test,y_test)
plot_tree(clf,filled=True)
plt.title("测试集训练决策树可视化")
plt.show( )
```

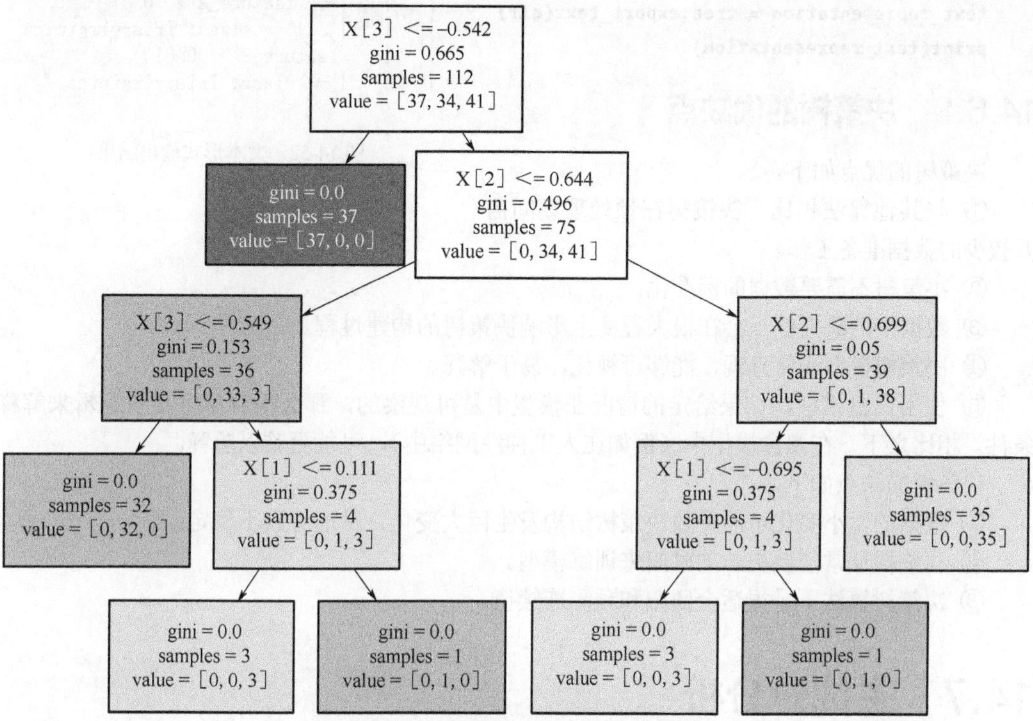

图 14-50　训练集可视化决策树的过程

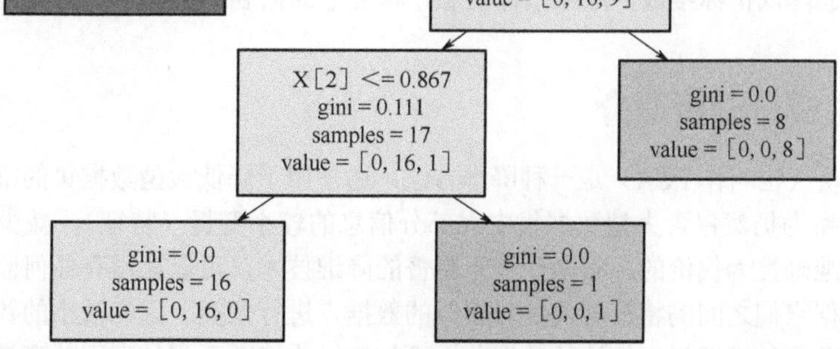

图 14-51　测试集训练决策树的过程

除以二叉树形式来可视化外，还可以以文本形式输出模型训练过程，代码如下，文本形式输出结果如图 14-52 所示。

```
from sklearn import tree
# clf 为训练好的模型
text_representation = tree.export_text(clf)
print(text_representation)
```

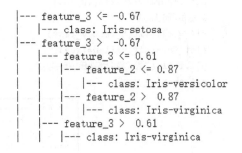

```
|--- feature_3 <= -0.67
|    |--- class: Iris-setosa
|--- feature_3 >  -0.67
|    |--- feature_3 <= 0.61
|    |    |--- feature_2 <= 0.87
|    |    |    |--- class: Iris-versicolor
|    |    |--- feature_2 >  0.87
|    |    |    |--- class: Iris-virginica
|    |--- feature_3 >  0.61
|    |    |--- class: Iris-virginica
```

图 14-52　文本形式输出结果

14.6.8　决策树的优缺点

决策树的优点如下。

① 与其他算法相比，决策树在预处理期间需要较少的数据准备工作。

② 决策树不需要数据的标准化。

③ 数据中的缺失值不会在很大程度上影响决策树的构建过程。

④ 决策树模型非常直观，能够可视化，易于解释。

⑤ 使用白盒模型，如果给定的情况在模型中是可观察的，那么很容易用布尔逻辑来解释条件。相比之下，在黑盒模型中（例如在人工神经网络中），可能更难以解释。

决策树的缺点如下。

① 数据的微小变化可能导致决策树结构发生巨大变化，从而导致不稳定。

② 决策树通常需要更长的时间来训练模型。

③ 决策树算法不是很适合回归和预测连续值。

14.7　主成分分析

在现实的很多场景中，需要对多变量数据进行观测，这在一定程度上增加了数据采集的工作量。更重要的是，多变量之间可能存在相关性，从而增加了问题分析的复杂性。如果对每个指标进行单独分析，就不能完全利用数据中的信息，盲目减少指标会损失很多有用的信息，从而容易产生错误的结论。因此，需要找到一种合理的方法，在减少需要分析的指标的同时，尽量减少原指标包含信息的损失，以达到对所收集数据进行全面分析的目的。

主成分分析是因子分析的一种常用方法，它的主要目的是减少变量数目，也就是降维。这种分析方法能够降低指标维数，浓缩指标信息，将复杂的问题简单化，从而使问题分析更加直观有效。

14.7.1　主成分分析简介

主成分分析（也叫作 PCA）是一种降维方法，通常用于降低大型数据集的维数，将大量变量（特征）转换为仍然包含大型数据集中大部分信息的较小变量（特征），减少数据集的变量数量是以牺牲准确性为代价的。它是一种无监督的降维技术，可以在没有任何监督（或标签）的情况下，根据它们之间的特征相关性对相似的数据点进行聚类。因为较小的数据集更易于探索和可视化，并且使机器学习算法的数据分析更加轻松快捷，无需处理无关变量。

由于 PCA 的主要思想是降维，考虑数据有很多特征，会造成 ML（机器学习）算法的学习速度太慢，可以利用它来缩短机器学习算法的训练和测试时间。在空间上，PCA 可以理解为把原始数据投射到一个新的坐标系统，第一主成分为第一坐标轴，代表原始数据中多个变量经过某种变换得到新变量的变化区间；第二主成分为第二坐标轴，代表原始数据中多个变量经过某种变换得到的第二个新变量的变化区间。这样把利用原始数据解释样品的差异转变为利用新变量解释样本的差异。

PCA 相关术语如下。

维度：维度是数据集中随机变量的数量，或者只是特征的数量，或者更简单地说，是数据集中存在的列数。

相关性：相关性表示了两个变量相互关联的强度。即从-1 到+1 范围内的值。正数表示当一个变量增加时，另一个变量也会增加；负数表示另一个变量随一个变量的增加而减少。

特征向量：特征向量和特征值本身就是一个很大的领域，简单地说，加入一个非零向量 v，如果 Av 是 v 的标量倍数，则它是方阵 A 的特征向量。

协方差矩阵：协方差矩阵由变量之间的协方差组成。第 (i, j) 个元素是第 i 个和第 j 个变量之间的协方差。

PCA 的实现步骤如下。

① 规范化数据。标准化拥有的数据，以便 PCA 能正常工作。这是通过从相应列中的数字中减去其平均值来完成的。因此，如果有两个维度 X 和 Y，所有的 X 都变成 $x-$，所有的 Y 都变成 $y-$。此时会产生一个均值为零的数据集。

② 计算协方差矩阵。由于采用的数据集是二维的，因此将产生一个 2×2 协方差矩阵。

③ 计算协方差矩阵的特征值和特征向量。

④ 计算特征值和特征向量。我们将特征值从大到小排序，以便按顺序或重要性提供分量，这是降维的一部分。如果有一个包含 n 个变量的数据集，那么就有对应的 n 个特征值和特征向量。对应于最高特征值的特征向量是数据集的主成分。选择一定的特征值来进行分析，为了减少维度，选择前 K 个特征值，使贡献率达到 85%以上并忽略其余的。在这个过程中确实丢失了一些信息，但是，如果特征值很小，不会丢失太多。

⑤ 将数据转换到上述 k 个特征向量构建的新空间中形成主成分。

14.7.2 案例：葡萄酒分类

这里有一个关于葡萄酒的数据集，如图 14-53 所示。葡萄酒的属性有 13 列，最右侧一列 target 是葡萄酒的种类（分 1、2、3 三种类型），数据集来源于 kaggle。目标是根据已有的数据构建模型，并对葡萄酒的种类进行预测（分类）。

现在，我们用 Python 语言编程来理解主成分分析。

第一步：导入数据集并分离出 x（属性数据）和 y（目标数据）。代码如下，x 数据如图 14-54 所示，目标列已经被剔除。

```
import pandas as pd
data=pd.read_csv("wine.csv")
x = data.drop('target',axis=1)# 按照列剔除
y = data['target']
x
```

第二步：划分训练集和测试集。这里采用 7.5 : 2.5 的比例划分。

```
from sklearn.model_selection import train_test_split
```

```
x_train,x_test,y_train,y_test= train_test_split(x,y,test_size = 0.25,random_state = 0)
```

图 14-53　葡萄酒数据集

图 14-54　修改后数据

第三步：数据标准化。由于不同的属性数据变化范围是不同的，差距也比较大，因此需要对数据进行标准化。代码如下，数据标准化后的形式如图 14-55 所示。

```
from sklearn.preprocessing import StandardScaler #导入标准化模块
sc = StandardScaler( )# 实例化
x_train = sc.fit_transform(X_train) # 训练集标准化
x_test = sc.transform(X_test) # 测试集也需要标准化
x_train # 查看训练集标准化的结果
```

```
array([[ 0.79996869,  0.63400362,  0.71783316, ...,  0.05445565,
         1.0713277 ,  0.31500451],
       [-0.49875982,  0.06171955, -0.61072701, ..., -0.93473577,
        -1.39249704, -0.18138885],
       [-1.29797736, -1.16332605, -0.24168252, ...,  0.18348062,
         0.75296832,  0.45068536],
       ...,
       [-0.72353975, -0.69834524, -0.64763146, ...,  0.48453887,
         0.51765922, -1.33964004],
       [ 1.12465081, -0.63575167, -0.90596261, ..., -0.16058596,
         1.02980256,  0.77830498],
       [ 1.44933294,  0.10642924,  0.42259757, ..., -1.40782731,
        -1.21255479, -0.29721397]])
```

图 14-55　数据标准化后

fit_transform( )与 transform( )两个方法的用法如下。

- 如果直接用 transform(testData)，程序会报错。
- fit_transform( )与 transform( )都是对数据进行归一化、标准化，但是要注意先后顺序，必须先用 fit_transform(trainData)，之后再用 transform（testData）。

第四步：对数据使用主成分分析方法。在介绍本节内容之前，我们是直接建立模型的，当数据属性较多时，一般需要对数据做主成分分析，这样对机器学习模型能够有较好的提升学习作用。在使用 PCA 之前要将数据缩放到 0~1，即需要先标准化。下面介绍 Sklearn 中的 PCA，它的完整语法如下：

```
sklearn.decomposition.PCA(n_components=None,copy=True,whiten=False)
```

相关参数说明：

- n_components: int,float　n 为正整数，指保留主成分的维数；n 为(0,1]范围的实数时，表示主成分的方差和所占的最小阈值。
- whiten：bool, default=False，是否对降维后的主成分变量进行归一化。默认值 False。
- svd_solver：{ 'auto'，'full'，'arpack'，'randomized' }　指定奇异值分解 SVD 的算法。'full' 调用 scipy 库的 SVD；'arpack' 调用 scipy 库的 sparseSVD；'randomized' 调用 SKlearn 库的 SVD，适用于数据量大、变量维度多、主成分维数低的场景。默认值 'auto'。

PCA 类的主要属性如下。

- components_：保留下来的主成分个数。
- explained_variance_：各个主成分的方差值。
- explained_variance_ratio_：各个主成分的方差值占主成分方差和的比例。

PCA 类的主要方法如下。

- fit(x,y=None)：表示用数据 x 训练 PCA 模型。fit( ) 是 scikit-learn 中的通用方法，实现训练、拟合的步骤。PCA 是无监督学习，y=None。
- fit_transform(x)：表示用数据 x 训练 PCA 模型，并返回降维后的数据。
- transform(x)：将数据 x 转换成降维后的数据，用训练好的 PCA 模型对新的数据集进行降维。
- inverse_transform( )：将降维后的数据转换成原始数据。

经过以上对 PCA 的学习，这里考虑将数据转化为二维：

```
from sklearn.decomposition import PCA
pca = PCA(n_components = 2) # 将13维降为2维


x_train = pca.fit_transform(x_train)# 训练集标准化
x_test = pca.transform(x_test) # 测试集标准化
# 降维后的各主成分的方差值占总方差值的比例,即方差贡献率
print("方差贡献率:",pca.explained_variance_ratio_)
# 降维后各主成分的方差
print("主成分方差:",pca.explained_variance_)
print("主成分个数:",pca.n_components_) # 返回 PCA 模型保留的主成分个数
```

贡献率不可能再达到 100%，根据方差贡献率情况可以看出两个主成分的贡献率之和为56%，降维后丢失了 44%的信息。输出结果如下：

```
方差贡献率: [0.37281068 0.18739996]
```

主成分方差：**[4.88325506 2.45465553]**

主成分个数：**2**

为什么降为 2 维呢？这是根据方差的累计来选择的，一般选择方差累计率达到 90%作为参考。为了验证是否准确，可以对 n_components 参数做一个修改。

```python
from sklearn.decomposition import PCA
pca = PCA(n_components =0.90) # 阈值90%
x_train = pca.fit_transform(x_train)# 训练集标准化
x_test = pca.transform(x_test) # 测试集标准化
pca.fit(x_train)
print("方差贡献率:",pca.explained_variance_ratio_)
print("主成分方差:",pca.explained_variance_)
print("主成分个数:",pca.n_components_) # 返回 PCA 模型保留的主成分个数
```

可以看到，阈值为 90%情况下，主成分为 2 即可满足，这也验证了上述设置的主成分为 2 的正确性，输出如下：

方差贡献率：**[0.66548304 0.33451696]**

主成分方差：**[4.88325506 2.45465553]**

主成分个数：**2**

第五步：创建和训练模型并可视化。这里选择决策树算法，代码如下，输出的图形如图 14-56 所示（展示部分）。

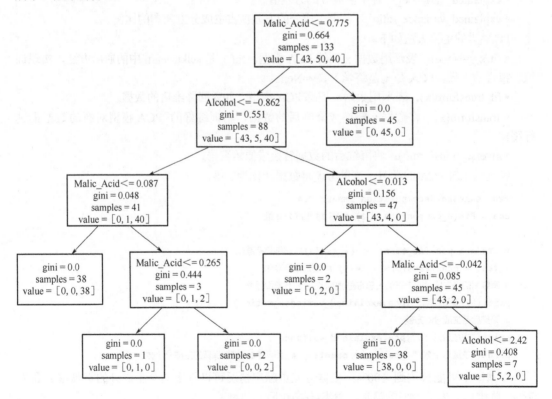

图 14-56　可视化决策树

```
from sklearn.tree import DecisionTreeClassifier,plot_tree
clf = DecisionTreeClassifier( )
clf.fit(x_train,y_train)

fig,ax = plt.subplots(figsize = (18,12))
plot_tree(clf,ax=ax,fontsize = 8,feature_names= x.columns)
plt.savefig('./PCA.jpg',dpi=500,bbox_inches='tight') #保存清晰图片
```

第六步：使用训练好的模型预测并评价。

```
from sklearn.metrics import classification_report
y_pred = clf.predict(x_test)#预测
print(classification_report(y_test,y_pred))#评价模型
```

评价结果如图 14-57 所示，可见经过 PCA 降维后，使用决策树能够达到 98%的精确度。如果不做降维而直接使用决策树，精确度比 98%低。

```
              precision    recall  f1-score   support

           1       0.94      1.00      0.97        16
           2       1.00      0.95      0.98        21
           3       1.00      1.00      1.00         8

    accuracy                           0.98        45
   macro avg       0.98      0.98      0.98        45
weighted avg       0.98      0.98      0.98        45
```

图 14-57　评价结果

14.7.3　主成分分析的优缺点

PCA 是一种降维方法，它能很好地帮助机器学习如何处理模型数据，一般应用在数据特征较多（>2）的情况下。

PCA 的优点如下。

① 删除不重要的特征。现实中，在数据集中获得数千个特征是很常见的，不能在所有特征上使用算法，因为它会降低算法的性能，并且在任何类型的图中都不容易可视化那么多特征。

② 提高算法性能。可以通过消除对决策制定没有贡献的相关变量来加速机器学习算法。算法的训练时间随特征数量的减少而显著减少。

③ 减少过拟合。过拟合主要发生在数据集中变量过多时，因此 PCA 通过减少特征数量来帮助克服过拟合问题。

PCA 的缺点如下。

① 自变量变得难以解释。对数据集使用 PCA 算法后，原始特征将变成主成分。主成分是原始特征的线性组合。主成分不像原始特征那样具有可读性和可解释性。

② PCA 之前必须进行数据标准化。在使用 PCA 之前，必须对数据进行标准化，否则 PCA 将无法找到最佳主成分。

③ 信息丢失。尽管主成分试图覆盖数据集中特征之间的最大差异，但如果不仔细选择主成分的数量，与原始特征列表相比，可能会丢失一些信息。

14.8 K-Means 聚类

14.7 节中，我们学习了一种无监督学习——PCA，也就是降维，这里再介绍一种经典的无监督学习算法——K-Means 聚类。

什么是聚类呢？聚类是将一组数据分隔成不同组，同一组中的数据点具有相似的特征。我们的主要目标是隔离具有相似特征的组，为它们分配独特的集群。例如，我们现在拥有很多猫和狗的图片，但是并没有给这些图片打标签，处于散乱状态，聚类算法能够不用人为干预地对这些数据进行学习，根据猫和狗的不同特征自动地分出猫类和狗类。

14.8.1 K-Means 聚类基本思想

K-Means 聚类属于无监督机器学习算法的范畴，这些算法将未标记的数据集分到不同的集群中。K 为定义需要创建的预定义集群的数量。例如，如果 $K=2$，将有 2 个集群（例如猫和狗两个类）。实现 K-Means 的主要目标为定义 K 个集群，以使集群内的总变化（或误差）最小。它是一种基于欧氏距离的聚类算法，两个目标的距离越近，则认为相似度越大。

K-Means 聚类分析步骤如下。

① 为了确定聚类的数量，选择一个合适的 K 值。

② 随机选择 K 个样本作为初始聚类中心。

③ 针对数据集中每个样本，计算它们到 K 个聚类中心的距离，并将其分到距离最小的聚类中心所对应的类中。

④ 针对每一个类，计算它们的方差，重新分配聚类中心。

⑤ 不断重复③、④两个步骤，直到停止分配为止。

14.8.2 案例：商场消费分析

我们定义一个数据集，表示不同年龄段的客户在某商场的消费情况，如图 14-58 所示。

第一步：读取数据。代码如下，读取结果如图 14-59 所示。

	A	B	C	D	E	F
1	ID	性别	年龄	年收入	消费度 (1-100)	
2	1	男	19	15	39	
3	2	男	21	15	81	
4	3	女	20	16	6	
5	4	女	23	16	77	
6	5	女	31	17	40	
7	6	女	22	17	76	
8	7	女	35	18	6	
9	8	女	23	18	94	
10	9	男	64	19	3	
11	10	女	30	19	72	
12	11	男	67	19	14	
13	12	女	35	19	99	

图 14-58 数据集

	ID	性别	年龄	年收入	消费度 (1-100)
0	1	男	19	15	39
1	2	男	21	15	81
2	3	女	20	16	6
3	4	女	23	16	77
4	5	女	31	17	40
...	...	...	...	...	...
195	196	女	35	120	79
196	197	女	45	126	28
197	198	男	32	126	74
198	199	男	32	137	18
199	200	男	30	137	83

200 rows × 5 columns

图 14-59 读取结果

```
import pandas as pd
data=pd.read_csv('customer.csv',encoding='gbk')
data
```

第二步：对数据进行标准化。这里不考虑性别这个属性，只考虑年龄、年收入、消费度。
代码如下，标准化后的结果如图 14-60 所示。

```
from sklearn.preprocessing import MinMaxScaler #导入缩放模块
scaler = MinMaxScaler( )#实例化
scale = scaler.fit_transform(data[['年龄','年收入','消费度(1-100)']])#对收入和消费度进行标准化
sale = pd.DataFrame(scale,columns = ['年龄','年收入','消费度(1-100)'])
sale.head(5)
```

第三步：PCA 降维。代码如下，降维结果如图 14-61 所示。

```
from sklearn.decomposition import PCA
pca = PCA(n_components=2)#3 维降维成 2 维
principalComponents = pca.fit_transform(sale)
pca_df = pd.DataFrame(data = principalComponents,columns = ['主成分 1','主成分 2'])
pca_df.head( )#仅显示前 5 个
```

	年龄	年收入	消费度 (1-100)
0	0.019231	0.000000	0.387755
1	0.057692	0.000000	0.816327
2	0.038462	0.008197	0.051020
3	0.096154	0.008197	0.775510
4	0.250000	0.016393	0.397959

图 14-60 标准化后的结果

	主成分 1	主成分 2
0	-0.192221	0.319683
1	-0.458175	-0.018152
2	0.052562	0.551854
3	-0.402357	-0.014239
4	-0.031648	0.155578

图 14-61 降维为 2 个主成分

第四步：选取最佳 K 值。因为不能确定到底应该设置 K 值为多少，可以用手肘法，通过遍历每一种情况，选取 K 值。

```
import sklearn.cluster as cluster
# 寻找 K 的最优值。使用手肘法寻找最佳聚类数
K=range(2,12)#相当于遍历每一种情况
wss = []
for k in K:
    kmeans=cluster.KMeans(n_clusters=k)# n_clusters 参数表示聚类中心个数为 K
    kmeans=kmeans.fit(pca_df) # 拟合
    wss_iter = kmeans.inertia_ # K 越大,inertia 越小
wss.append(wss_iter) #放到列表中

from matplotlib import pyplot as plt
import seaborn as sns
plt.rcParams["font.sans-serif"]=["SimHei"] #设置字体
plt.figure(figsize=(10,5))
sns.lineplot(range(1,11),wss,marker='o',color='red')#绘制线性图
plt.xlabel('K 值')
plt.ylabel('wss 簇内误差和)')
```

```
plt.title('手肘法')
plt.savefig('./kmeans.jpg',dpi=500,bbox_inches='tight') #保存清晰图片
```

绘制结果如图 14-62 所示，根据图形可以选择 K=5 作为最佳值，在 K=5 之后，曲线开始变得平缓。

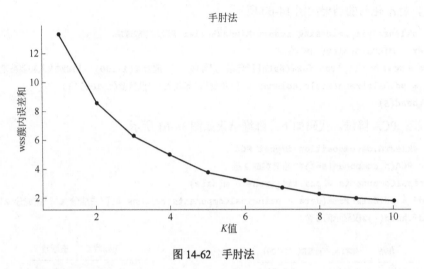

图 14-62　手肘法

第五步：可视化 K=5 时的 K-Means 聚类结果。

```
import seaborn as sns
kmeans = cluster.KMeans(n_clusters=5 ,init="k-means++")
kmeans = kmeans.fit(data[['年收入','消费度(1-100)']])
data['Clusters'] = kmeans.labels_
sns.scatterplot(x="消费度(1-100)",y="年收入",hue = 'Clusters', data=data,palette= 'viridis')
```

绘制结果如图 14-63 所示，可以清晰地看到数据被分成了 5 类，并且有很好的效果。

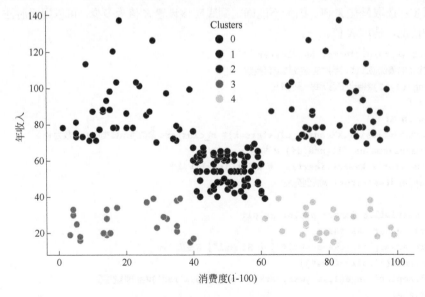

图 14-63　K-Means 可视化

14.8.3 K-Means 聚类的优缺点

K-Means 聚类方法属于无监督学习算法，该算法是聚类中的经典算法。K-Means 的优点如下。

① 时间复杂度低，能够处理大规模数据，算法高效。

② 如果数据很多，那么 K-Means 在大多数情况下的计算速度都比层次聚类要快。

③ 易于解释聚类结果。

K-Means 聚类的缺点如下。

① K 值不好确定。

② 结果不一定是全局最优，只能保证局部最优。

③ 对噪声和离群点敏感。

14.9 集成学习

前面学习了监督学习的算法：回归、决策树、朴素贝叶斯，还学习了非监督学习算法：数据降维的主成分分析（PCA）、聚类中的 K-Means。在解决同一个问题的时候，也许会有多个算法适用，如何选择一个更加合适的算法成了难题，因此简单介绍一下集成学习。

14.9.1 理解集成学习

集成学习是目前非常优秀且受欢迎的一种方法，它本身不是一个单独的机器学习算法，而是通过构建、结合多个机器学习器来完成学习任务的。集成学习广泛用于分类、回归、特征提取等各种场合。

由于不同的机器学习算法各有优缺点，在选择算法模型的时候，常常会出现解决了这个问题而出现另一个问题，因此可以采用集成学习的方法。将多种需要用到的模型结合起来，能够提升机器学习判别的质量，得到比用单一算法计算更好的结果，这样的思路就是集成学习的方法。简单地总结为组合多个模型，产生有效的最优预测模型，以获得更好的结果。

为了更清楚地了解集成学习，先来理解两个概念：强可学习和弱可学习。强可学习：多项式算法效果明显的，算法的时间复杂度偏小的。弱可学习：多项式算法效果不明显的，算法的时间复杂度偏大的。集成方法就是将多个弱可学习分类器集合成一个强可学习分类器的过程。集成学习确保了预测的可靠性和模型的稳定性，希望读者能够理解使用好这种方法。

集成学习主要分为 bagging （袋装法）和 boosting（提升法），如图 14-64 所示。bagging 技术对于回归和统计分类都很有用。bagging 与决策树一起使用，在提高准确性和减少方差方面显著提高了模型的稳定性，从而消除了过度拟合。

14.9.2 bagging（袋装）基本思想

集成学习的第一个方法是袋装法（bagging）。基本思想：用训练集同时训练多个独立的模型，在进行预测判断时，分别让被训练出的几个独立子模型去判断。对于分类问题，让它们去投票，所有基础模型都一致对待，每个基础模型手里都只有一票，投票（均值）的最终结果就是判断的最终结果。

袋装法最典型的应用就是决策树中的随机森林算法。它适用于决策树等高方差模型，当与线性回归等低方差模型一起使用时，不会真正影响学习过程。要选择的基础学习器（树）的数量取决于数据集的特征。使用过多的树不会导致过度拟合，但会消耗大量的计算能力。一般情况下，bagging 模型的精度要比 boosting 低，但各学习器可并行进行训练，节省大量时间。

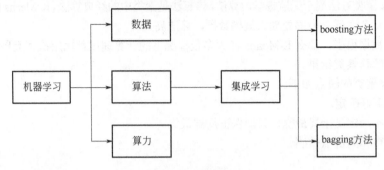

图 14-64　集成学习

用一张图表示装袋法的运作过程，它相当于一种串行的思想，如图 14-65 所示。

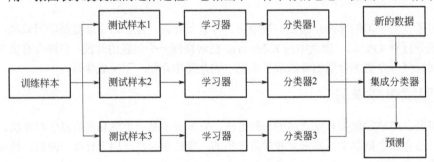

图 14-65　袋装法

袋装法的具体步骤如下。

① 从原始样本数据集中抽取训练集。每轮从原始样本集中使用 bagging 方法抽取 n 个训练样本（在训练集中，有些样本可能被多次抽取，而有些样本可能一次都没有被抽中）。共进行 M 轮抽取，得到 M 个训练集并且 K 个训练集之间是相互独立的。

② 每次用一个训练集得到一个模型，K 个训练集共得到 K 个模型。

③ 如果是分类问题，将 M 个模型采用投票的方式得到分类结果；如果是回归问题，计算上述模型的均值作为最后的结果（bagging 方法属于"民主"投票，因此所有模型的重要性相同）。

14.9.3　案例：糖尿病人数预测

这里有一个用于预测糖尿病人人数的数据集（数据集来源于 kaggle），如图 14-66 所示。
数据的属性描述如下。

Pregnancies：怀孕次数。

Glucose：血浆葡萄糖浓度。

BloodPressure：血压。

SkinThickness：皮肤厚度。

Insulin：2h 血清胰岛素。

BMI：体重指数。

DiabetesPedigreeFunction：糖尿病谱系功能。

Age：年龄。

class：类别。1 表示患病，0 表示不患病。

第一步：读取数据。代码如下，读取结果如图 14-67 所示。

```
import pandas as pd
data=pd.read_csv('diabetes.csv')
data
```

	A	B	C	D	E	F	G	H	I
1	Pregnancies	Glucose	BloodPressure	SkinThickness	Insulin	BMI	DiabetesPedigreeFunction	Age	class
2	6	148	72	35	0	33.6	0.627	50	1
3	1	85	66	29	0	26.6	0.351	31	0
4	8	183	64	0	0	23.3	0.672	32	1
5	1	89	66	23	94	28.1	0.167	21	0
6	0	137	40	35	168	43.1	2.288	33	1
7	5	116	74	0	0	25.6	0.201	30	0
8	3	78	50	32	88	31	0.248	26	1
9	10	115	0	0	0	35.3	0.134	29	0
10	2	197	70	45	543	30.5	0.158	53	1
11	8	125	96	0	0	0	0.232	54	1
12	4	110	92	0	0	37.6	0.191	30	0
13	10	168	74	0	0	38	0.537	34	1
14	10	139	80	0	0	27.1	1.441	57	0
15	1	189	60	23	846	30.1	0.398	59	1
16	5	166	72	19	175	25.8	0.587	51	1
17	7	100	0	0	0	30	0.484	32	1
18	0	118	84	47	230	45.8	0.551	31	1
19	7	107	74	0	0	29.6	0.254	31	1
20	1	103	30	38	83	43.3	0.183	33	0

图 14-66　用于预测糖尿病人人数的数据集

	Pregnancies	Glucose	BloodPressure	SkinThickness	Insulin	BMI	DiabetesPedigreeFunction	Age	class
0	6	148	72	35	0	33.6	0.627	50	1
1	1	85	66	29	0	26.6	0.351	31	0
2	8	183	64	0	0	23.3	0.672	32	1
3	1	89	66	23	94	28.1	0.167	21	0
4	0	137	40	35	168	43.1	2.288	33	1
...	...	...	...	...	...	...	...	...	...
763	10	101	76	48	180	32.9	0.171	63	0
764	2	122	70	27	0	36.8	0.340	27	0
765	5	121	72	23	112	26.2	0.245	30	0
766	1	126	60	0	0	30.1	0.349	47	1
767	1	93	70	31	0	30.4	0.315	23	0

768 rows × 9 columns

图 14-67　读取数据

第二步：提取属性 x 和目标 y。代码如下，执行结果如图 14-68 所示。

```
x=data.drop('class',axis=1) #提取自变量,axis=1 表示以列删除；默认删除行
y=data['class'] # 提取目标变量
x
```

第三步：数据标准化。由于每一列属性的变化范围是不同的，所以需要标准化，这样能提升准确率。代码如下，标准化结果如图 14-69 所示。

```
from sklearn.preprocessing import StandardScaler #导入标准化模块
sc = StandardScaler( )# 实例化
X = sc.fit_transform(x) # 训练集标准化
```

X # 查看训练集标准化的结果

	Pregnancies	Glucose	BloodPressure	SkinThickness	Insulin	BMI	DiabetesPedigreeFunction	Age
0	6	148	72	35	0	33.6	0.627	50
1	1	85	66	29	0	26.6	0.351	31
2	8	183	64	0	0	23.3	0.672	32
3	1	89	66	23	94	28.1	0.167	21
4	0	137	40	35	168	43.1	2.288	33
...	...	...	...	...	...	...	...	...
763	10	101	76	48	180	32.9	0.171	63
764	2	122	70	27	0	36.8	0.340	27
765	5	121	72	23	112	26.2	0.245	30
766	1	126	60	0	0	30.1	0.349	47
767	1	93	70	31	0	30.4	0.315	23

768 rows × 8 columns

图 14-68　提取变量

```
array([[ 0.63994726,  0.84832379,  0.14964075, ...,  0.20401277,
         0.46849198,  1.4259954 ],
       [-0.84488505, -1.12339636, -0.16054575, ..., -0.68442195,
        -0.36506078, -0.19067191],
       [ 1.23388019,  1.94372388, -0.26394125, ..., -1.10325546,
         0.60439732, -0.10558415],
       ...,
       [ 0.3429808 ,  0.00330087,  0.14964075, ..., -0.73518964,
        -0.68519336, -0.27575966],
       [-0.84488505,  0.1597866 , -0.47073225, ..., -0.24020459,
        -0.37110101,  1.17073215],
       [-0.84488505, -0.8730192 ,  0.04624525, ..., -0.20212881,
        -0.47378505, -0.87137393]])
```

图 14-69　标准化结果

第四步：模型导入与训练，再评价模型。导入我们学过的模型，代码如下。

```
from sklearn.linear_model import LogisticRegression# 逻辑回归
from sklearn.svm import SVC,LinearSVC # 支持向量机
from sklearn.tree import DecisionTreeClassifier # 决策树
from sklearn.naive_bayes import GaussianNB# 朴素贝叶斯
from sklearn.model_selection import cross_val_score # 通过交叉验证评估准确性
from sklearn.model_selection import KFold # K 折交叉验证
kf = KFold(shuffle=True,n_splits=5)# 洗牌,折叠 5 次
```

接着需要把不同的模型放在一个列表，便于后续遍历测试：

```
models = []
models.append(("逻辑回归: ",LogisticRegression( )))
models.append(("支持向量机: ",SVC( )))
models.append(("线性支持向量机: ",LinearSVC( )))
models.append(("决策树: ",DecisionTreeClassifier( )))
models.append(("高斯朴素贝叶斯: ",GaussianNB( )))
```

现在就可以开始训练模型，只需要遍历列表即可：

```
results = []
names = []
for name,model in models:
    result = cross_val_score(model,X,y, cv=kf)# 依次使用 K 交叉验证
    names.append(name) # 模型名字放到 name 列表
    results.append(result) #训练结果放到 results 列表
# 遍历输出
for i in range(len(names)):
print(names[i],"准确性:",results[i].mean( ))# 准确性
```

输出结果如下

逻辑回归准确性：0.7670061964179611。
支持向量机准确性：0.7551990493166965。
线性支持向量机准确性：0.7695611577964518。
决策树准确性：0.6915032679738562。
高斯朴素贝叶斯准确性：0.7577540106951872。

可以看出使用逻辑回归和线性支持向量机算法有更好的效果。

14.9.4　boosting 基本思想

提升法（boosting）是一种将多个简单模型组合成单个复合模型的方法，它将多个模型进行串联，后面的模型能够将前面模型训练的结果作为基础进行训练和预测，最终将每一个模型的训练结果加权求和得到判别结果。

boosting 的核心思路是"挑选精英"。boosting 和 bagging 方法最本质的差别在于它们对基础模型不是一致对待的，而是经过不停筛选出来的"精英"，然后给"精英"更多的投票权，表现不好的基础模型则给较少的投票权，最后综合所有人的投票得到最终结果。

图 14-70 清晰地表示了 boosting 提升法的工作流程。boosting 方法具体过程如下。

图 14-70　提升法

① 通过加法模型将基础模型进行线性组合。所有分布下的基础学习器对于每个观测值都应该有相同的权重。

② 每一轮训练都提高错误率小的基础模型权重，同时减小错误率高的模型权重。

③ 迭代第二步，直到到达预定的学习器数量或预定的预测精度。最后，将输出的多个弱学习器组合成一个强学习器，提高模型的整体预测精度。

boosting 方法的底层可以是任何算法，其中最有名的有 3 个算法是 Adaboost 算法、GBM 算法、XGBoost 算法。

14.9.5　Adaboost（自适应增强）案例

Adaboost 算法是集成学习方法 boosting 的改进方法，性能比较稳定。它是集成学习中一种自适应增强方法，与 bagging 相比，Adaboost 从训练集无替换抽取样本子集来训练模型，得到多个弱学习分类器，特点是从错误中学习，由此建立强大的分类器。继续使用上面的数据集，

使用 Sklearn 实现 Adaboost，在前面基础上增加模型，代码完整如下：

```python
import pandas as pd
data=pd.read_csv('diabete.csv')

# 提取数据
x=data.drop('class',axis=1) #提取自变量,axis=1 表示以列删除;默认删除行
y=data['class'] # 提取目标变量

# 标准化
from sklearn.preprocessing import StandardScaler #导入标准化模块
sc = StandardScaler( )# 实例化
X = sc.fit_transform(x) # 训练集标准化

from sklearn.linear_model import LogisticRegression# 逻辑回归
from sklearn.svm import SVC,LinearSVC # 支持向量机
from sklearn.tree import DecisionTreeClassifier # 决策树
from sklearn.naive_bayes import GaussianNB# 朴素贝叶斯
from sklearn.model_selection import cross_val_score # 通过交叉验证评估准确性
from sklearn.model_selection import KFold # K 折交叉验证
kf = KFold(shuffle=True,n_splits=5)# 洗牌,折叠 5 次
from sklearn.ensemble import AdaBoostClassifier #添加 boost 算法

models = []
models.append(("逻辑回归",LogisticRegression( )))
models.append(("支持向量机",SVC( )))
models.append(("线性支持向量机",LinearSVC( )))
models.append(("决策树",DecisionTreeClassifier( )))
models.append(("高斯朴素贝叶斯",GaussianNB( )))
#n_estimators 学习器数量,base_estimator 为估计器选择
models.append(("boost 算法",AdaBoostClassifier (base_estimator=SVC( ),n_estimators =100,
algorithm='SAMME')))

results = []
names = []
for name,model in models:
    result = cross_val_score(model,X,y, cv=kf)# 依次使用 K 交叉验证
    names.append(name) # 模型名字放到 name 列表
    results.append(result) #训练结果放到 results 列表
# 遍历输出
for i in range(len(names)):
print(names[i],"准确性:",results[i].mean( ))# 准确性
```

14.9.6　XGBoost 基本思想

XGBoost 是 "Extreme Gradient Boosting" 的简称，是 GBDT（Gradient Boosting Decision Tree，梯度提升决策树）的一种高效实现。XGBoost 中的基学习器包括 CART（gbtree）和 gblinear

（线性分类器）。XGBoost 实质是一种梯度提升决策树的实现，旨在提高速度和性能。它是一个可扩展的分布式梯度提升决策树机器学习库。梯度提升决策树是一种类似于随机森林的决策树集成学习算法，用于分类和回归。XGBoost 在训练样本有限、训练时间短、调参知识缺乏的场景下具有独特的优势。相比深度神经网络，XGBoost 能够更好地处理表格数据，并具有更强的可解释性，还具有易于调参、输入数据不变性等优势。

GBDT 基于 boosting 思想实现多棵决策树的集成学习，其中每棵树拟合的是当前模型的残差。它主要分为三个部分：Decision Tree、boosting、Gradient Boosting。Decision Tree 就是决策树；boosting 就是前面学到的方法，用一组弱分类器得到一个性能比较好的分类器；Gradient Boosting 是一种梯度提升算法。GBDT 迭代训练一组浅层决策树，每次迭代都使用前一个模型的误差残差来拟合下一个模型，最终得到的是所有树预测的加权和。

XGBoost 与 GBDT 是不同的，GBDT 是机器学习算法，XGBoost 是该算法的工程实现。XGBoost 是一种可扩展且高度准确的梯度提升实现，它突破了提升树算法的计算能力极限，主要用于提高机器学习模型性能和计算速度。使用 XGBoost，树是并行构建的，而不是像 GBDT 那样按顺序构建。它遵循逐级策略，扫描梯度值并使用这些部分和来评估训练集中每个可能拆分的数据质量。

14.9.7　案例：波士顿房价预测

波士顿房价数据集如图 14-71 所示，数据集中有缺失值、异常值。波士顿房价数据集包含 506 个观察值和 14 个变量（属性）。其中 MEDV 属性（表示房价）是目标值（数据集来源于 kaggle）。

	A	B	C	D	E	F	G	H	I	J	K	L	M	N
1	CRIM	ZN	INDUS	CHAS	NOX	RM	AGE	DIS	RAD	TAX	PTRATIO	B	LSTAT	MEDV
2	0.00632	18	2.31		0.538	6.575	65.2	4.09	1	296	15.3	396.9	4.98	24
3	0.02731	0	7.07	0	0.469	6.421	78.9	4.9671	2	242	17.8	396.9	9.14	21.6
4	0.02729	0	7.07	0	0.469	7.185	61.1	4.9671	2	242	17.8	392.83	4.03	34.7
5	0.03237	0	2.18	0	0.458	6.998	45.8	6.0622	3	222	18.7	394.63	2.94	33.4
6	0.06905	0	2.18	0	0.458	7.147	54.2	6.0622	3	222	18.7	396.9	NA	36.2
7	0.02985	0	2.18	0	0.458	6.43	58.7	6.0622	3	222	18.7	394.12	5.21	28.7
8	0.08829	12.5	7.87	NA	0.524	6.012	66.6	5.5605	5	311	15.2	395.6	12.43	22.9
9	0.14455	12.5	7.87	0	0.524	6.172	96.1	5.9505	5	311	15.2	396.9	19.15	27.1
10	0.21124	12.5	7.87	0	0.524	5.631	100	6.0821	5	311	15.2	386.63	29.93	16.5
11	0.17004	12.5	7.87	NA	0.524	6.004	85.9	6.5921	5	311	15.2	386.71	17.1	18.9
12	0.22489	12.5	7.87	0	0.524	6.377	94.3	6.3467	5	311	15.2	392.52	20.45	15
13	0.11747	12.5	7.87	0	0.524	6.009	82.9	6.2267	5	311	15.2	396.9	13.27	18.9
14	0.09378	12.5	7.87	0	0.524	5.889	39	5.4509	5	311	15.2	390.5	15.71	21.7
15	0.62976	0	8.14	0	0.538	5.949	61.8	4.7075	4	307	21	396.9	8.26	20.4
16	0.63796	0	8.14	NA	0.538	6.096	84.5	4.4619	4	307	21	380.02	10.26	18.2
17	0.62739	0	8.14	0	0.538	5.834	56.5	4.4986	4	307	21	395.62	8.47	19.9
18	1.05393	0	8.14	0	0.538	5.935	29.3	4.4986	4	307	21	386.85	6.58	23.1
19	0.7842	0	8.14	0	0.538	5.99	81.7	4.2579	4	307	21	386.75	14.67	17.5
20	0.80271	0	8.14	0	0.538	5.456	36.6	3.7965	4	307	21	288.99	11.69	20.2
21	0.7258	0	8.14	0	0.538	5.727	69.5	3.7965	4	307	21	390.95	11.28	18.2

图 14-71　波士顿房价数据集

数据的属性描述如下。

CRIM：城镇人均犯罪率。

ZN：住宅用地超过 25000 平方英尺的比例。

INDUS：城镇非零售商用土地的比例。

CHAS：与查尔斯河之间的距离（如果边界是河流，则为 1；否则为 0）。

NOX：一氧化氮浓度。

RM：住宅平均房间数。

AGE：1940 年之前建成的自用房屋比例。

DIS：到波士顿五个中心区域的加权距离。

RAD：辐射性公路的接近指数。

TAX：每 10000 美元的全值财产税率。

PTRATIO：城镇小学教师比例。

B：$1000（Bk-0.63）^2$，其中，Bk 是指城镇中黑人的比例。

LSTAT：人口中地位低下者的比例。

MEDV：自住房的平均房价，以千美元计。

明确目标，我们需要预测的是房价，同时还需要对缺失值进行处理，可使用 XGBoost 算法模型实现。本案例采用 XGBoost 的回归方法来解决。

第一步：读取数据。代码如下，读取结果如图 14-72 所示。

```python
import pandas as pd
data=pd.read_csv('HousingData.csv')
data.head( )
```

	CRIM	ZN	INDUS	CHAS	NOX	RM	AGE	DIS	RAD	TAX	PTRATIO	B	LSTAT	MEDV
0	0.00632	18.0	2.31	0.0	0.538	6.575	65.2	4.0900	1	296	15.3	396.90	4.98	24.0
1	0.02731	0.0	7.07	0.0	0.469	6.421	78.9	4.9671	2	242	17.8	396.90	9.14	21.6
2	0.02729	0.0	7.07	0.0	0.469	7.185	61.1	4.9671	2	242	17.8	392.83	4.03	34.7
3	0.03237	0.0	2.18	0.0	0.458	6.998	45.8	6.0622	3	222	18.7	394.63	2.94	33.4
4	0.06905	0.0	2.18	0.0	0.458	7.147	54.2	6.0622	3	222	18.7	396.90	NaN	36.2

图 14-72　读取结果

第二步：处理缺失数据。

① 查看数据的信息：data.info( )，结果如图 14-73 所示，可以看出每一列的非空值是不一样的，说明有缺失值。

② 计算每一列数据的缺失值数量：(data.isnull( )).sum( )，结果如图 14-74 所示，这样能够很清晰地看出每一列缺失值数量。

```
---  ------  --------------  -----
 0   CRIM    486 non-null    float64
 1   ZN      486 non-null    float64
 2   INDUS   486 non-null    float64
 3   CHAS    486 non-null    float64
 4   NOX     506 non-null    float64
 5   RM      506 non-null    float64
 6   AGE     486 non-null    float64
 7   DIS     506 non-null    float64
 8   RAD     506 non-null    int64
 9   TAX     506 non-null    int64
 10  PTRATIO 506 non-null    float64
 11  B       506 non-null    float64
 12  LSTAT   486 non-null    float64
 13  MEDV    506 non-null    float64
dtypes: float64(12), int64(2)
memory usage: 55.5 KB
```

```
Out[3]: CRIM      20
        ZN        20
        INDUS     20
        CHAS      20
        NOX        0
        RM         0
        AGE       20
        DIS        0
        RAD        0
        TAX        0
        PTRATIO    0
        B          0
        LSTAT     20
        MEDV       0
        dtype: int64
```

图 14-73　数据信息　　　　　　　　　　图 14-74　计算缺失值

③ 数据中有不少的 0 值，可以对此做一个统计：(data==0).sum( )，结果如图 14-75 所示。

④ 处理缺失值，使用 dropna( )方法即可。代码如下，输出结果如图 14-76 所示。

```
house = data.dropna( ) #删除缺失值
house.isnull( ).sum( ) #查看缺失数量
```

Out[4]:
```
CRIM        0
ZN        360
INDUS       0
CHAS      452
NOX         0
RM          0
AGE         0
DIS         0
RAD         0
TAX         0
PTRATIO     0
B           0
LSTAT       0
MEDV        0
dtype: int64
```

Out[6]:
```
CRIM        0
ZN          0
INDUS       0
CHAS        0
NOX         0
RM          0
AGE         0
DIS         0
RAD         0
TAX         0
PTRATIO     0
B           0
LSTAT       0
MEDV        0
dtype: int64
```

图 14-75　统计数字 0　　　　　　　　　　图 14-76　缺失值处理后

第三步：提取属性变量 x 和目标变量 y。

```
x=house.drop('MEDV',axis=1)
y=house['MEDV']
```

第四步：拆分数据集为训练集和测试集。

```
from sklearn.model_selection import train_test_split
xtrain,xtest,ytrain,ytest = train_test_split(x,y,test_size =0.2,random_state = 0)
```

第五步：搭建模型并预测。

在搭建模型之前，需要对 XGBoost 相关参数做一定的说明，这里只对回归问题 xgboost.XGBRegressor 的参数做详细解释。

- n_estimators：提升树的数量，即训练轮数，等价于原生库的 num_boost_round。
- max_depth：树的最大深度。
- learning_rate：学习率，等价于原生库的 eta。
- verbosity：控制学习过程中输出信息的多少，取值为 0、1、2、3。
- objective：学习目标及损失函数，默认为 reg:squarederror，即以平方损失为损失函数的回归模型。
- booster：弱评估器，可以是 gbtree、gblinear 或 dart。
- n_jobs：训练时并行的线程数。
- gamma：叶节点继续分裂所需的最小损失函数下降值。
- min_child_weight：一个叶子节点上所需要的最小样本权重。
- max_delta_step：树的权重估计中允许的单次最大增量。
- subsample：对训练样本的采样比例。
- colsample_bytree, colsample_bylevel, colsample_bynode：参考上面原生库的弱评估器参数。
- reg_alpha：L1 正则化系数。
- reg_lambda：L2 正则化系数。
- base_score：所有样本的偏置。
- random_state：随机数种子。
- missing：缺失值的表达形式，默认为 np.nan。

• importance_type：计算特征重要性的依据，可选项有 gain、weight、cover、total_gain、total_cover，默认为 gain。

• tree_method：构建树采用的算法，可选值有 auto、exact、approx、hist、gpu_hist，默认为 auto。

• objective：采用的方法，默认为线性回归 reg:linear，其他还有逻辑回归 reg:logistic，二分类的逻辑回归 binary:logistic 等。

代码如下，预测结果如图 14-77 所示。

```python
import xgboost as xgb #导入模型
data_dmatrix = xgb.DMatrix(data=xtrain,label=ytrain) # 参数分别填写 xtrain 和 ytrain
# 模型参数填充
model= xgb.XGBRegressor(objective ='reg:linear',colsample_bytree = 0.3,
        learning_rate = 0.1,max_depth = 5,alpha = 10,n_estimators = 10) preds = # 模型参数
填充
model.fit(xtrain,ytrain)#拟合/训练
preds = model.predict(xtest)# 预测
preds# 查看预测结果
```

```
array([16.35487 , 16.35487 , 18.579891, 18.579891, 16.35487 , 16.35487 ,
       18.579891, 18.579891, 18.579891, 16.35487 , 18.579891, 18.579891,
       16.35487 , 18.579891, 16.35487 , 18.579891, 18.579891, 18.579891,
       18.579891, 18.579891, 16.35487 , 18.579891, 18.579891, 18.579891,
       16.35487 , 18.579891, 18.579891, 16.35487 , 18.579891, 18.579891,
       16.35487 , 18.579891, 18.579891, 18.579891, 16.35487 , 18.579891,
       18.579891, 18.579891, 18.579891, 18.579891, 18.579891, 16.35487 ,
       18.579891, 18.579891, 16.35487 , 16.35487 , 16.35487 ,
       16.35487 , 16.35487 , 18.579891, 18.579891, 18.579891, 18.579891,
       16.35487 , 16.35487 , 18.579891, 18.579891, 18.579891, 18.579891,
       18.579891, 16.35487 , 18.579891, 18.579891, 18.579891, 18.579891,
       18.579891, 18.579891, 18.579891, 18.579891, 18.579891, 16.35487 ,
       18.579891, 18.579891, 18.579891, 16.35487 , 18.579891, 18.579891,
       16.35487 ], dtype=float32)
```

图 14-77　预测结果

第六步：评估模型。对于回归问题，其中很重要的一个评价指标就是均方误差。

```python
import numpy as np
from sklearn.metrics import mean_squared_error
rmse = np.sqrt(mean_squared_error(ytest,preds))#计算均方误差
print("误差均方根: %f" % (rmse))
```

输出结果：误差均方根 9.740932。误差均方根越低越好，这个值是一个比较好的值。

第七步：对特征的重要性排名做可视化，同时以树的形式绘制。首先对重要性进行排名，代码如下，排名结果如图 14-78 所示。

```python
from xgboost import plot_importance
from matplotlib import pyplot as plt
# 显示重要特征,按顺序排名
plot_importance(model)
plt.show( )
```

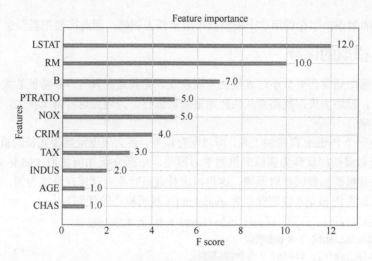

图 14-78　重要性排名

我们可以尝试以树的形式绘制决策过程，先到 https://graphviz.org/download/下载 Windows 版本的 graphviz 并配置环境变量，同时将 bin 目录的 dot.exe 添加到环境变量，配置好后重启软件即可。代码如下，决策树展示如图 14-79 所示。

```
node_params = {
    'shape': 'box',
    'style': 'filled,rounded',
    'fillcolor': '#78bceb'
}
xgb.to_graphviz(model,condition_node_params = node_params)
```

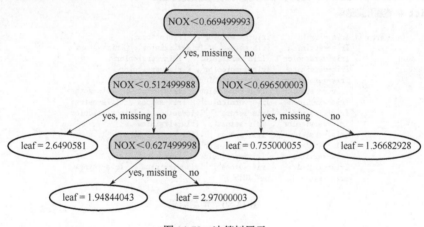

图 14-79　决策树展示

14.10　模型的保存与加载

如果我们想要用训练好的模型去预测对应的目标值，是否每次都要重新跑一遍代码？在数据量很大的情况下，每次全部跑一遍代码，显然是不合理的，需要花费大量的时间，如果训练一次就能达到较好的效果，那么调用这个模型就不用重新去训练，因此需要把模型保存起来。

14.10.1　模型的保存

机器学习模型通常需要数小时或数天才能建立，尤其是在具有许多特征的大型数据集上。如果机器坏了，模型丢失，就需要从头开始重新训练它。为避免这种情况发生，需要把训练好的模型保存起来。

Pickle 是一个 Python 自带的工具，可以保存模型，最大限度地减少冗长的重新训练，并允许共享、提交和重新加载预先训练的机器学习模型。下面介绍如何使用 Pickle 将训练好的模型保存到文件并重新加载以获取预测。这里以用朴素贝叶斯对鸢尾花分类为例，只需要添加两行代码即可，这里把 model 模型保存为 model.pkl（展示核心的代码）。

```
from sklearn.naive_bayes import GaussianNB # 导入高斯贝叶斯模型
model = GaussianNB( ) # 构建模型
model.fit(X_train,y_train) # 拟合训练模型
#导入,保存模型
import pickle
pickle.dump(model,open('model.pkl','wb'))
```

执行后，可以看到出现一个文件，叫作 model.pk，说明成功保存好训练的模型了。

14.10.2　模型的加载

当我们保存好模型后，就可以直接调用模型来预测数据，只用几行代码就能轻松实现，节省很多时间。代码如下，预测结果如图 14-80 所示。

```
pickled_model = pickle.load(open('model.pkl','rb'))
predict=model.predict(X_test) # 调用保存的模型预测测试集
predict # 查看预测结果
```

```
: array(['Iris-virginica', 'Iris-versicolor', 'Iris-setosa',
         'Iris-virginica', 'Iris-setosa', 'Iris-virginica', 'Iris-setosa',
         'Iris-versicolor', 'Iris-versicolor', 'Iris-versicolor',
         'Iris-virginica', 'Iris-versicolor', 'Iris-versicolor',
         'Iris-versicolor', 'Iris-versicolor', 'Iris-setosa',
         'Iris-versicolor', 'Iris-versicolor', 'Iris-setosa', 'Iris-setosa',
         'Iris-virginica', 'Iris-versicolor', 'Iris-setosa', 'Iris-setosa',
         'Iris-virginica', 'Iris-setosa', 'Iris-setosa', 'Iris-versicolor',
         'Iris-versicolor', 'Iris-setosa', 'Iris-virginica',
         'Iris-versicolor', 'Iris-setosa', 'Iris-virginica',
         'Iris-virginica', 'Iris-versicolor', 'Iris-setosa',
         'Iris-versicolor', 'Iris-setosa', 'Iris-versicolor',
         'Iris-virginica', 'Iris-setosa', 'Iris-virginica', 'Iris-setosa',
         'Iris-setosa'], dtype='<U15')
```

图 14-80　预测结果

扫码获取电子资源

Git 项目管理

Git 是一个开源的分布式版本控制系统，旨在以高速和高效的方式管理项目。它的开发是为了协调开发人员之间的工作。版本控制允许我们在同一个工作区跟踪并与团队成员一起工作。Git 是 GitHub 和 GitLab 等服务的基础，支持离线工作。

15.1 Git 环境搭建

本节在 Windows10 环境演示，到官网下载 Git，选择对应的 Windows 版本，如图 15-1 所示。接着选择 64 位的 Windows 版本，如图 15-2 所示；下载好后，双击软件，单击"Next"按钮，如图 15-3 所示。接着，选择一个安装路径（一般默认即可），单击"Next"按钮，如图 15-4 所示；勾选如图 15-5 所示的复选框，单击"Next"按钮；然后默认，直接单击"Next"按钮，如图 15-6 所示。继续单击"Next"按钮，如图 15-7 所示。

图 15-1　版本选择

图 15-2　64 位版本选择

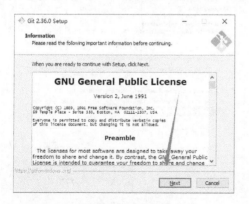

图 15-3　选择

图 15-4　选择安装路径

321

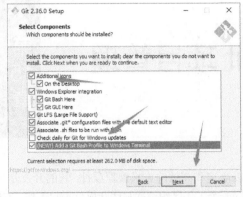

图 15-5　选择复选框

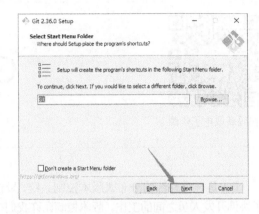

图 15-6　选择 "Next" 按钮

继续单击 "Next" 按钮，如图 15-8 所示；还是默认选择，单击 "Next" 按钮，如图 15-9 所示；后续都是默认选择，单击 "Next" 按钮，直到弹出如图 15-10 所示界面，单击 "Install" 按钮，然后单击 "Finish" 按钮，安装完毕，如图 15-11 所示。回到桌面，使用鼠标右键单击，弹出 Git 相关的两个模式，就代表安装成功了，如图 15-12 所示。

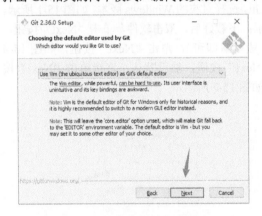

图 15-7　继续选择 "Next" 按钮

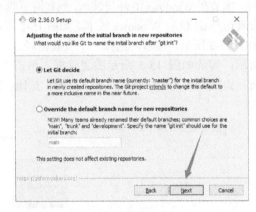

图 15-8　选择单选项

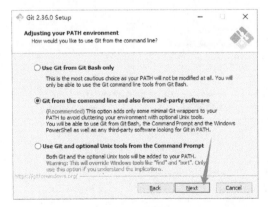

图 15-9　默认选择

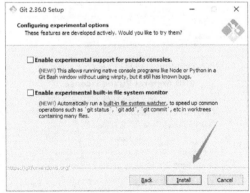

图 15-10　安装

图 15-11　安装完毕　　　　　　　　　　　　　　图 15-12　安装成功

15.2　Git 的配置

　　手动创建一个文件夹 mygit，在该文件下使用鼠标右键单击，在弹出的快捷菜单中选择 "Git Bash Here" 选项，如图 15-13 所示。

图 15-13　命令终端

（1）配置用户名

　　这里的配置用户名是指每次提交时的用户名，此处设置为 "chuan"（读者可根据需要自行设置），输入 git config --global user.name "chuan" 命令，回车，如图 15-14 所示。

图 15-14　用户名配置

（2）邮箱配置

　　Git 是每次提交使用的电子邮件 ID，可以自行设置。输入 git config --global user.email 2835809579@qq.com 命令，回车，如图 15-15 所示。

图 15-15　邮箱配置

（3）编辑器设置

设置 vim 编辑器，输入 git config --global core.editor Vim 命令，演示如图 15-16 所示。查看所有配置，输入 git config--list 命令，演示如图 15-17 所示。

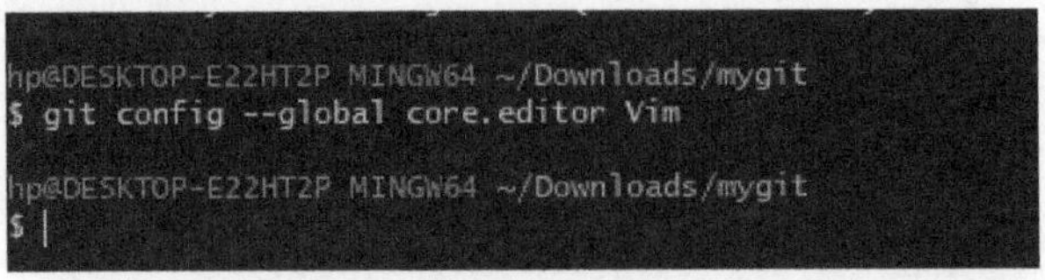

图 15-16　编辑器

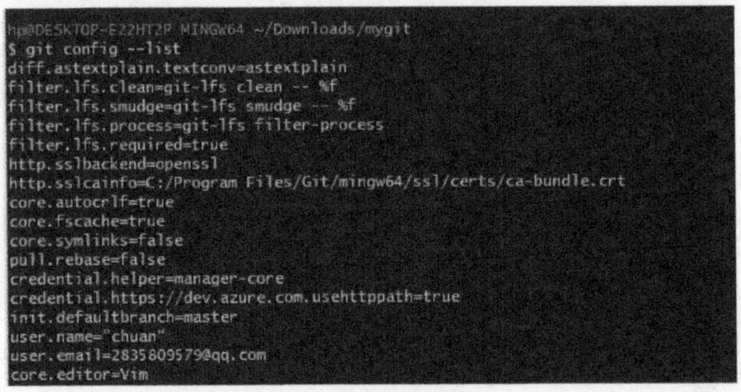

图 15-17　配置查看

（4）字体设置

输入 Git config --global color.ui auto 命令可以修改输出字体。演示如图 15-18 所示。

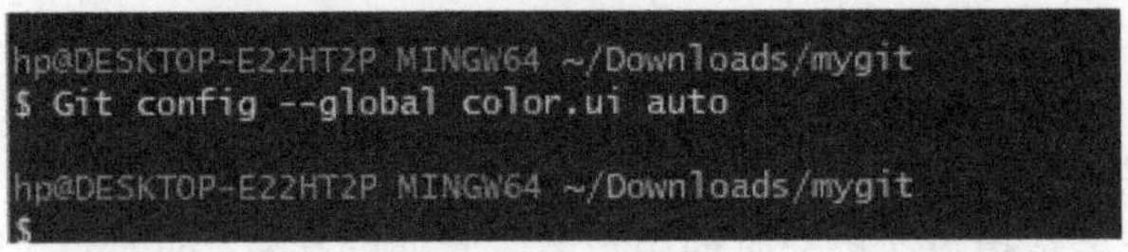

图 15-18　字体设置

（5）生成密钥

添加密钥命令"ssh-keygen -t rsa -C '2835809579@qq.com'"输入后一直回车即可，演示如图 15-19 所示。

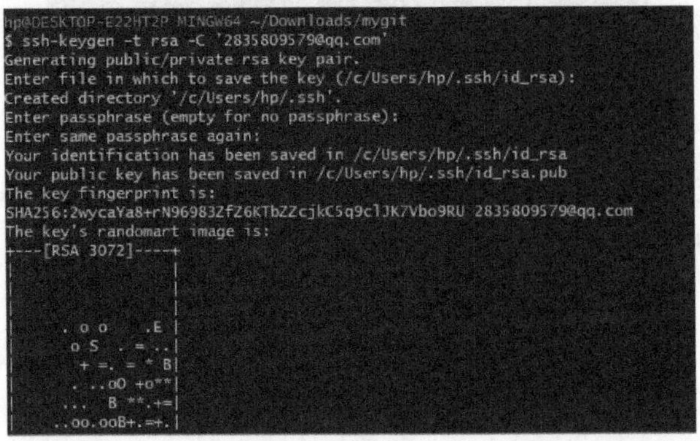

图 15-19　密钥生成

最重要的部分如下，分别说明了私钥和公钥的文件位置：

```
Your identification has been saved in /c/Users/hp/.ssh/id_rsa
Your public key has been saved in /c/Users/hp/.ssh/id_rsa.pub
```

打开到文件夹下，第一个文件为私钥，第二个文件为公钥，如图 15-20 所示。

图 15-20　密钥文件

注意

私钥文件的内容不能泄露出去，而公钥可以告诉任何人。

（6）测试密钥

执行 ssh -T git@github.com 命令。注意：不要对 git@github.com 做任何更改，如图 15-21 所示。显示以下输出，表示密钥配置完成。

```
hp@LAPTOP-NRSSD9IP MINGW64 ~/Downloads/mygit (master)
$ ssh -T git@github.com
Hi sfvsfv! You've successfully authenticated, but GitHub does not provide s
access.
```

图 15-21　连接成功

15.3　仓库基本管理

存储仓库有很多，大多数人都知道 GitHub，此外，国内还有 Gitee、GitCode 等，本节以 GitHub 为例进行介绍。

15.3.1　创建仓库

登录 github：https://github.com/，单击"New repository"选项，如图 15-22 所示。然后依次填写相关信息，如图 15-23 所示。单击"Greate repository"按钮创建仓库，如图 15-24 所示。创建成功，如图 15-25 所示。

图 15-22　创建

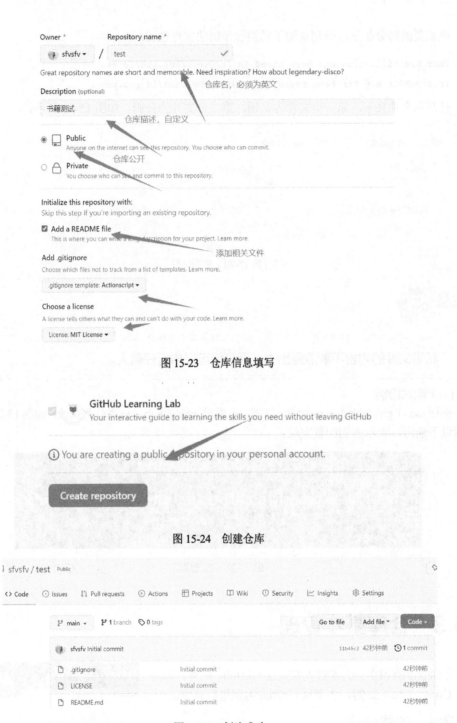

图 15-23　仓库信息填写

图 15-24　创建仓库

图 15-25　创建成功

15.3.2　添加密钥

单击头像后选择 "Settings" 选项，如图 15-26 所示，然后选择 "SSH and GPG keys" 选项，如图 15-27 所示，再单击添加 SSH keys，如图 15-28 所示。

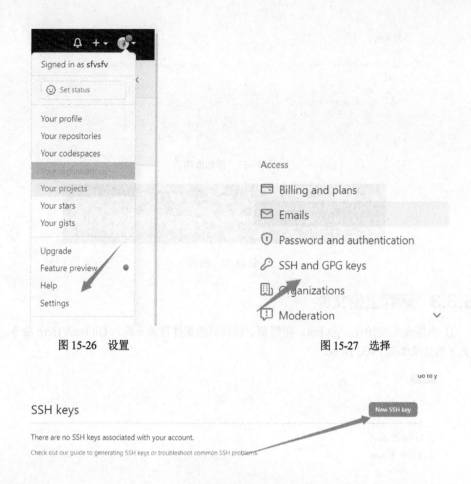

图 15-26 设置

图 15-27 选择

图 15-28 新建

以文本形式打开 id_rsa.pub 文件，复制全部内容，粘贴后如图 15-29 所示。单击"Confirm password"按钮需要密码确认，如图 15-30 所示，添加成功后如图 15-31 所示。测试是否成功可输入 ssh-T git @ github.com 命令，如图 15-32 所示。

图 15-29 演示

图 15-30 密码确认

327

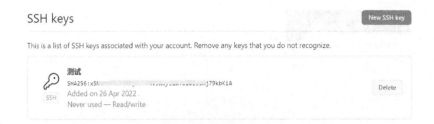

SSH keys

New SSH key

This is a list of SSH keys associated with your account. Remove any keys that you do not recognize.

测试
SHA256:xSN   NSmaytean1010295mj79kbK1A
Added on 26 Apr 2022
Never used — Read/write

Delete

图 15-31   添加成功后

```
hp@LAPTOP-NRSSD9IP MINGW64 ~/Downloads/mygit (master)
$ ssh -T git@github.com
Hi sfvsfv! You've successfully authenticated, but GitHub
access.
```

图 15-32   测试

15.3.3   远程上传文件

① 本地仓库初始化：git init。在需要上传代码的文件目录下输入 Git Bash Here 命令，此时文件夹下的目录如图 15-33 所示。

名称	修改日期	类型	大小
.git	2022/4/26 1:43	文件夹	
列表练习.py	2022/3/12 21:24	Python 源文件	1 KB
字符串练习.py	2022/3/12 21:24	Python 源文件	1 KB

图 15-33   文件

② 将自己的文件添加到本地仓库：git add。
③ 查看代码文件有没有到本地仓库管理中：git status。演示完整过程如图 15-34 所示。

```
hp@LAPTOP-NRSSD9IP MINGW64 ~/Downloads/mygit (master)
$ git init
Initialized empty Git repository in C:/Users/hp/Downloads/mygit/.git/

hp@LAPTOP-NRSSD9IP MINGW64 ~/Downloads/mygit (master)
$ git add .

hp@LAPTOP-NRSSD9IP MINGW64 ~/Downloads/mygit (master)
$ git status
On branch master

No commits yet

Changes to be committed:
  (use "git rm --cached <file>..." to unstage)
        new file:   "\345\210\227\350\241\250\347\273\203\344\271\240.py"
        new file:   "\345\255\227\347\254\246\344\270\262\347\273\203\344\271\2
0.py"

hp@LAPTOP-NRSSD9IP MINGW64 ~/Downloads/mygit (master)
```

图 15-34   演示完整过程

④ 编写提交消息：git commit-m "测试提交注释"，如图 15-35 所示。

```
hp@LAPTOP-NR5SD9IP MINGW64 ~/Downloads/mygit (master)
$ git commit -m "测试提交注释"
[master (root-commit) 6755ecd] 测试提交注释
 2 files changed, 44 insertions(+)
 create mode 100644 "\345\210\227\350\241\250\347\273\203\344\271\240.py"
 create mode 100644 "\345\255\227\347\254\246\344\270\262\347\273\203\344\271\24
0.py"
```

图 15-35　提交

⑤ 关联仓库。基本格式如下：

git remote add origin 你要上传的仓库的地址

例如：创建仓库 https://github.com/sfvsfv/test，需要复制 SSH 链接，如图 15-36 所示。关联命令为 git remote add origin git@github.com:sfvsfv/test.git，如图 15-37 所示。

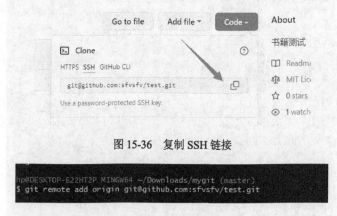

图 15-36　复制 SSH 链接

```
hp@DESKTOP-E22HT2P MINGW64 ~/Downloads/mygit (master)
$ git remote add origin git@github.com:sfvsfv/test.git
```

图 15-37　关联

⑥ 把本地仓库代码推送到远程仓库，输入 git push -u origin master 命令，如图 15-38 所示。此时刷新 GitHub 仓库，可以看到上传的代码文件，如图 15-39 所示。

```
hp@LAPTOP-NR5SD9IP MINGW64 ~/Downloads/mygit (master)
$ git push -u origin master
Enumerating objects: 4, done.
Counting objects: 100% (4/4), done.
Delta compression using up to 12 threads
Compressing objects: 100% (4/4), done.
Writing objects: 100% (4/4), 733 bytes | 733.00 KiB/s, done.
Total 4 (delta 0), reused 0 (delta 0), pack-reused 0
remote:
remote: Create a pull request for 'master' on GitHub by visiting:
remote:      https://github.com/sfvsfv/test/pull/new/master
remote:
To github.com:sfvsfv/test.git
 * [new branch]      master -> master
Branch 'master' set up to track remote branch 'master' from 'origin'.
```

图 15-38　推送

图 15-39　测试查看

此时如果增加了一个新的文件，那么依次执行命令：

a. 提交文件：git add。

b. 查看状态：git status。

c. 提交注释文件：git commit-m "新的文件"。

d. 远程连接：git remote add origin git@github.com:sfvsfv/test.git。

e. 推送：git push -u origin master。

完整演示如图 15-40 所示。刷新成功上传该文件，如图 15-41 所示。可以看到，我们将文件上传到 master 的一个分支仓库，而不是默认的 main 仓库。

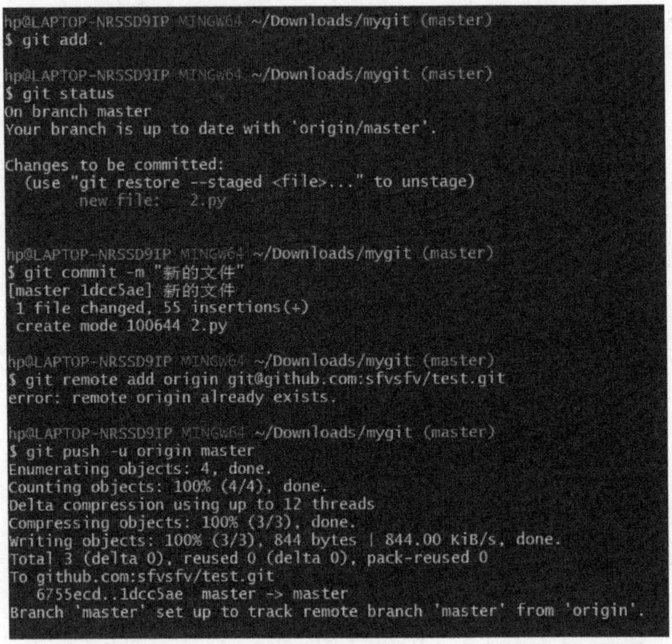

图 15-40　完整演示

图 15-41　查看

15.3.4　远程下载

　　git clone 是一个命令行实用程序，用于制作远程存储库的本地副本。它通过远程 URL 访问存储库来实现下载。首先复制项目的 SSH 链接，如图 15-42 所示。选择需要保存的文件夹，使用鼠标右键打开 Git Bash，在 Git 中执行如下命令，下载演示如图 15-43 所示。

```
git clone git@github.com:sfvsfv/test.git
```

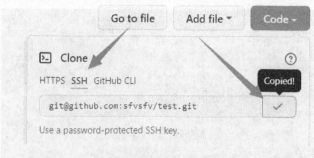

图 15-42　复制 SSH 链接

```
hp@LAPTOP-NRSSD9IP MINGW64 ~/Downloads/mygit (master)
$ git clone git@github.com:sfvsfv/test.git
Cloning into 'test'...
remote: Enumerating objects: 12, done.
remote: Counting objects: 100% (12/12), done.
remote: Compressing objects: 100% (11/11), done.
remote: Total 12 (delta 1), reused 6 (delta 0), pack-reused 0
Receiving objects: 100% (12/12), done.
Resolving deltas: 100% (1/1), done.
```

图 15-43　下载演示

15.4　提交历史

15.4.1　常见命令

① 输出显示为每行一个提交信息：git log。演示如图 15-44 所示。

```
hp@LAPTOP-NRSSD9IP MINGW64 ~/Downloads/mygit (master)
$ git log
commit 1dcc5ae09c057596995b89e6e65c66ebdda9515f (HEAD -> master, origin/master)
Author: "chuan" <2835809579@qq.com>
Date:   Tue Apr 26 01:59:10 2022 +0800

    新的文件

commit 6755ecdba6bf617c10009830df35ab9f1eaf7ae5
Author: "chuan" <2835809579@qq.com>
Date:   Tue Apr 26 01:48:33 2022 +0800

    测试提交注释

hp@LAPTOP-NRSSD9IP MINGW64 ~/Downloads/mygit (master)
```

图 15-44　历史提交

② 显示已经修改的文件：log--oneline。演示如图 15-45 所示。

```
hp@LAPTOP-NRSSD9IP MINGW64 ~/Downloads/mygit (master)
$ git log --oneline
1dcc5ae (HEAD -> master, origin/master) 新的文件
6755ecd 测试提交注释
```

图 15-45　已修改文件

③ 显示修改后的文件及位置：git log-stat。演示如图 15-46 所示。

图 15-46　修改文件及所在位置

15.4.2　过滤提交

可以根据需要过滤输出，这是 Git 的独特功能。可以在输出中应用许多过滤器，例如数量、日期、作者等，每个过滤器都有其规格，下面介绍其中一部分。

① 按日期和时间过滤输出。必须通过--after 或-before 参数来指定日期，使用 git log --after="yy-mm-dd"命令。例如：过滤得到 2022 年 4 月 5 日提交的信息。代码如下，演示如图 15-47 所示。

```
git log --after="2022-04-25"
```

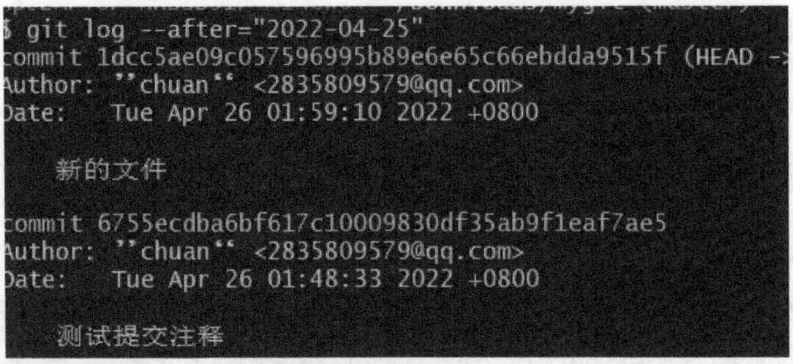

图 15-47　日期过滤

还可以跟踪两个日期之间的提交。例如：过滤得到 2022 年 4 月 24 日～2022 年 4 月 26 日提交的信息。

```
git log --after="2022-04-24" --before="2022-04-26"
```

② 按照文件过滤。例如：只过滤 2.py 文件的提交信息。输入 git log -- 2.py 命令，演示如图 15-48 所示。

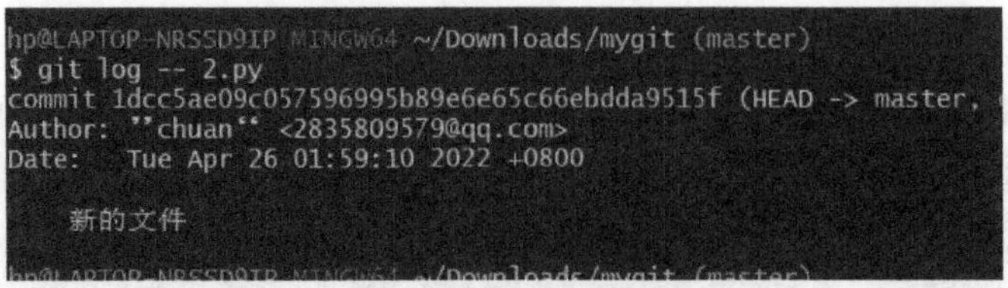

图 15-48　文件过滤

③ 按照数量过滤。例如：筛选最近三次提交的信息。代码如下，演示如图 15-49 所示。

```
git log -3
```

图 15-49 数量过滤